蔬菜栽培学实验实习指导

程智慧　主　编

科学出版社

北　京

内 容 简 介

本教材分为 5 部分，全面涵盖了蔬菜栽培学课程实验和实习。第 I 部分为蔬菜栽培生物学基础类，共 46 个实验；第 II 部分为蔬菜栽培技艺类，共 34 个实验；第III部分为蔬菜栽培综合创新设计类，共 11 个实验；第IV部分为蔬菜栽培学教学实习类，共 5 个实习；附录部分共 4 个，介绍了蔬菜栽培常用技术参数和实验室技术。

"蔬菜栽培学实验实习"是"蔬菜栽培学"课程的重要内容，是学生学习巩固蔬菜学生物学基础和栽培技术原理与技能的重要教学环节和手段。本教材属于由程智慧主编、科学出版社出版的《蔬菜栽培学总论》（第二版）和《蔬菜栽培学各论》（第二版）的系列配套教材（均被评为"十二五"普通高等教育本科国家级规划教材暨科学出版社"十三五"普通高等教育本科规划教材）。

本教材主要面向高等院校园艺专业本科教学使用，也可作为有关院校农学、生物学科等相关专业课程的教材，或作为蔬菜栽培学研究的参考书，配套或单独使用。

图书在版编目（CIP）数据

蔬菜栽培学实验实习指导/程智慧主编. —北京：科学出版社，2023.6
ISBN 978-7-03-074512-5

Ⅰ．①蔬…　Ⅱ．①程…　Ⅲ．①蔬菜园艺—实验—高等职业教育—教材
Ⅳ．①S63-33

中国国家版本馆 CIP 数据核字（2022）第 253336 号

责任编辑：王玉时 / 责任校对：严　娜
责任印制：赵　博 / 封面设计：蓝正设计

科 学 出 版 社 出版

北京东黄城根北街 16 号
邮政编码：100717
http://www.sciencep.com

北京华宇信诺印刷有限公司印刷
科学出版社发行　各地新华书店经销

*

2023 年 6 月第 一 版　开本：787×1092　1/16
2025 年 1 月第 三 次印刷　印张：14 1/2
字数：390 000

定价：55.00 元

（如有印装质量问题，我社负责调换）

《蔬菜栽培学实验实习指导》
编写委员会

主　编：程智慧　西北农林科技大学

副主编：李玉红　西北农林科技大学　　　缪旻珉　扬州大学

参　编（按姓氏汉语拼音为序）：

蔡兴奎	华中农业大学	潘玉朋	西北农林科技大学
柴喜荣	华南农业大学	孙　锦	南京农业大学
成善汉	海南大学	王梦怡	天津农学院
高艳明	宁夏大学	王晓峰	西北农林科技大学
耿广东	贵州大学	肖雪梅	甘肃农业大学
关志华	西藏农牧学院	徐文娟	安徽农业大学
吉雪花	石河子大学	杨路明	河南农业大学
李灵芝	山西农业大学	张　宏	云南农业大学
林辰壹	新疆农业大学	郑阳霞	四川农业大学
刘汉强	西北农林科技大学	钟凤林	福建农林大学
孟晶晶	吉林农业大学	周庆红	江西农业大学

前　言

改革开放以来，我国蔬菜产业和蔬菜学科迅猛发展，为国民经济发展、科技扶贫、乡村振兴、科教兴国做出了突出贡献。为了适应新时代社会发展和人才强国对蔬菜园艺专业人才知识与技能的新要求，践行党的二十大精神，更好地实现蔬菜产业和学科的创新驱动发展，以及人与自然和谐共生、蔬菜优质丰产、菜田生态系统安全可持续发展，我们组织西北农林科技大学、华中农业大学、南京农业大学、华南农业大学、福建农林大学、海南大学、宁夏大学、贵州大学、扬州大学、石河子大学、四川农业大学、吉林农业大学、河南农业大学、山西农业大学、甘肃农业大学、江西农业大学、云南农业大学、安徽农业大学、新疆农业大学、天津农学院、西藏农牧学院等高等院校一线专业教师编写了这本《蔬菜栽培学实验实习指导》教材。这是一本培养学生感知蔬菜栽培生物学基础和技术原理，以及锻炼蔬菜栽培综合性创新设计能力的专业实践教材，是高等院校园艺学专业骨干课程教材。

本教材共 5 部分，包括蔬菜栽培生物学基础类实验 46 个，蔬菜栽培技艺类实验 34 个，蔬菜栽培综合创新设计类实验 11 个，蔬菜栽培学教学实习类 5 个，并有蔬菜栽培常用技术参数和实验室技术类附录 4 个。教材内容设计，从蔬菜生物学特性的观察认知，到蔬菜栽培技艺和原理的实践训练，再到蔬菜栽培综合创新设计，既体现了知识体系的系统性和完整性，又展现了理论与实践知识层序的循序渐进和升华。每个实验力求完整、简洁，突出可操作性。突出特点是，将教学实验尽可能设计为研究型实验，通过不同实验材料处理、不同技术方法处理，或不同小组学生的不同实验处理等，使学生在验证学习蔬菜生物学基本规律和栽培技术效应及其原理的基础上，综合运用专业知识和生物统计知识，获取更多的试验新成果，拓宽知识的深度和广度，吸引学生的学习和探索兴趣。在创新设计类实验中，既有综合性创新设计实验，如蔬菜种植园周年栽培制度设计、蔬菜轮作和间套混作制度设计等，训练学生专业知识综合应用和创新能力；又有反映产业和技术发展新趋势的引导性创新设计实验，如鲜食番茄和黄瓜轻简化栽培技术设计、适于机械采收的果菜株型设计、大蒜和马铃薯播种机播种参数设计等，训练学生适应产业发展趋势，开拓创新思维能力；还有拓展学生专业融合交叉类创新设计实验，如蔬菜种植园布局规划设计、蔬菜种植园有害生物综合防控技术体系设计、蔬菜产品质量安全综合检测与评价、蔬菜作物医院门诊程序和方案设计等，训练学生从产业出发，突破专业界限，学习蔬菜栽培和产业管理综合知识、创新思维意识和创新设计能力。本教材还采用了新形态教材方式，每个实验均有拓展知识，通过扫描二维码可以学习。每个实验都安排了实验报告和作业，帮助师生总结实验；并通过思考题拓展学生思维；书后附有参考文献，可延伸学生的课外学习兴趣。编者希望，本教材在教学实践中的应用，能够为我国蔬菜园艺专业创新人才培养，以及蔬菜产业和学科的创新驱动与绿色转型发展做出应有的贡献。

本教材编写过程中，每个实验都经过了编者、副主编、主编层层把关修改审核，尤其是主编与编委反复讨论沟通，力求精确无误。但教材中还难免有我们尚未发现的疏漏或不妥之处，恳请广大师生和读者在使用中随时提出宝贵意见和建议，以便我们及时补遗勘误和修改完善。

本教材编写参阅或引用了许多学者的论著资料。在此，全体编者向你们对知识传播和人才培养的贡献表示崇高的敬意和最衷心的感谢！

编　者

2022 年 10 月于杨凌

目　　录

第 I 部分　蔬菜栽培生物学基础类实验

实验 I-01　蔬菜作物的种类识别与分类

一、实验目的

蔬菜作物种类繁多，产品器官多样，分类对学习、研究、生产和流通都十分必要。本实验通过对蔬菜标本园内蔬菜植株或蔬菜图库中各种蔬菜的仔细观察，使学生了解各种蔬菜的形态、结构、特征特性，熟练掌握蔬菜的植物学分类方法、农业生物学分类方法和食用器官分类方法，熟悉蔬菜的主要类别及其在不同分类方法中的分类地位。

考虑到各个学校教学实习基地的条件和不同地区种植季节性等因素，本实验可在田间或室内进行。有教学实习基地蔬菜标本园，且蔬菜作物种类较齐全的学校，可在蔬菜标本园进行；没有蔬菜标本园或标本园内蔬菜种类不全的学校，可收集各种蔬菜植株和产品的图片建立蔬菜图库，并制作蔬菜标本，利用图库和标本在室内进行实验。

二、实验材料和仪器用具

（一）实验材料

教学实习基地蔬菜标本园的各种蔬菜及其不同类型的完整植株和产品器官；蔬菜图库的各种蔬菜植株和产品的图片或视频资料。

（二）仪器和用具

室内实验需投影仪 1 台；田间实验需备放大镜、卷尺等辅助观测工具，每实验组 1 套。

三、实验原理

蔬菜植物的种类繁多。除一、二年生草本植物，还有多年生草本和木本植物；除栽培种类外，也有野生、半野生植物。据统计，全世界现有蔬菜超过 450 种。其中我国普遍栽培的就有 50～60 种。为便于学习和研究，蔬菜种类常采用植物学分类法、食用器官分类法和农业生物学分类法。

拓展知识

1. 植物学分类法　该方法的原理是依据植物形态特征，尤其是花的形态特征进行分类，即根据植物学形态特征，按界、门、纲、目、科、属、种、变种分类。

我国现有记载的蔬菜种类一般分属于 32 科，有 210 余种。栽培的蔬菜除食用菌外，都属于种子植物门，分属双子叶植物和单子叶植物。在双子叶植物中，以十字花科、茄科、葫芦科、豆科、伞形科、菊科为主；在单子叶植物中，以百合科、禾本科为主。

2. 食用器官分类法　该方法按各种蔬菜食用部分的植物学器官进行分类，一般分为根菜类、茎菜类、叶菜类、花菜类、果实类等 5 类，不包括菌藻地衣类等蔬菜。

3. 农业生物学分类法　该方法以蔬菜的农业生物学特性和栽培技术的相似性为依据进行分类，将农业生物学特性相近且栽培技术相似的种类分为一类。该分类法不像植物学分类法那样严谨，但在蔬菜栽培和研究利用上具有实用价值。常见的蔬菜分为肉质直根类、结球芸薹类、茄果类、瓜类、豆类、葱蒜类、绿叶嫩茎类、薯芋类、水生类、多年生类、野生类、芽苗菜类、菌藻地衣类、其他蔬菜等。

四、实验内容和方法步骤

本实验在教学实习基地蔬菜标本园或实验室分组进行，每标准班分为 6 组，每组 4～6 人，使用实验工具仔细观察各种蔬菜，识别分类特征并进行分类。

（一）实验操作

（1）仔细观察蔬菜标本园或图库的各种蔬菜植株，尤其是花器特征，按植物学分类体系逐一分类。

（2）观察标本园或图库的各种蔬菜植株，根据食用部位的植物学器官及食用器官分类体系逐一进行分类，注意并记录不便按照食用器官分类的蔬菜。

（3）把所看到的蔬菜植株、标本及图片按教材及相关资料进行农业生物学分类，注意并记录不便按照农业生物学特性进行分类的蔬菜。

（4）观察了解各种蔬菜的生命周期、繁殖器官和常用繁殖方法。

（二）注意事项

按食用器官分类时，注意不同器官的变态特性。如块根与块茎的区别，叶菜类蔬菜中普通叶与变态叶的区别，叶柄与茎的区别，变态茎与叶的区别，假茎与茎的区别等，尤其是洋葱、大蒜、胡葱、百合等葱蒜鳞茎类蔬菜。

五、作业和思考题

（一）实验报告和作业

仔细观察各种蔬菜的形态特征，将所观察到的蔬菜按上述 3 种分类方法，填写表Ⅰ-01-1。

表Ⅰ-01-1 蔬菜分类观察记载表

蔬菜名称	植物学分类		食用器官分类	农业生物学分类	生命周期	常用繁殖方式
	科	属				

（二）思考题

（1）蔬菜常用的分类方法有哪几种？各有何特点？

（2）蔬菜的哪种分类方法更适合于蔬菜栽培学？为什么？

（本实验由张宏主笔编写）

实验Ⅰ-02　蔬菜作物内源激素的器官分布特征分析

一、实验目的

内源激素参与细胞分裂与器官分化、植株的成熟与衰老、种子的休眠与萌发等过程，并在调控植物生长发育过程中起着关键作用。本实验通过酶联免疫吸附法测定蔬菜作物不同组织部位的内源激素含量，使学生学会以酶联免疫吸附法测定内源激素含量的方法，掌握不同内源激素在蔬菜不同组织器官的分布特征，深刻理解不同内源激素对蔬菜作物生长发育的调控作用及其机理。

二、实验材料和仪器用具

（一）材料和试剂

1. 材料　成株期的黄瓜和番茄的完整植株各 15 株，包括根、茎、叶、花、果器官。

2. 试剂　PBS（0.01mol/L，pH=7.4），含生长素（IAA）、脱落酸（ABA）和赤霉素（GA）测定的 ELISA 试剂盒，全班共用。

（二）仪器和用具

1. 仪器　酶标仪、恒温箱、离心机各 1 台，全班共用。

2. 用具　每组学生备移液器（10μL、50μL、100μL、200μL 和 1000μL）各 1 支，96 孔酶标板 3 个，10mL 离心管 36 个，研钵 4 个。

三、实验原理

拓展知识

植物内源激素是指由植物自身合成的一类微量生理活性物质，可从合成部位运往作用部位并调节和控制植物的生长、分化和发育，包括 IAA、ABA、GA、细胞分裂素（CTK）、乙烯（ETH）、油菜素内酯（BR）等。植物体内 IAA 主要集中在生长活跃的部位，对细胞生长，器官的生长、成熟和衰老等具有调控作用；GA 主要在植物顶端幼嫩部分形成，可以促进茎的伸长与生长、坐果和单性结实，能够调控种子发育、萌发和休眠等；CTK 可以促使叶片细胞扩大，延缓叶片衰老，提高抗病能力等；ABA 主要在衰老叶片、果实和根等部位中较多，对气孔关闭和水分吸收有促进作用，增强植株抗逆能力。

酶联免疫吸附测定法（ELISA）的原理，是将待测抗原（或抗体）与酶标记的抗体（或抗原）特异结合，洗涤除去未结合的部分后通过酶活力测定来确定抗原（或抗体）含量。在测定时，使抗体与待测植物激素及激素蛋白质复合物结合，加入酶标抗体特异性结合，用洗涤的方法去除未结合的酶结合物，然后加入酶反应的底物后，底物被酶催化变为有色产物，产物的量与标本中受检物质的量直接相关，颜色反应的深浅与样品中相应待测物质的浓度呈比例关系，故可根据颜色反应的深浅来进行定性或用酶标仪进行定量分析。

四、实验内容和方法步骤

本实验在实验室分组进行，每标准班分为 6 组，每组 4～6 人，设置不同蔬菜不同采样器官处理，测定分析内源激素的器官分布特征。

（一）实验操作

1. 采集样品　　各组分别采集供实验材料（黄瓜和番茄）的生长点、功能叶片、中段茎、花（或雌花）、果实和根部（幼根）鲜样 0.5g，每个部位取样 3 次重复。

2. 样品提取　　将不同器官样品分别放入研钵，加 4.5mL 预冷的 PBS，冰浴下研磨捣碎，转移到 10mL 离心管内，5000r/min 离心 10min，取上清检测。

3. 标样配制　　各激素所需的标准品为 ELISA 试剂盒中的组成，按照说明书使用。

4. 仪器测定　　按照 ELISA 试剂盒 3 种激素测定说明，分别在 3 个酶标板上按顺序加入样品（标样）和各种反应试剂，完成反应。

5. OD 值测定　　按照 ELISA 试剂盒说明书的操作步骤，使用酶标仪在 450nm 波长处测定 OD 值。

6. 结果计算　　以吸光度 OD 值为纵坐标（Y），相应的待测物质标准品浓度为横坐标（X），制作 IAA、ABA、GA 标准曲线，样品的待测物质含量可根据其 OD 值由标准曲线换算出相应的浓度。

（二）注意事项

（1）试剂盒中所有试剂在使用之前充分混匀。

（2）使用一次性的吸头，避免交叉污染。

（3）按照说明书中标明的时间、加液的量及顺序进行操作。

五、作业和思考题

（一）实验报告和作业

（1）根据测定结果，计算黄瓜和番茄不同组织器官 3 种内源激素 IAA、ABA、GA 的含量。

（2）根据计算结果，分析黄瓜和番茄不同组织部位中内源激素分布特征。

（3）根据计算结果，比较分析黄瓜和番茄同一器官 3 种内源激素含量的异同性。

（二）思考题

（1）内源激素 IAA、GA、ABA、茉莉酸（JA）和玉米素（ZT）在植株器官中的分布一般有何特点？

（2）植物激素是植物生长发育的重要调节物质，其在应对多种逆境胁迫时是否发挥作用？请举例说明。

（本实验由孟晶晶主笔编写）

实验 I-03　蔬菜作物生长发育的激素调控

一、实验目的

植物生长发育除受遗传因素、环境及栽培条件影响外，还可用植物激素（生长调节剂）调控。蔬菜生产中生长调节剂在促进生根、防止徒长、矮化株形、防止落花落果、调控花性别、增加产量等方面均发挥着重要作用。本实验通过赤霉素和多效唑处理不同蔬菜作物，观察蔬菜生长发育的变化，使学生深刻理解不同植物生长调节剂对不同蔬菜生长发育的调控作用和机理。

二、实验材料和仪器用具

（一）材料和试剂

1. 材料　穴盘（72 孔）培养生长至 1 叶 1 心的黄瓜幼苗、2 叶 1 心的花椰菜幼苗和株高 20cm 左右的芹菜植株，每组学生每种蔬菜各 4 穴盘。

2. 试剂　40mg/L 赤霉素 300mL，100mg/L 多效唑 300mL，每组 1 套。

（二）仪器和用具

1. 仪器　叶面积测定仪 2～3 台，全班共用。

2. 用具　直尺、卷尺、游标卡尺、标签、天平、手持喷雾器等，每组 1 套。

三、实验原理

赤霉素是生长促进类激素，可使细胞周期缩短，促进细胞分裂；促进膨胀素产生，打断细胞壁多聚体成分之间的非共价键（氢键），从而打开纤维素微丝与其他多糖复合物的交联，使局部充实的胞壁多聚物蠕动，提高木葡聚糖内糖基转移酶/水解酶活性，使木葡聚糖（初生细胞壁半纤维素的主要成分）断裂，从而引起细胞壁松弛，促进细胞伸长。因而可促进蔬菜迅速生长，提高生物量，并增加外观品质。

拓展知识

多效唑是一种赤霉素的抑制剂。在合成赤霉素的过程中，贝壳杉烯氧化酶催化贝壳杉烯三步氧化得到贝壳杉烯酸，而多效唑会抑制贝壳杉烯氧化酶的活性，从而使合成赤霉素的通路受阻，进而抑制细胞延伸生长，使蔬菜幼苗节间缩短、植株矮壮、叶片绿色加深、抗逆能力增强。

四、实验内容和方法步骤

本实验主要在实验室分组进行，每标准班分为 6 组，每组 4～6 人，设置不同激素处理不同蔬菜，取样测定生长指标，分析不同激素对蔬菜生长的效应。

（一）实验处理

1. 生长促进处理　每组取株高 20cm 左右的芹菜 4 穴盘，2 穴盘用手持喷雾器向植株均匀喷施 40mg/L 赤霉素，以叶面出现液滴为度；另 2 穴盘作为对照，喷施相同量的清水。喷施后在设施或人工气候箱内继续培养，10d 后再喷 1 次。

2. 生长抑制处理　取 1 叶 1 心黄瓜和 2 叶 1 心花椰菜各 4 穴盘，2 穴盘用手持喷雾器向植株均匀喷施 100mg/L 多效唑，以叶面出现液滴为度；另 2 穴盘作为对照，喷施相同量的清水。喷施后在设施或人工气候箱内继续培养。

（二）效果调查

1. 促进生长效果调查　芹菜第 2 次喷施赤霉素处理后 10d，分别取处理和对照生长一致的植株各 15 株，3 次重复，观察叶片颜色，测定株高、植株鲜重，计算平均单株鲜重，对数据进行统计分析。

2. 抑制生长效果调查　黄瓜和花椰菜喷施多效唑处理后 10d，分别取处理和对照生长一致的植株各 15 株，3 次重复，观察叶片颜色，测定株高、茎粗、叶面积、地上部干鲜重、根干鲜重，计算平均单株干鲜重，对数据进行统计分析。

（三）注意事项

（1）药剂喷施一定要均匀一致。

（2）取样时注意代表性；茎粗和株高的测量标准要一致。

五、作业和思考题

（一）实验报告和作业

（1）列表总结赤霉素处理实验结果和统计分析结果，分析赤霉素对芹菜生长的作用。

（2）列表总结多效唑处理实验结果，计算花椰菜和黄瓜的壮苗指数，统计分析说明多效唑对 2 种蔬菜生长的影响。

（二）思考题

（1）影响植物生长调节剂使用浓度的因素有哪些？

（2）赤霉素对蔬菜产量和品质有何影响？

（本实验由耿广东主笔编写）

实验 I -04　蔬菜作物组织衰老指标的测定

一、实验目的

蔬菜组织的生命活动与其生长发育有密切关系，衰老是生命活动现象。本实验通过比较不同叶龄蔬菜作物叶片组织中丙二醛（MDA）和叶绿素的含量，使学生深刻理解蔬菜组织衰老与 MDA 和叶绿素含量的关系及其原理，掌握蔬菜组织 MDA 和叶绿素含量的测定方法。

二、实验材料和仪器用具

（一）材料和试剂

1. 实验材料　成株期不同类的 3 种蔬菜（如可选择番茄、辣椒、茄子、黄瓜、西瓜等果菜，大白菜、甘蓝、菠菜等叶菜，以及萝卜、胡萝卜、马铃薯等根茎菜）植株，每组各 3 株。

2. 试剂及配制　以下试剂每组各 1 份。

（1）5%三氯乙酸（TCA）：称取 5g TCA 放入 100mL 的容量瓶中，用蒸馏水溶解并定容至刻度。

（2）0.67%（W/V）硫代巴比妥酸（TBA）：称取 0.67g TBA 溶于少量 1mol/L 氢氧化钠中，再用 10%的 TCA 定容至 100mL 的容量瓶中。

（二）仪器和用具

1. 仪器　SPAD 叶绿素含量测定仪、分光光度计、电子天平、冷冻离心机、恒温水浴锅，各 1 台（个），全班共用。

2. 用具　5mL 移液枪，每组 1 支；研钵，每组 3 套；10mL 离心管，每组 27 支；10mL 具塞试管，每组 54 支。

三、实验原理

（一）植物衰老的生理特征

植物衰老通常指植物的器官或整个植物的生理功能的衰退，其基本特征是生活力下降。在生理上的表现为促进衰老类激素（如 ABA、ETH、JA）增多，抑制衰老类激素（如 IAA、CTK、GA）减少；合成代谢降低，分解代谢加强；光合速率下降；生物膜选择性功能丧失，膜脂过氧化加剧，膜结构逐步解体；外观上表现为叶片退绿，器官脱落。

拓展知识

1955 年，哈曼指出：衰老过程是细胞和组织中不断进行的自由基损伤反应的总和。自由基可通过链式反应促使膜脂过氧化，产生 MDA；后者可使蛋白质发生交联聚合，最终促进衰老。此外，组织在衰老过程中会促进 JA 累积，加快叶片叶绿素降解和 ETH 合成，最终加剧衰老。

（二）叶绿素含量测定原理

叶绿素测定仪通过测量叶片在两种波长范围内的透光系数来确定叶片当前叶绿素的相对含量，也就是在叶绿素选择吸收特定波长光的两个波长区域，根据叶片透射光的量来计算测量值。叶绿素在蓝色区域（400～500nm）和红色区域（600～700nm）范围内吸收达到了峰值，但在近红外区域却没有吸收。利用这种吸收特性测量叶子在红色区域和近红外区域的吸收率，通过这两部分区域的吸收率计算出 SPAD 值，表示当前叶片中叶绿素含量相对应的参数。SPAD 值与植物叶绿素含量相关，所以只要测量叶片 SPAD 值，就能知道叶绿素含量。

（三）MDA 含量测定原理

植物器官在衰老期间或在逆境条件下，往往发生膜脂过氧化反应，MDA 是其产物之一，常作为膜脂过氧化指标，指示细胞膜脂过氧化程度和植物对逆境条件反应的强弱。MDA 在高温、酸性条件下与 TBA 反应，形成在 532nm 波长有最大光吸收的有色三甲基复合物，该复合物的吸光系数为 155mmol/（L·cm），并且在 600nm 波长有最小光吸收。可按公式（1）算出 MDA 浓度 C（μmol/L），进一步算出单位重量组织中 MDA 含量（μmol/g）。

$$C(\mu mol/L) = \frac{A_{532} - A_{600}}{155L} \cdot 1000 \tag{1}$$

式中，A_{532} 和 A_{600} 分别表示 532nm 和 600nm 波长处的吸光度值；L 为比色杯厚度（cm）。

植物组织中糖类物质对 MDA-TBA 反应有干扰，可用公式（2）消除由蔗糖引起的误差并直接求得植物样品提取液中 MDA 的浓度 C'，进一步算出其在植物组织中的含量。

$$C'(\mu mol/L) = 6.45(A_{532} - A_{600}) - 0.56A_{450} \tag{2}$$

式中，A_{450}、A_{532}、A_{600} 分别表示 450nm、532nm 和 600nm 波长下的吸光度值。

四、实验内容和方法步骤

本实验在实验室分组进行，每标准班分为 6 组，每组 4～6 人，设置不同蔬菜不同年龄器官采样处理，测定叶绿素和 MDA 含量，分析组织衰老的生理特征。

（一）叶绿素含量测定

使用 SPAD 叶绿素含量测定仪，分别测定 3 种果菜的新叶（如植株顶部新展开的叶）、功能叶（如植株中上部功能叶）、老叶（如植株最基部的老叶）的叶绿素相对含量，每个测定重复 3 次。

（二）MDA 含量测定

1. MDA 提取　　选取 3 种蔬菜，分别取新叶、功能叶、老叶的样品（记为 m，g）各 1.0g，分别加入 5% TCA 10mL，研磨后所得匀浆在 3000r/min 下离心 10min，上清液为样品提取液，测量其体积（记为 V，mL）。每种蔬菜的新叶、功能叶、老叶取样提取均重复 3 次。

2. 显色反应　　取上清液 2mL（记为 V_1）于 10mL 具塞试管中，每个样品重复 2 次；向每试管中加 0.67% TBA 2mL，混合后在 100℃ 水浴上煮沸 30min（试管加塞封口），流水冷却后 3000r/min 再离心，并将上清液作为待测液（其体积记为 V_2）。

3. 测定和结果计算　　分别在 450nm、532nm、600nm 测定待测液吸光度值，按下式计算叶片 MDA 含量。

$$样品MDA含量（\mu mol/g）= \frac{C \cdot V_2 \cdot V}{m \cdot V_1 \cdot 1000} \tag{3}$$

（三）注意事项

（1）MDA 测定中，如待测液浑浊，可适当增加离心机转速及离心时间。
（2）MDA 测定沸水浴过程中，要避免试管中的液体外溢或水浴锅中的水进入。

五、作业和思考题

（一）实验报告和作业

（1）根据实验测定结果，比较说明 3 种蔬菜叶片叶绿素含量的差异，尤其是不同叶龄叶片叶绿素含量的差异，分析叶绿素含量与叶片衰老的关系。
（2）根据实验测定结果，比较说明 3 种蔬菜叶片 MDA 含量的差异，尤其是不同叶龄叶片 MDA 含量的差异，分析 MDA 含量与叶片衰老的关系。
（3）根据实验操作体会，请分析影响 MDA 测量结果的因素。

（二）思考题

（1）你认为本实验测定方法有哪些需要改进的地方？
（2）结合测定结果，简述植物叶绿素含量与 MDA 的关系。

（本实验由钟凤林主笔编写）

实验 I-05　蔬菜作物花芽分化的形态学观察

一、实验目的

花芽分化是蔬菜作物由营养生长转向生殖生长的转折点，花芽的形态分化是这一转折点在形态解剖学上的标志。研究花芽分化的时期、花芽分化的部位、花芽分化的数量与质量，以及影响花芽分化的因素等，对调节蔬菜营养生长与生殖生长的关系，促进或抑制花芽分化，获得蔬菜的优质与丰产具有重要意义，而花芽形态分化的观察是研究花芽分化的基础。本实验的目的是通过对不同类型蔬菜花芽形态分化的观察，使学生掌握蔬菜花芽形态分化观察的基本方法和操作技术，深刻理解花芽分化调控在不同蔬菜生产中的意义。

二、实验材料和仪器用具

（一）材料和试剂

1. 材料　番茄、茄子、辣椒、大蒜、大葱、洋葱、韭菜等顶芽分化型蔬菜，黄瓜、西瓜、菜豆、豇豆、菠菜等腋芽分化型蔬菜，大白菜、甘蓝、莴苣、苋菜、茼蒿、芹菜、芫荽等顶芽和腋芽均分化型蔬菜的幼苗或植株（有不同分化时期和状态的花芽），每类选择 1～2 种蔬菜，每种蔬菜人均不少于 20 株。

2. 试剂　1%番红染色液，50%甘油，每组 1 套。

（二）仪器和用具

1. 仪器　双筒实体解剖镜和生物显微镜，每组 1 套。

2. 用具　镊子、解剖针、双面刀片、果刀、培养皿，每组 2 套；载玻片、盖玻片，每组 10 套；粗滤纸或纱布，每组 1 份。

三、实验原理

（一）蔬菜作物花芽分化的过程

蔬菜在生长发育过程中，在特定时期和特定条件下，植株的特定部位会发生质的变化，由营养生长状态向生殖生长转化。在这个过程中，先是花芽分化发育相关基因的大量表达，这个时期可以称为分子分化期；接着是花芽分化发育相关蛋白和生理生化物质的积累，这个时期可以称为生理生化分化期；最后启动花芽形态分化，陆续完成花芽（花序）的分化发育过程，这个时期可以称为形态分化期。

拓展知识

（二）蔬菜作物花芽分化的类型

蔬菜作物种类不同，花芽分化的位置和分化次序可能不同。据此，可将蔬菜花芽分化归纳为 3 种类型。

1. 顶芽分化花芽型　如番茄、茄子、辣椒、大蒜、大葱、洋葱、韭菜等蔬菜。这类蔬菜的花芽分化观察时，应注意幼苗茎端生长锥的变化，取样部位应为幼苗茎端部分。

2. 腋芽分化花芽型　如瓜类、菜豆、豇豆、菠菜、叶甜菜、蕹菜等蔬菜。这类蔬菜的花芽分化观察时，应注意叶腋部位花原基的分化情况，取样部位应为腋芽部位。

3. 顶芽和腋芽均分化花芽型　依据腋芽和顶芽花芽分化的先后顺序的不同有两种情况，一种是腋芽首先分化为花芽，然后顶芽分化为花芽，如十字花科蔬菜、莴苣、苋菜等；另一种是顶芽先分化为花芽，然后，其下方的腋芽相继分化为花芽，如茼蒿、芹菜、芫荽、茴香等。这类蔬菜花芽分化观察时，应根据以上两种情况确定重点观察部位。

（三）蔬菜作物花芽分化的检测和观察方法

在蔬菜花芽分化发育的过程中，不同阶段可以采用不同的手段或方法，检测或观察花芽预分化或分化的状态。如在分子分化期，可以通过分子生物学手段检测相关基因的表达量；在生理生化分化期，可以采用生理生化分析方法检测有关蛋白质或物质的含量或分析生理指标的变化；在形态分化阶段，可以利用显微镜、电镜等手段观察花器形态或解剖结构的变化。花芽形态分化观察，通常采用实体解剖镜下剥叶观察花芽分化的实体状态；徒手切片法观察花芽分化的纵向平面状态；石蜡切片法将观察材料经过固定、脱水、浸蜡、埋蜡、切片、黏着、脱蜡、染色、脱水透明、封片等一系列过程，制成永久性切片，置显微镜下观察花芽分化的纵向平面状态并拍照和保存。剥叶法能观察到分化部位芽外貌的立体状态，方法简单，不需要药品，但缺点是易损伤芽体，且材料不易长期保存，一般适合于临时观察；徒手切片法比较简单，可随时观察，是花芽形态分化观察常用方法之一，但切片较厚，不宜长期保存；石蜡切片法操作比较复杂，时间长，而且需要一定的设备，但切片效果好，便于切片长期保存。

（四）蔬菜作物花芽形态分化的分级和状态评价

蔬菜花芽形态分化发育有一个过程，从生长锥开始膨大到分化完成，需经过若干阶段，依其形态变化可将花芽形态分化分为若干个级别。不同蔬菜花芽分化的级别及其形态标准不同，目前尚无统一和系统的花芽分化形态级别标准。陆帼一等（1964）用徒手切片和石蜡切片法研究不同蔬菜花芽形态分化过程，从花芽未分化到花芽（花序）分化完成，建立了花芽分化图谱和对应的状态描述。我们把每个图谱作为一个分化等级，可以形成不同蔬菜花芽形态分化从 0 到若干级的花芽分化等级标准（表Ⅰ-05-1）。

表Ⅰ-05-1　番茄、结球白菜和黄瓜花芽形态分化的分级标准

分化级别	番茄	黄瓜	结球白菜
0	花芽未分化期。生长锥不断分化叶原基	花芽未分化期。生长锥陆续分化叶原基，叶腋中无花原基发生	花芽未分化期。生长锥扁平，维管束平缓，陆续分化叶原基
1	花序分化初期。顶芽生长锥变肥厚，叶原基分化停止	花芽分化初期。第一、二片叶腋中出现圆球状花原基	花序分化初期。生长锥变肥厚并伸长，周缘产生突起，维管束呈短圆锥状
2	花序分化期。生长锥由圆球形变为近方形，在其下方产生第一段侧枝原基	花芽分化期。基部的花原基明显伸长，其上部叶腋又产生新的花原基	花序分化期。生长锥周缘叶腋中出现圆球状侧花茎原基
3	萼片分化期。第一花序的第一朵花发生萼片突起，并产生第二、第三……朵花原基	萼片分化期。第一朵花产生萼片突起	茎生叶分化期。主茎生长锥陆续分化茎生叶，并在叶腋中分化侧花茎原基
4	花瓣分化期。第一花序的第一朵花发生花瓣突起	花瓣分化期。第一朵花产生花瓣突起	单花分化期。主茎生长锥周缘出现伸长的单花原基
5	雄蕊分化期。第一花序的第一朵花发生雄蕊突起，第一段侧枝生长锥变肥厚，即将分化第二花序	雄蕊分化期。第一朵花产生雄蕊突起	单花花器分化期。主茎花序的单花进入萼片、花瓣、雄蕊、雌蕊花器分化，侧花茎进入单花分化期
6	雌蕊分化期。第一花序的第一朵花发生雌蕊突起，第二花序分化，并产生第二段侧枝原基	雌雄性别分化期。第一朵花或雄蕊退化而形成雌花，或雌蕊退化而形成雄花	
7	子房形成期。第一花序的第一朵花完成了单花的分化，第二花序继续分化		

在花芽分化形态观察时，依据这个标准，对不同的观察株进行分级。然后，根据分化株数占观察总株数的百分率，可以描述分化株率；根据样本不同株的观察级别，用下式计算分化指数，可以定量描述观察对象分化程度的状态。

$$花芽分化指数＝\Sigma[(观察株的分化级别\times该级别株数)/最高分化级别\times观察总株数]\times100 \tag{4}$$

四、实验内容和方法步骤

本实验在实验室分组进行，每标准班分为 6 组，每组 4～6 人，用不同方法观察不同蔬菜的花芽形态分化的过程和特征。

（一）取样

1. 取样时期和株数　不同种类的蔬菜花芽分化时期不同，取样时期亦不同。番茄应分别取 2～3 叶期、4～5 叶期和 6～7 叶期的幼苗；黄瓜应分别取子叶期、1～2 叶期和 3～4 叶期的幼苗；大白菜应分别取幼苗期、莲座期、结球期和成球期植株。

同一时期取样时，应选取生长正常、大小一致的幼苗或植株。每期样品观察 5～10 株，取样数应略多于观察数。

2. 取样部位　不同蔬菜作物花芽分化的位置不同，花芽分化观察部位要依具体蔬菜种类花芽分化的类型确定。顶芽分化型的取样部位为植株的顶芽；侧芽分化型的取样部位为植株的腋芽；混合类型的，顶芽和腋芽都要取样观察。

（二）花芽形态分化观察

1. 剥叶法　在实体解剖镜下，将观察材料由外及里剥除幼叶及叶原始体，直接观察生长锥的变化。

剥叶时，先用镊子把大叶和幼叶层层剥掉，再在 10～20 倍的解剖镜下用解剖针继续剥除叶原始体，使芽的生长点完全无遗地显露出来为止。记下剥除的叶片和叶原始体的数目，然后观察生长点的形状，按花芽分化各期的形态特征进行鉴别定级，必要时用显微镜描绘器绘制芽体的轮廓，或用显微照相机拍片。

每人观察每种蔬菜不少于 10 株。

2. 徒手切片法　取观察材料，先去掉叶片，用双面刀片由芽的基部向芽的先端纵切，切片要薄、平滑、完整，连续切数个切片，漂入盛有清水的培养皿中，然后顺次移至载玻片上，即可在显微镜下观察。必要时可用番红染色后进行观察，并可选择典型切片，用 50%甘油封片，作暂时保存。

每人观察每种蔬菜不少于 10 株。

（三）注意事项

（1）剥叶法观察花芽分化时，进入一朵花的内部花器分化期后，在用解剖针剥完叶芽后，可继续剥开萼片、花瓣等外部花器，以便更清楚地观察内部花器分化情况。

（2）徒手切片法观察花芽分化时，切片要尽量薄，因此需要熟练性训练；纵向切片要尽量选取中间部位的切片进行显微观察。

五、作业和思考题

（一）实验报告和作业

（1）按照实验操作内容完成实验观察，总结徒手切片法观察花芽分化的技术要点。

（2）描绘显微镜观察到的番茄、黄瓜、结球白菜等不同材料的花芽形态分化简图，并标明分化级别和图中各部分的名称，计算分化指数。

（二）思考题

（1）番茄第一花序的不同小花分化未完成时，第二花序是否会开始分化？

（2）如果要在苗期观察到大白菜的花芽分化状态，应该在什么条件下育苗，或对种子或幼苗进行什么处理？

（3）在成株期要观察番茄的花芽分化是否可行？或应该取什么部位进行观察？

（4）在成株期要观察黄瓜的花芽分化是否可行？或应该取什么部位进行观察？

（本实验由程智慧主笔编写）

实验 I-06　二年生蔬菜的春化类型和特性观察

一、实验目的

春化作用是低温诱导或促进二年生植物花芽分化和开花的效应。二年生植物必须经历一个低温诱导期才能由营养生长转向生殖生长，春化作用在植株成花诱导中起着关键作用，但不同类型植物春化诱导时期不同。本实验通过春化处理大白菜和甘蓝的种子和幼苗，观察低温春化处理不同天数对两种蔬菜花发育的影响，使学生深刻理解不同春化类型蔬菜的春化作用特性，以及生产中对不同春化类型蔬菜未熟抽薹防控主要技术选择的差异。

二、实验材料和仪器用具

（一）实验材料

每组需早熟品种的大白菜和甘蓝种子各240粒（催芽至萌动），大白菜和甘蓝5~6片真叶的幼苗各120株。

（二）仪器和用具

1. 仪器设备　春化箱或冰箱1~2台，低温人工气候箱3~4台，全班共用。

2. 用具　培养皿，每组2套，配套纱布、滤纸等；72孔穴盘，每组6个；50孔穴盘，每组6个；育苗基质，4袋，全班共用。

三、实验原理

拓展知识

春化作用决定着二年生蔬菜由营养生长转向生殖生长的过程，与植株的抽薹开花密切相关，是由外界环境条件和内部物质条件等共同作用的复杂生理过程。植物感受低温春化的部位多为茎尖分生组织有丝分裂旺盛的细胞（茎端生长点），这些细胞或其分裂产生的后代是形成花和花序的分生组织。

感受低温春化的时期因蔬菜种类的不同而异，有种子春化型和绿体春化型。种子春化型蔬菜从种子萌发开始，以后任何时期都能感受低温进行春化，如白菜、萝卜、芥菜、菠菜、莴苣等；而绿体春化型蔬菜只有在植株长到一定大小以后，才具有感受低温的能力，如甘蓝、胡萝卜、洋葱、大葱等。有研究表明，1～4℃是甘蓝通过春化作用的最适宜温度；春化温度为4℃，早抽薹白菜春化25d时抽薹率可达100%，晚抽薹则需要春化处理40d，显示了品种的差异性。春化作用对蔬菜的影响是诱导性的，本身并不直接引起开花，在春化过程完成以后，植株可分化花原基，以后在较高温度和长日照条件下会抽薹开花。

四、实验内容和方法步骤

本实验主要在实验室分组进行，每标准班分为6组，每组4～6人，观测不同类型蔬菜春化处理对抽薹开花的影响。

（一）实验操作

1. 种子春化处理 每组取催好芽的大白菜和甘蓝种子各240粒，放于培养皿并盖好湿润的纱布，置于4℃春化箱或冰箱进行春化处理，分别在处理0d（对照）、10d、20d和30d时各取出18粒种子，3次重复。最好分次处理，同时播种。处理结束后，每种蔬菜每个重复种植1个72孔穴盘，每处理3行（18粒种子），待继续培养观察抽薹开花情况。

2. 幼苗春化处理 每组取大白菜和甘蓝5～6片真叶的幼苗各120株，转移到低温人工气候箱进行低温春化，培养条件为白天10℃/10h，夜晚4℃/14h，大白菜在春化处理0d（对照）、10d、20d、30d，甘蓝在春化处理0d（对照）、15d、30d、45d，各取出10棵苗，3次重复。最好分次处理，同时移栽。处理结束后，每种蔬菜每个重复种植1个50孔穴盘，每处理2行，待继续培养观察抽薹开花情况。

3. 培养和抽薹开花调查 将种子春化处理后2种蔬菜播种的穴盘，与幼苗春化处理后2种蔬菜移栽的穴盘，分别放入人工气候箱，在温度25℃/18℃、光周期14h/10h，光照强度150μmol·m^{-2}·s^{-1}条件下培养，统一管理，直至抽薹开花期，观察统计各处理抽薹及现蕾开花的时期和抽薹株率。

（二）注意事项

（1）培养管理时，注意水肥及环境条件的调控。
（2）本实验需要持续较长时间，要求学生课堂和课外合理安排，进行指标的调查和记录。

五、作业和思考题

（一）实验报告和作业

（1）将种子期和幼苗期不同春化处理后采集的各指标数据整理和填入表Ⅰ-06-1，并进行统计分析。

表Ⅰ-06-1 不同春化处理后大白菜和甘蓝植株生长情况记录

处理	春化天数(d)	大白菜			甘蓝		
		现蕾期（d）	抽薹期（d）	开花期（d）	现蕾期（d）	抽薹期（d）	开花期（d）
种子	0						
	10						

处理	春化天数(d)	大白菜			甘蓝		
		现蕾期（d）	抽薹期（d）	开花期（d）	现蕾期（d）	抽薹期（d）	开花期（d）
种子	20						
	30						
幼苗	0						
	15						
	30						
	45						

（2）根据本实验结果，分析说明大白菜和甘蓝的春化阶段和春化类型。

（二）思考题

（1）抽薹开花受低温影响较大，低温处理时间越长越好的说法是否正确？请说明理由。

（2）分析大白菜和甘蓝春化时间的长短与现蕾期、开花期天数的关系。

（本实验由孟晶晶主笔编写）

实验Ⅰ-07　二年生蔬菜春化蛋白的诱导与检测

一、实验目的

春化作用是决定二年生蔬菜由营养生长向生殖生长转变，进而诱导植株成花的关键过程。春化过程中会发生一系列的生理代谢过程，其中蛋白质水平的变化包括春化特异蛋白（春化蛋白）的形成，通过 SDS-PAGE 电泳技术可对春化诱导形成的春化蛋白进行检测。

本实验通过诱导并检测二年生蔬菜的春化蛋白，使学生掌握 SDS-PAGE 电泳技术，深刻理解春化作用对二年生蔬菜成花的调控原理。

二、实验材料和仪器用具

（一）材料和试剂

1. 实验材料　　每组需大白菜和甘蓝种子各 2～4g，大白菜和甘蓝幼苗各 20～40 棵。

2. 试剂及配制　　下述试剂和药品的配制量可满足 6 个实验小组开展实验工作。

（1）蛋白质提取缓冲液：各组分终浓度为 50mmol/L Tris-HCl（pH=6.8），含 2%巯基乙醇和 2% SDS。

（2）5%三氯乙酸溶液：准确称取三氯乙酸 12.5g，用水溶解，并于 250mL 容量瓶中定容至刻度，混匀后备用。

（3）丙酮三氯乙酸混合液：用丙酮与 5%三氯乙酸溶液按体积比 1∶1 混合而成。

（4）0.5mol/L Tris-HCl 缓冲液（pH=6.8）：称取 Tris 碱 15g，加入超纯水溶解，用 1mol/L HCl 调 pH 至 6.8，最后用超纯水定容至 250mL。

（5）1.5mol/L Tris-HCl 缓冲液（pH=8.8）：称取 Tris 碱 45.5g，加入超纯水溶解，用 1mol/L HCl 调 pH 至 8.8，最后定容至 250mL。

（6）30%聚丙烯酰胺凝胶储存液：称取丙烯酰胺 29.2g，亚甲基双丙烯酰胺 0.8g，加入超纯水稍微加热溶解，最后定容到 100mL，滤纸过滤，4℃避光保存。

（7）10% SDS：称取 SDS 10g，加入超纯水，加热至 60℃溶解，再定容到 100mL，室温保存。

（8）10%过硫酸铵：称取过硫酸铵 1g，加 10mL 超纯水溶解，现配现用。

（9）2×上样缓冲液：吸取 0.5mol/L Tris-HCl 缓冲液（pH=6.8）1.25mL，甘油溶液（体积分数 50%）4mL，10% SDS 溶液 2mL，巯基乙醇 0.4mL，1%溴酚蓝溶液 0.4mL，加超纯水定容至 10mL。

（10）电极缓冲液：称取 Tris 碱 3g，甘氨酸 14.4g，SDS 1.0g，加超纯水溶解，用 HCl 调 pH 至 8.3，最后超纯水定容至 1000mL，共配置 3000mL 备用。

（11）染色液：称取考马斯亮蓝 R-250 0.50g，加入 50%甲醇 182mL、冰醋酸 18mL，混匀。

（12）脱色液：分别量取甲醇 450mL、超纯水 450 mL、冰醋酸 100mL，混匀。

（二）仪器和用具

1. 仪器设备　恒温培养箱、冰箱、离心机、天平、真空泵、脱色摇床，各 1～2 台，全班同享；电泳仪和垂直电泳槽，每组 1 套。

2. 实验用具　微量注射器和烧杯，每组各 1 个；培养皿和研钵，每组 4 套。

三、实验原理

二年生蔬菜按可感受低温的时期不同分为种子春化和绿体春化。种子春化型在种子萌动时期即可感受低温、完成春化，如大白菜、萝卜和芥菜等；绿体春化型在植株长到一定大小的营养体后才能感受低温、完成春化，如甘蓝、胡萝卜、洋葱和大蒜等。

拓展知识

二年生蔬菜作物在春化过程中，植株体内的碳水化合物、内源激素、可溶性蛋白质及酶类等各种物质含量会发生显著变化，以帮助作物完成春化，由营养生长转向生殖生长阶段，进而实现成花诱导。春化作用的生理代谢变化过程中，会伴有不同的特异蛋白质的形成，即春化蛋白。SDS-PAGE 电泳依据蛋白质为极性分子，不同蛋白质的分子质量不同，在电场线凝胶里迁移速率也不同的特性，电泳后对凝胶进行染色，即可对春化作用诱导形成的春化蛋白进行检测。

四、实验内容和方法步骤

本实验主要在实验室分组进行，每标准班分为 6 组，每组 4～6 人，设置不同春化处理，电泳测定不同春化类型蔬菜的春化蛋白特征。

（一）春化处理

分别选取粒大饱满的大白菜和甘蓝种子，室温下浸种 2h，将种子分别平铺在培养皿中，于 20℃恒温培养箱中催芽 12～24h，待种子露白后放入 4℃冰箱，进行春化处理 25d 后取样，标记为 T_1（大白菜）和 T_2（甘蓝）；另外，分别将一部分露白的种子作为对照，25℃避光培养 60h，生长至与春化处理 25d 的种芽等长时取样，标记为 CK_1（大白菜）和 CK_2（甘蓝）。

分别取大白菜和甘蓝 5～6 叶期幼苗 5～10 棵作为处理 T_3 和 T_4，置于人工气候进行 30d 春化处理，处理条件为日均 8℃（昼 10℃/夜 6℃），光照时间 12h，光照强度 72μmol·m^{-2}·s^{-1}；同时，分别取大白菜和甘蓝植株 5～10 棵作为对照 CK_3 和 CK_4，置于人工气候箱进行正常生长，生长条件为日均 20℃（昼 25℃/夜 15℃），光照时间 12h，光照强度 72μmol·m^{-2}·s^{-1}。春化处理结束后取样进行蛋白质提取。

（二）蛋白质提取

取各处理的种子幼芽或植株茎尖及靠近茎尖的嫩叶 1～2g，分别放入预冷的研钵中，加液氮研磨成粉末，移入 25mL 离心管中，加入 10mL 蛋白质提取缓冲液，涡旋振荡 30s；冰上放置 1h 以上，4℃、4000r/min 冷冻离心 20min；收集上清液至另一离心管中，加入 10mL 预冷的丙酮与 5%三氯乙酸混合液，颠倒混匀后，–20℃沉淀静置蛋白质 2h 以上；4℃、4000r/min 离心 15min，取沉淀 100mg，加入 2mL 蛋白质提取缓冲液溶解蛋白质，获得 50mg/mL 蛋白质母液，用上述蛋白质提取缓冲液稀释成 2mg/mL 的蛋白质溶液，置于–20℃条件下保存备用。

（三）电泳

1. 电泳槽组装　　将平玻璃板和凹型玻璃板叠加在一起，凹型面朝上，固定在电泳支架内，旋转电泳槽的固定钮使玻璃板固定，用 1.5%的热琼脂溶液封闭胶腔底部缝隙。

2. 制胶板　　采用 12%的分离胶和 5%的浓缩胶制备胶板。按照表Ⅰ-07-1 的组分比例配制 12%的分离胶，小心混匀，避免剧烈搅拌产生气泡。配完后用移液枪吸取分离胶沿凹形板一边加入分离胶，当分离胶液面达到玻璃板高度的 2/3 处时，沿玻璃板表面匀速加入 ddH_2O 密封并压平分离胶的液面。放置约 40min，分离胶凝固后把 ddH_2O 倾出，用滤纸条轻轻将残余的水吸干。配置 5%的浓缩胶，依照加入分离胶的方式加入浓缩胶，完成后插入带齿梳子，静置约 30min 后，浓缩胶凝固，小心地拔出梳子，放置备用。

表Ⅰ-07-1　分离胶和浓缩胶的组成和配比　　　　　　（单位：mL）

贮备液	12%分离胶（20mL）	5%浓缩胶（8mL）
超纯水（ddH_2O）	6.6	5.5
30%凝胶储存液	8.0	1.3
1.5mol/L Tris-HCl（pH=8.8）	5.0	—
0.5mol/L Tris-HCl（pH=6.8）	—	1.0
10% SDS	0.2	0.08
TEMED	0.02	0.008
10%过硫酸铵	0.2	0.08

3. 样品处理与上样　　取适量提取好的蛋白质溶液，按体积比 1∶1 加入 2×上样缓冲液，在沸水浴中加热 10 min，然后立即冰浴 2min，在室温条件下 10 000r/min 离心 3min 后上样。在电泳槽中加入电极缓冲液后（缓冲液要没过加样孔），用微量注射器上样，每样品孔上样 20～50μL。在边缘加样孔加入标准蛋白质溶液（以牛血清蛋白作为标准蛋白质，浓度 1mg/mL）。

4. 电泳　　上样完成后，接通电泳仪电源，开始电泳，浓缩胶电压为 80V。当样品的指示剂达到浓缩胶和分离胶边界、浓缩成一条线时，调节电压至 120V，恒压继续电泳。待溴酚蓝指示剂跑到分离胶末端时，停止电泳。

5. 染色　　将凝胶切下，平放在直径 15cm 的大培养皿中，用 ddH_2O 漂洗后加入染色液，室温条件下摇床缓慢晃动染色 1h。

6. 脱色　　倒掉染色液，ddH_2O 洗 1～2 次后加入脱色液，室温条件下摇床缓慢晃动脱色，直到背景无蓝色且蛋白质条带清晰为止，其间视脱色液的颜色深浅，更换新的脱色液若干次。

7. 照相记录　　用相机对实验结果进行照相记录。

五、作业和思考题

（一）实验报告和作业

（1）依据 SDS-PAGE 电泳结果，比较不同处理间蛋白质条带与分子量，分析大白菜的春化蛋白和作用机理。

（2）依据 SDS-PAGE 电泳结果，比较不同处理间蛋白质条带与分子量，分析甘蓝的春化蛋白和作用机理。

（二）思考题

（1）二年生蔬菜作物通过春化后是否一定会开花结籽？其他环境因子（如温度和光周期等）是否对开花结籽有影响？

（2）春化处理后，如给予较高温度则春化处理效果会削弱或消失，即脱春化，那么脱春化后春化蛋白会有何变化？如何设计实验检测脱春化后的蛋白质变化？

（本实验由潘玉朋主笔编写）

实验 I-08　蔬菜发育的光周期特性观察

一、实验目的

光周期不仅影响蔬菜抽薹开花，还影响某些蔬菜产品器官形成。本实验通过观察光周期对蔬菜发育的效应，使学生认识光周期敏感型蔬菜对光周期响应的类型，了解日照长度、昼夜间断对光周期敏感型蔬菜抽薹开花的促进或抑制作用，对于掌握利用光照时间调节蔬菜抽薹开花和产品器官形成时期的方法具有重要意义。

二、实验材料和仪器用具

1. 实验材料　4 叶 1 心期的扁豆（短日照作物）幼苗，已通过低温春化的 4 叶 1 心期小白菜（长日照作物）幼苗，每组各 150 株。

2. 仪器设备　人工气候箱，数量和体积应满足每组进行 150 株扁豆或小白菜光周期处理。

如需要在同一培养箱内进行不同的光周期处理，应准备黑罩或暗箱，其数量和大小可根据人工气候箱内空间和处理数需要确定，用方便的材料自制。

三、实验原理

蔬菜作物的光周期现象是指花芽分化、开花、结实、分枝习性、某些地下器官（块茎、块根、球茎、鳞茎、块茎等）的形成受光周期（即每天日照长短）影响的效应。大白菜、萝卜、芹菜、菠菜、莴苣、大葱、大蒜和洋葱等，在露地自然条件下多在春季长日照下抽薹开花，为长日照蔬菜；豇豆、扁豆、刀豆、茼蒿、苋菜等，多在秋季短日照条件下开花，为短日照蔬菜；番茄、甜椒、黄瓜和菜豆等，对每天光照时数要求不严格，为日中性蔬菜，可采用设施条件进行周年生产。

长日照植物抽薹开花需要长日条件的诱导，短日照植物抽薹开花实际上需要长夜条件的诱

拓展知识

导。通过人工控制光照时间、实施暗期光中断、调节播种时期等，都可以调节光周期敏感型蔬菜作物的开花和结果时期。

目前露地蔬菜生产实践中，调节日照长度的主要手段是播种期；随着设施环境调控能力的增强和 LED 光技术的应用，设施蔬菜生产中人工遮光、补光等光周期调控技术也已在生产中应用。

四、实验内容和方法步骤

本实验主要在实验室分组进行，每标准班分为 6 组，每组 4～6 人，在人工环境下设置不同光周期处理，观察抽薹开花情况，分析不同光周期类型蔬菜的光周期特性。

（一）光周期处理

取生长健壮和整齐一致的扁豆和小白菜幼苗，转至人工气候箱中生长，温度 25℃/15℃，光照强度 400μmol·m^{-2}·s^{-1} 左右，正常肥水管理。光周期处理如下设置。

（1）短日照：每日光照 8 h（早上 8:00 到下午 4:00）。

（2）长日照：每日光照 16 h（早上 8:00 到晚上 12:00）。

（3）间断黑夜：在短日照处理的基础上，夜晚 12:00 至翌日凌晨 1:00 照光 1h，以间断黑夜。

（4）间断白昼：在长日照处理的基础上，每日中午 11:00 至下午 2:00 进行黑暗处理，间断白昼 3h。

一般情况下连续处理 15d 后即可完成。如在同一培养箱中需要进行多个光周期处理，可用黑罩或暗箱调节日照时间。每处理的株数应不少于 10 株。

（二）效果观测

根据田间环境条件，将处理后的植株定植于田间或继续保留于生长箱生长，进行正常肥水管理和病虫害防治。观察统计每个处理各单株的抽薹期和开花期，计算每个处理抽薹植株的比例。

(三）注意事项

（1）同一种蔬菜的不同品种，对光周期敏感度不一，实验中应选择相对严格的长日照品种或短日照品种，比较容易得到明确的实验结果。

（2）由于植株在培养箱中需要生长较长时间，栽植容器应留有较大余地。

五、作业与思考题

（一）实验报告和作业

（1）整理实验观测数据绘制表格，对实验数据进行统计分析。

（2）比较分析不同光周期处理对两种蔬菜作物抽薹开花的影响。

（二）思考题

（1）根据植物光周期现象的原理，举例说明如何利用日照长度调节蔬菜产品器官的形成。

（2）根据植物光周期现象的原理，在蔬菜引种工作中应注意哪些问题？

（本实验由缪旻珉主笔编写）

实验Ⅰ-09 温度调控蔬菜生长的效应观察

一、实验目的

各种蔬菜均有其生长发育的适宜温度，了解温度对蔬菜生长的影响，对于蔬菜栽培温度环境管理具有重要意义。本实验通过观察不同昼夜温度处理下蔬菜生长指标的变化，使学生深刻理解温度对蔬菜生长的效应及其原理。

二、实验材料和仪器用具

（一）实验材料

4叶期的菠菜（耐寒蔬菜）和大白菜（半耐寒蔬菜），2叶期的黄瓜（喜温蔬菜）和冬瓜（耐热蔬菜），每组各40株。

（二）仪器和用具

1. 仪器设备　人工气候箱，每个温度处理至少1台，视实验组数增加数量；烘箱、电子天平，每组各1个。

2. 实验用具　直尺、游标卡尺，每组1～2把。

三、实验原理

每种蔬菜生长与发育对温度都有一定要求，而且都有各自最低温度、最适温度和最高温度，称为温度"三基点"。蔬菜只能在最低温度与最高温度范围内生长，这个温度范围是蔬菜生长的适应温度范围；在超过所能忍受的最高、最低点的温度后，生长、发育即停止，长时间会引起植株死亡。蔬菜生长的最适温度是指生长最快的温度，不同种类的蔬菜因起源地不同，生长的最适温度也不同。在最适温度下，蔬菜的同化作用旺盛，所制造的养分超过正常呼吸作用的消耗，生长发育好，能获得优质丰产。

拓展知识

四、实验内容和方法步骤

本实验在实验室分组进行，每标准班分为6组，每组4～6人，在人工环境下设置不同温度处理，观察对不同种类蔬菜生长的影响。

（一）实验操作

人工气候箱温度梯度设置0℃/15℃、18℃/25℃、30℃/42℃，光照强度400μmol·m^{-2}·s^{-1}左右，光周期12h。每组取上述每种蔬菜幼苗不少于10株，分别置于不同温度处理。

（二）结果观测

在温度处理0 d和15d，分别对每种蔬菜各温度处理的植株，测定株高、茎粗和生物量（植株干重），并统计成活率。株高用直尺测量茎基部到生长点的高度；茎粗用游标卡尺测量茎基部以上2cm处；植株干重测量将带根植株洗净，60℃烘箱烘至恒重，用电子天平称量。

（三）注意事项

实验过程中注意水分管理，保证每个温度处理的土壤（基质）含水量一致且均匀，以免高温处理造成的干旱胁迫对实验结果产生影响。

五、作业和思考题

（一）实验报告和作业

（1）仔细观察4种蔬菜对不同温度处理的反应，并详细记录成活率、株高、茎粗、生物量等生长指标，对本组结果进行直观分析。

（2）汇总全班各组数据，每组试验为一个重复，对全班实验结果进行统计分析，讨论不同温度对不同蔬菜生长的影响。

（二）思考题

（1）温度及昼夜温差除了影响植物的生长速度，还可能影响植物的哪些性状？

（2）试分析接近最低温度的低温胁迫对植物造成伤害的生理学原因。

（本实验由缪旻珉主笔编写）

实验 Ⅰ-10　高温和低温逆境伤害蔬菜组织细胞膜的测定

一、实验目的

在所有环境因子中，蔬菜对温度最敏感，高温和低温可以通过影响叶绿素形成、破坏细胞结构或改变呼吸强度等影响引起蔬菜生长发育障碍。通过比较蔬菜幼苗叶片在高温或低温伤害后外渗电解质的含量，可了解高温和低温对蔬菜组织细胞膜结构的影响，评价蔬菜对温度逆境的抗性。本实验通过测定不同温度处理的蔬菜叶片细胞膜相对透性，使学生掌握电导率测定技术，深刻理解高低温逆境对蔬菜细胞膜的伤害及细胞膜透性与蔬菜抗逆性的关系和原理。

二、实验材料和仪器用具

（一）实验材料

黄瓜（喜温蔬菜）、瓠瓜或甜瓜（耐热蔬菜）的幼苗，每组各15株。

（二）仪器和用具

1. 仪器设备　恒温培养箱、冰箱、真空泵、恒温水浴锅、电导仪、电炉，各1~2套，全班共用。

2. 实验用具　每组需试管架、玻璃棒、量筒、打孔器（直径6mm）各1个，镊子1把，移液管（或移液枪）1套，100mL烧杯18个。

三、实验原理

植物细胞膜不仅是防止细胞外物质进入细胞内的屏障，也是细胞与环境发生物质交换的主要

拓展知识

通道，对环境胁迫尤为敏感，膜系统常常是最先受到逆境伤害的部位。在正常生长情况下，植物细胞对物质具有选择透性功能，但在高（低）温、干旱、盐渍、病原菌等胁迫后，细胞膜遭受破坏，膜透性增大，从而使细胞内的电解质（盐类或有机物质）外渗，以致植物组织浸提液的电导率增大。由于质膜对逆境胁迫反应敏感，透性的增加往往早于其他危害症状的出现，因此，用电导率法测定质膜透性已广泛应用于植物抗逆性研究。

电导率是物质传送电流的能力，是电阻率的倒数。在液体中常以电阻率的倒数——电导率来衡量其导电能力的大小，这也是电导仪的工作原理。采用电导仪测定植物组织中的外渗电解质的含量，可以间接了解细胞透性的大小。

四、实验内容和方法步骤

本实验在实验室分组进行，每标准班分为 6 组，每组 4～6 人，在人工环境下设置低温和高温处理，以电导法测定低温和高温对不同种类蔬菜组织细胞膜的伤害。

（一）低温和高温处理

每组在黄瓜和瓠瓜或甜瓜等实验幼苗上各选取 3 片健康、幼嫩、完整的叶片，带叶柄采下并将叶柄基部用湿纱布包裹，防止叶片萎蔫。将叶片用自来水洗干净并用去离子水润洗，用洁净滤纸吸干表面水分。每片叶用 6mm 打孔器避开主脉均匀打取小圆片。将剪下的小叶片混合均匀，快速准确称取鲜样 4 份，每份约 1.000g，分别放入编号为 A、B、C、D 的 4 个 100mL 烧杯中，每片叶为 1 个重复，3 次重复。进一步处理如下所示。

（1）A 杯：放入冰箱 0℃以下作低温处理，处理 60min 后取出（供试叶片也可以在实验前低温处理好并待用，处理温度及时间依不同植物叶片耐寒性而定），加入蒸馏水 50mL。

（2）B 杯：放入 40℃恒温培养箱中作高温处理，处理 30min 后取出，加入蒸馏水 50mL。

（3）C 杯：置室温下作常温处理，加入蒸馏水 50mL。

处理结束后，将 A、B、C 杯均放入真空干燥器，用真空泵抽气 30min（以抽出细胞间隙中的空气），缓缓放入空气后从真空干燥器中取出 A、B、C 杯。

（4）D 杯：加入蒸馏水 50mL，称重，盖上表面皿，置于电炉上煮沸 15min（煮沸时间依不同植物叶片而定），冷却后再称重并加蒸馏水至原重量，继续浸泡叶片。

将 A、B、C、D 杯均放置在室温下浸提 1 h 左右（经常摇动，以有利电解质外渗），然后将叶片从杯中夹出，浸提液进行下一步测定。

（二）电导率测定

用电导仪分别测定 A、B、C、D 杯的电导率，同时测定蒸馏水（空白）的电导率，所测得的结果记入表 I-10-1。

表 I-10-1　电导率测定记录

蔬菜种类	处理	观测电导率(μS/cm)	实际电导率(μS/cm)	相对外渗率（%）
	蒸馏水（空白）			
	A（低温）			
黄瓜	B（高温）			
	C（常温）			
	D（煮沸）			

蔬菜种类	处理	观测电导率(μS/cm)	实际电导率(μS/cm)	相对外渗率（%）
	蒸馏水（空白）			
	A（低温）			
瓠瓜（甜瓜）	B（高温）			
	C（常温）			
	D（煮沸）			

（三）实验结果计算

按公式（5）计算实际电导率：

$$\text{实际电导率}＝\text{处理的观测电导率}－\text{空白对照的观测电导率} \tag{5}$$

按公式（6）计算低温、高温及常温处理电解质的相对外渗率：

$$\text{电解质的相对外渗率（%）}＝（\text{处理电导率}－\text{空白电导率/煮沸电导率}$$
$$－\text{空白电导率})\times100 \tag{6}$$

按公式（7）计算样品的高/低温处理相对于样品的正常处理的相对外渗率：

$$\text{相对外渗率（%）}＝[（\text{处理电导率}－\text{空白对照电导率})$$
$$/（\text{处理对照电导率}－\text{空白对照电导率})]\times100 \tag{7}$$

（四）注意事项

（1）实验中，所取叶片叶龄要一致，测定必须在相同温度下进行。

（2）不要用手直接接触叶片，全部器皿要洗净，以免污染。

（3）测定电导率时，要防止 CO_2 气源和口中呼出 CO_2 进入试管，每测定一次电极要清洗干净，以免影响结果的准确性。

（4）测定电导率时，每测定完一个样液后，用蒸馏水漂洗电极，再用滤纸将电极擦干，然后进行下一个样液的测定。

五、作业和思考题

（一）实验报告和作业

（1）比较高温和低温处理的黄瓜叶片细胞透性的变化情况，并解释原因。

（2）计算实际电导率和相对外渗率，填入表 I-10-1 中，并比较分析黄瓜和瓠瓜（或甜瓜）对高低温逆境的抗性差异。

（二）思考题

（1）植物细胞质膜的作用和功能有哪些？

（2）植物抗逆性与细胞膜透性有何关系？

（本实验由周庆红主笔编写）

实验Ⅰ-11　光照强度对蔬菜生长和形态建成的效应观察

一、实验目的

光照强度对植物生长发育有光效应和热效应，直接影响植物的光合作用、光周期反应和器官形态的建成，因此光照强度对植物生产具有决定性的影响。本实验通过测定不同光照强度下黄瓜和番茄幼苗生长和叶绿素含量，使学生深刻理解光照强度对蔬菜生长和形态建成的效应及其机制。

二、实验材料和仪器用具

（一）实验材料

72 孔穴盘内生长至 3～4 片真叶的黄瓜和番茄苗各 18 盘，每组 3 盘。

（二）仪器和用具

1. 仪器设备　　全班需人工气候箱 3 台；天平（1%）、烘箱、叶面积扫描仪，各 1 台。每组需 SPAD 叶绿素测定仪 1 台。

2. 实验用具　　直尺、游标卡尺，每组各 1 套。

三、实验原理

光照强度对植物生长与形态建成的直接影响主要与细胞的伸长和叶绿体发育有关。强光抑制植物细胞伸长，促进细胞分化，导致植株较矮，节间缩短，叶色浓绿，叶片小而厚，根系发达；而弱光不利于细胞的分裂，但有利于细胞的伸长，导致植物细胞分化推迟，节间伸长，株高增加，叶色浅，叶片大而薄，根系发育不良。

光照强度对植物形态建成的影响与其优秀植物激素（尤其是生长素）的组织分布有关。

拓展知识

四、实验内容和方法步骤

本实验在实验室分组进行，每标准班分为 6 组，每组 4～6 人，在人工环境下设置不同光照强度处理，观测比较对黄瓜和番茄幼苗生长及叶绿素含量的影响。

（一）实验操作

1. 光照强度处理　　将 3 台人工气候箱的光照强度分别设置为 0（黑暗）、1000lx（弱光）、20 000lx（强光），温度 18～25℃/15～18℃（昼/夜），湿度 65%，光周期 12h/12h。运行 2h 直至稳定后，将 3～4 片真叶的黄瓜和番茄幼苗各 3 盘，分别放置于上述不同光照强度的培养箱内培养 7d。每盘为一个重复，3 次重复。

2. 效果观测　　从培养箱取出幼苗，每穴盘取样 5 株，立即测定如下指标。

（1）株高：直尺测量穴盘基质表面至幼苗生长点的高度。

（2）茎粗：用游标卡尺测量子叶之下 0.5cm 处的直径。

（3）叶片数：完全展开的叶片数量。

（4）叶面积：摘下幼苗完全展开的叶片，用叶面积扫描仪测定。

（5）鲜重和干重：洗净根系黏附的基质杂质，用吸水纸吸去幼苗表面水分，从根茎结合部剪断，分为地上部和根，用 1% 天平分别称量鲜重；用烘干法（在烘箱内先用 105℃ 杀青 15min，然后在 75℃ 下烘干至恒重）分别测量干重。

（6）叶绿素含量：用 SPAD 叶绿素测定仪测定。

（二）注意事项

（1）供试蔬菜幼苗应大小一致，无病虫害和机械伤害。

（2）光照强度处理期间，需要保持人工气候箱内的温度、湿度一致，以免造成试验误差。

五、作业和思考题

（一）实验报告和作业

（1）比较不同光照强度处理下黄瓜和番茄幼苗的株高、茎粗、叶片数、鲜重与干重（地上部和根）、叶绿素含量、叶面积，统计分析处理间差异显著性。

（2）根据测量结果，计算壮苗指数[壮苗指数=(茎粗/株高)×全株干重]、根/冠比（根干重/地上部干重），统计分析不同光照强度处理的差异和显著性。

（二）思考题

（1）光照强度对植物生长与形态建成的直接影响主要与细胞的伸长有关，试分析光照强度、植物激素和细胞伸长之间的关系。

（2）光照强度是如何影响植物光合作用从而间接影响植物的形态建成的？

（本实验由孙云锦主笔编写）

实验 I-12　蔬菜作物光合特性测定

一、实验目的

光合作用是植物生长发育的物质基础，通过测定光合特性，可以了解植物的生长发育状况和环境对植物的影响。本实验通过测定几种典型蔬菜作物的光合特性参数，使学生熟悉光合作用测定仪的工作原理，掌握光合气体交换参数的测定方法，加深理解光合特性参数的生物学意义和不同蔬菜作物的光合特性。

二、实验材料和仪器用具

1. 实验材料　在温室或人工气候室内 15 孔塑料穴盘基质育苗生长至 5～10 片真叶的黄瓜、生菜和番茄各 18 盘，每组 3 盘。

2. 仪器设备　LI-6400XT 光合作用测量系统、电源、放置光合仪的试验台桌等。

三、实验原理

拓展知识

光合作用是指绿色植物（包含藻类）通过吸收光能，将二氧化碳和水合成有机物并释放氧气的过程，反应式为 $CO_2 + H_2O \rightarrow CH_2O + O_2$，因此可通过测定 CO_2 的吸收速率或氧的释放速率等来反映光合速率。

LI-6400XT 光合作用测量系统可根据样品室和参比室间的 CO_2 浓度差，计算出植物单位叶面积单位时间内消耗的 CO_2 量（吸收量），即净光合速率（P_n）。同时，还可以结合气体流速、叶面积等参数计算光合气体交换参数。目前，光合作用测定系统可以直接测定出环境 CO_2 浓度、P_n、胞间 CO_2 浓度（C_i）、蒸腾速率（T_s）、气孔导度（G_s）、空气的湿度和温度、叶片温度、蒸腾压亏缺、大气压、光照强度等。

四、实验内容和方法步骤

本实验在实验室或田间分组进行，每标准班分为 6 组，每组 4～6 人，用便携式光合仪测定不同蔬菜的光合特性参数。

（一）实验操作

选择晴天上午 9:00～11:00，以 LI-6400XT 光合作用测量系统为例，按照以下步骤测定 3 种蔬菜的光合特性参数。

1. 仪器安装与开机

（1）硬件安装与连接：光合作用测量系统由主机、叶室、电缆线、缓冲瓶、电池组成，测量之前要先进行组装，并将组装好的仪器水平摆放在实验台桌之上。

（2）开机：配置界面选择 2*3 Led，连接状态按 Y，进入主菜单，预热 15～20min。

（3）按 F4（New Msmnts），进入测量菜单。

（4）先按 2，再按 F5 设定光照强度（Lamp Off），选择 PAR，按 T 输入目标光照强度（1000lx），再按 Enter 打开光源。

（5）闭合叶室，按 1，再按 F5（Match），进行匹配；匹配界面按 F5，可以多按几次，直到 CO2R、CO2S、H2OR 和 H2OS 数值基本一致；按 F1(Exit) 或 Escape 退出。

（6）之后先按 1，再按 F1（Open LogFile）；选择将数据存入的位置，按 F1(+Dir)；选择/Flash，按 Enter；命名文件名，按 Enter；输入一个 Remark，按 Enter。

2. 测定

（1）选取待测苗的叶片夹入叶室：将待测蔬菜幼苗连同穴盘一起放在实验台桌上，取生长一致的健壮植株，以生长点之下的第 3 或第 4 片完全展开的功能叶片为待测叶片。打开仪器叶室，夹好待测叶片，避免叶室夹住叶片主脉，并保证叶室完全盖住测量区域。

（2）测定：选择任意显示行（通过上下箭头键选择）按 E 使得界面显示 e 行，等待 e 行 Stable 变成 3/3 时，或者 b 行 ΔCO2 值波动＜0.2 μmol/mol，c 行 Photo 参数稳定在小数点之后一位；其他参数在正常范围内（$0<Cond<1$、$C_i>0$、$T_r>0$）时即可。

（3）记录数据：按 F1(Log) 记录数据，此时 1 功能行的 Log 下面的数值会加 1，并且机器发出滴的一声。

（4）更换叶片继续测定：选取另一植株的叶片，重复（1）～（3）步骤。每种蔬菜随机测定 3～5 株。

3. 关机和导出数据

（1）保存数据：测定完成后按 F3（Close File）关闭文档，保存数据文件。

（2）关机：先后按 2，按 F5，按 O，关闭光源；再按 Esc，退回主界面，关机。

（3）导出数据：关机后旋开主机背面内存卡存放处的旋钮打开内存卡存放处；按此按钮可弹出 CF 卡，CF 卡内的数据可在退出卡后直接插入读卡器来导出数据（Excel 格式）。

4. 整理和存放仪器

（1）整理仪器：把化学管旋钮旋至中间松弛状态；旋转叶室固定螺丝，保持叶室在手柄闭合时处于不完全禁闭状态。拆除各连接线，妥善保存。

（2）电池维护：如果测定时使用的是电池，需要将电池完全充满电之后再进行存放。

（二）注意事项

（1）安装设备时，左侧两个化学管的旋钮一定要拧到完全 Bypass，但不能太用力，防止过旋。

（2）选择无病虫害、无损伤、水分和营养状况良好的功能叶片进行测定，测定过程中尽量保持叶片原来状态，包括位置、角度等。

（3）叶片一定要干燥，测的过程中光合仪任何部位都不要碰水。

（4）开机预热 15～20min 再开始测定，以免测定数值可能出现各种不正常现象。

五、作业和思考题

（一）实验报告和作业

（1）比较黄瓜、生菜、番茄 3 种蔬菜的 P_n、G_s、T_s、C_i 的差异。

（2）根据仪器导出数据，计算 3 种蔬菜的光合作用气孔限制值，并分析它与 P_n、G_s 的关系。

（二）思考题

（1）植物 P_n 随 CO_2 浓度的升高而增加，当 CO_2 浓度升高到一定程度，P_n 不再增加。为什么？

（2）如何根据 P_n 计算一天中一株黄瓜、生菜、番茄的 CO_2 同化量？

（本实验由孙云锦主笔编写）

实验Ⅰ-13　蔬菜作物光补偿点和光饱和点的测定

一、实验目的

光合作用是植物体在光下获取必需元素碳、氢、氧合成有机化合物的主要代谢途径，光照强度是光合作用的重要条件。本实验通过测定不同蔬菜作物光合作用的光补偿点（light compensation point，LCP）和光饱和点（light saturation point，LSP），使学生掌握使用光合仪测定蔬菜作物光响应曲线的技术，学会利用相应模型公式计算光饱和点和光补偿点的方法，深刻理解光照强度对不同蔬菜光合作用的影响及其机制。

二、实验材料和仪器用具

（一）实验材料

苗龄 4 叶 1 心期、生长健壮、无病虫害的番茄、菜豆、小白菜、西瓜、甜玉米的幼苗，每小组每种蔬菜各 5 株。

（二）仪器设备

LI-6400 光合仪（或其他光合测定设备），每 1～2 组 1 台（若仪器不够，可分组错时安排实验）。

三、实验原理

LCP 和 LSP 是表征光合作用过程中植物需光特性和最大需光量的指标。LCP 的高低反映植物对弱光的利用能力，表征植物的耐阴性；LSP 的高低反映植物对强光环境的适应性，表征植物的光合潜力。通常情况下，LSP 较高和 LCP 较低的植物，具有更强的生态适应性。长期处于光照充足的条件下，植物叶片的 LCP 和 LSP 均会偏高。

拓展知识

光响应曲线是植物净光合速率（P_n）和光合有效辐射之间的关系曲线，应用光响应曲线可以估算植物的光饱和点、最大 P_n、光补偿点、暗呼吸速率和表观量子效率等重要光合参数。

叶片 P_n 为零时的光照强度或光子通量密度为光合作用的 LCP，即光响应曲线的弱光下直线段与横轴交点的光照强度值。研究表明，在 20℃和 380μmol CO_2·mol^{-1} 下，C3 植物和 C4 植物的 LCP 基本上是一样的，均为 6～16μmol·m^{-2}·s^{-1}，阴生植物和阴生叶片的该值往往低于阳生植物和阳生叶片。

光照强度超过 LCP 后，随着光照强度增强，植物光合速率逐渐提高，这时光合强度就超过呼吸强度，植物体内积累干物质。在一定的光照强度范围内，植物的光合速率随光照强度的升高而增大，当光照强度上升到某一数值之后，光合速率就不再随光照强度的升高而增大，此即光饱和现象，达到光饱和时的光照强度为光饱和点。

四、实验内容和方法步骤

本实验可在实验室分组进行，每标准班分为 6 组，每组 4～6 人，用便携式光合仪测算不同蔬菜的光补偿点和光饱和点。

（一）不同蔬菜作物光合作用光响应曲线测定

每组选择每种蔬菜幼苗 3～5 株，每株测定相同节位的 1 片功能叶，用便携式光合测定系统（LI-6400）分别测定光响应曲线，用 CO_2 钢瓶设定参比室 CO_2 浓度稳定在（400±15）μmol/mol，叶室温度控制在（25±1）℃，相对湿度控制在 45%±5%。光照强度梯度设定为 2000、1800、1600、1400、1200、1000、800、600、400、200、150、100、50、25、0（单位：μmol·m^{-2}·s^{-1}），每个光照强度值采集数据时间 3min，测定 P_n。

（二）蔬菜作物光补偿点和光饱和点的计算

利用 SPSS20.0 统计软件，采用直角双曲线修正模型，计算 LSP 和 LCP。光响应应用直角双曲线修正模型计算表达式为

$$P_n(I) = \alpha \frac{1-\beta I}{1+\gamma I} I - R_{day} \tag{8}$$

LSP 计算公式为

$$LSP = \frac{\sqrt{(\beta+\gamma)/\beta}-1}{\gamma} \tag{9}$$

式中，α 为表观量子效率；β 和 γ 为系数；I 为光合有效辐射（μmol·m^{-2}·s^{-1}）；R_{day} 为暗呼吸速率（μmol·m^{-2}·s^{-1}）；将 α、β、γ 和 R_{day} 的值代入方程（8），当 $P_n(I)=0$ 时，求解 I 值即得 LCP。

采用直角双曲线修正模型计算光合—光响应的 LSP、LCP 等参数。

（三）注意事项

（1）根据仪器相关要求，测定时操作人员应远离叶室分析器，避免人呼出的高浓度 CO_2 进入叶室影响测试结果。

（2）夹叶片时保持自然状态，夹到叶片的 1/2 处，叶片一定要接触叶温热电偶，但叶温热电偶要避开叶脉，不要拉得太紧。

（3）晴天测定时不用进行光诱导。

五、作业和思考题

（一）实验报告和作业

（1）根据测定结果，请比较分析不同蔬菜的 LCP 和 LSP，尤其是 C3 和 C4 植物光合作用的差异。

（2）进行光响应曲线测定时，采用 CO_2 注入系统的作用是什么？应如何优化光照强度梯度？

（3）在测量光响应曲线过程中，当相对湿度过低或过高时，应该如何处理？Photo 值可能会出现负值，导致该现象的原因是什么？

（二）思考题

（1）根据光合作用的原理，光合作用还可以用哪些方法测定？
（2）不同作物在同一生境下光合强度可能存在差异，其原因是什么？
（3）根据光合作用的特点，如何在蔬菜作物栽培中提高光合效率？

（本实验由关志华主笔编写）

实验 I-14　蔬菜作物二氧化碳补偿点和饱和点的测定

一、实验目的

作为光合作用的主要原料，CO_2 浓度与蔬菜光合强度有密切关系，因而关系到蔬菜的生长发育和产量品质。本实验通过仪器测定典型蔬菜作物的 CO_2 响应曲线，使学生熟悉植物 CO_2 响应曲线的测定方法，掌握 CO_2 补偿点和饱和点的计算方法，加深理解 CO_2 补偿点和饱和点的生物学含义，以及 CO_2 浓度与不同蔬菜光合作用的关系。

二、实验材料和仪器用具

1. 实验材料　在温室或人工气候室内 15 孔塑料穴盘基质育苗生长至 5～10 片真叶的黄瓜、生菜和番茄各 18 盘，每组 3 盘。

2. 仪器设备　LI-6400XT 光合作用测量系统、电源、放置光合仪的实验台桌等。

三、实验原理

CO_2 是光合作用的原料，在一定范围内随着 CO_2 浓度的升高植物光合作用逐渐增强，当 CO_2 浓度超过一定范围，植物的光合速率不再提高，此时的 CO_2 浓度称为 CO_2 饱和点。同时，植物也在不断进行呼吸作用，将贮存的有机物分解为 CO_2 和 H_2O 并释放能量。光合作用和呼吸作用是相反的过程，当光合作用吸收的 CO_2 与呼吸作用释放的 CO_2 相等时的 CO_2 浓度称为 CO_2 补偿点。

通过为待测叶片提供由低到高不同浓度的 CO_2，用光合作用测定系统测定叶片净光合速率（P_n）。当 P_n 测定值为 0 时的 CO_2 浓度称为 CO_2 补偿点；当 P_n 测定值不再随 CO_2 浓度增加而增加时的 CO_2 浓度称为 CO_2 饱和点。

四、实验内容和方法步骤

本实验可在实验室分组进行，每标准班分为 6 组，每组 4～6 人，用便携式光合仪测定不同蔬菜的二氧化碳补偿点和饱和点。

（一）实验操作

选择晴天上午 9:00～11:00 测定。以 LI-6400XT 光合作用测量系统为例，CO_2 响应曲线测定步骤和方法如下所示。

1. 仪器安装与开机

（1）硬件安装与连接：安装红蓝光源，装好化学药品；连接硬件，方法同光合作用的测定。

（2）开机：配置界面选择红蓝光源，连接状态按 Y，进入主菜单，预热约 20min。

（3）仪器检测：按 F4 进入测量菜单，进行日常检查。

2. CO_2 混合器校准与饱和光照强度设定

（1）安装调节 CO_2 配气系统：安装 CO_2 钢瓶（O 形圈），将苏打管调节旋钮拧到完全 Scrub 位置，干燥剂管调节旋钮拧到完全 Bypass 位置。

（2）CO_2 混合器校准：按 2，再按 F3，按上下箭头键选择 R）Ref CO_2 XXX $\mu mol \cdot mol^{-1}$，按 Enter，设定 CO_2 浓度为环境 CO_2 浓度（约 400μmol/mol），按 Enter（可选）。将注入系统进行预热 1min 左右。按 Escape，退回主菜单，按 F3 进入 Calib Menu，选择 CO_2 Mixer Calibrate，按 Enter。如果 CO_2 浓度高于 2000μmol $\cdot mol^{-1}$，且达到稳定，按 Y，自动进行 8 点校准，完成后提示 "Implement this calibrate?"，按 Y，然后按 Esc。

（3）饱和光照强度设定：按 2，再按 F5（Lamp），按上下箭头键选择 Q）Quantum Flux XXX $\mu mol \cdot m^{-2} \cdot s^{-1}$，按 Enter 进入，根据蔬菜作物的不同设定不同的饱和光照强度（黄瓜为 1200μmol $\cdot m^{-2} \cdot s^{-1}$，生菜为 1000μmol $\cdot m^{-2} \cdot s^{-1}$，番茄为 1800μmol $\cdot m^{-2} \cdot s^{-1}$），按 Enter。

3. 测定

（1）选取待测苗的叶片夹入叶室：将待测蔬菜幼苗连同穴盘一起放在实验台桌上，取生长一致的健壮植株，以生长点之下的第 3 或第 4 片完全展开的功能叶片为待测叶片。打开仪器叶室，夹好待测叶片，避免叶室夹住叶片主脉，并保证叶室完全盖住测量区域。

（2）建立待测数据保存文件：按 1，再按 F1（Open LogFile），选择将数据存入的位置（主机 or CF 卡），建立一个文件，按 Enter；输入一个 Remark，按 Enter。

（3）测定：按 5，再按 F1（Auto Prog），进入自动测量界面，按上下箭头键选择 A-Ci Curve，按 Enter 进入，命名文件；按 Enter，添加 Remark；按 Enter，出现 Desired CO_2 Settings，自高到低设定 CO_2 梯度，如可设定为 1500 1200 1000 800 600 400 200 150 120 100 80 50（注意每个数值间一定要有空格间隔）；按 Enter 后，出现 "Minimum wait time（secs）:"，设定 60；按 Enter，出现 "Maximum wait time（secs）:"，设定 300；按 Enter，出现 "Match if |ΔCO_2| less than（ppm）:"，

设定 20 或 15；按 Enter，按 Y，则进入自动测量，等待测量结束。

（4）更换叶片继续测定：选取另一植株的叶片，重复（1）～（3）步骤。每种蔬菜随机测定 3～5 株。

4. 关机和导出数据

（1）保存数据：测定完成后，按 1，再按 F3（Close File）保存测定数据文件。

（2）关机：先后按 2，按 F5，按 O，关闭光源；再按 Esc，退回主界面，关机。

（3）导出数据：关机后旋开主机背面内存卡存放处的旋钮，打开内存卡存放处；按此按钮可弹出 CF 卡，CF 卡内的数据可在退出卡后直接插入读卡器来导出数据（Excel 格式）。

（4）整理和收存仪器：把化学管旋钮旋至中间松弛状态；旋转叶室固定螺丝，保持叶室处于打开状态；拆除各连接线，注意电池维护，妥善存放仪器。

（二）数据处理和结果计算

以 CO_2 浓度为横坐标，以 P_n 为纵坐标，在 Excel 或其他软件中绘制曲线（即 CO_2 响应曲线），曲线与 X 轴交点即 CO_2 补偿点。当曲线斜率为 0 时的 CO_2 浓度即 CO_2 饱和点。

（三）注意事项

（1）安装设备时，蓝色的干燥剂管拧到完全 Bypass，白色的苏打管拧到完全 Scrub，不要太用力以免过旋。

（2）测定之前一定要光诱导 30min，避免光诱导不充分，导致曲线后半部分 P_n 可能会随着 CO_2 浓度的增加而下降。

（3）选择典型植株叶片进行测定，测定过程中尽量保持叶片原来状态，包括位置、角度等。

五、作业和思考题

（一）实验报告和作业

（1）根据测定结果，比较黄瓜、生菜和番茄的 CO_2 补偿点和饱和点。

（2）根据 CO_2 响应曲线，计算曲线的最大斜率，试分析最大斜率的生物学意义。

（二）思考题

（1）在 CO_2 饱和点之下，为什么植物光合速率会随着 CO_2 浓度的升高而增加？

（2）为什么要在晴天上午测定 CO_2 响应曲线？

（3）CO_2 浓度超过饱和点，为什么植物的 P_n 不再增加，甚至还有所下降？

（本实验由孙云锦主笔编写）

实验 I-15　蔬菜作物组织含水量测定

一、实验目的

植物组织含水量是反映植物组织水分生理状况和合理灌溉程度的重要指标，蔬菜产品组织含水量的多少影响其外观、风味和贮藏品质。本实验通过蔬菜组织含水量测定，使学生了解植物组织含水量常用表示方法，熟悉不同蔬菜作物和不同器官组织的水分状况特点，掌握组织含水量的测定方法，深刻理解蔬菜组织水分含量与生理代谢及栽培管理技术的关系。

二、实验材料和仪器用具

（一）实验材料

每组每种实验材料需新鲜样品 150～200g。

1. 不同种类蔬菜的产品器官　如大白菜的叶球、番茄的果实、马铃薯的块茎、萝卜的肉质直根等。

2. 同一种类蔬菜的不同器官　如番茄或黄瓜的叶片、茎秆、果实、根系等。

（二）仪器和用具

1. 仪器设备　每班需烘箱 1 台，分析天平（精度 0.001）2～3 台。

2. 实验用具　每组需剪刀 2～3 把，铝盒 12～15 个，干燥器 1 个，吸水纸若干，坩埚钳 1 个。

三、实验原理

植物组织含水量可用自然含水量或相对含水量表示。自然含水量是指组织水重占其鲜重的质量分数；相对含水量是指组织水重占饱和组织水重的百分率。由于饱和组织水重比较稳定，在植物水分亏缺时相对含水量的变化比鲜重含水量的变化更敏感，常作为植物抗旱性的一种指标。

拓展知识

本实验根据水遇热蒸发为水蒸气的原理，采用加热烘干称重法测定蔬菜组织含水量。

四、实验内容和方法步骤

本实验在实验室分组进行，每标准班分为 6 组，每组 4～6 人，测定不同蔬菜不同器官的组织含水量。

将待测蔬菜清理干净，有泥土、杂物时要仔细清洗。清洗后，用吸水纸吸去表面水分。清理和清洗过程不能泡水，并避免损伤组织。

（一）自然含水量的测定

1. 称取铝盒重量　将洗净的铝盒放在 105℃恒温烘箱中，烘 2h 左右，用坩埚钳取出放入干燥器中冷却至室温后，在分析天平上称重。再放入烘箱中烘 2h，放入干燥器中冷却称重，如此重复几次至恒重，记录铝盒重量 W_1，并将铝盒放入干燥器中待用。

2. 称取待测样品重量　按实验要求，取干净的待测蔬菜作物组织鲜样品 20g 左右（每个样品做 3 次生物学重复），迅速剪成小块，分别装入已知重量的铝盒中盖好，在分析天平上准确称取铝盒与鲜样品的总重量，记为 W_2。然后于 105℃烘箱中杀青 15～20min，再在 80℃下烘至恒重（注意要打开铝盒盖子）。每隔 8～12h 取出铝盒，放在干燥器中冷却至室温，用分析天平准确称重，直至前后两次重量无变化，得到铝盒与干样品总重量，记为 W_3。

3. 记录和计算自然含水量　按表Ⅰ-15-1 格式记录实验测定数据，并按公式（10）计算组织自然含水量。

表 I-15-1　植物组织含水量记录表

编号	铝盒重（W_1）	铝盒+样品鲜重（W_2）	铝盒+样品干重（W_3）

$$自然含水量（\%）=\frac{鲜重\,W_f-干重\,W_d}{鲜重\,W_f}\times 100\% \tag{10}$$

式中，鲜重为 $W_f=W_2-W_1$；干重为 $W_d=W_3-W_1$。

（二）相对含水量的测定

1. 相对含水量测定　　将完整的待测样品器官如叶片、根、茎、果实等（每个样品做 3 次生物学重复），用清水清洗后称量鲜重 W_f，然后将样品浸入蒸馏水中数小时，使组织吸水达饱和状态（浸水时间长短因材料而定）。取出并用吸水纸吸去表面的水分，立即放于已知重量的铝盒中称重，再浸入蒸馏水中一段时间，取出吸干外面水分，再称重，直至前后两次重量无变化。这就是植物组织在吸水饱和时的重量，在分析天平上准确称取重量，得到铝盒与饱和鲜样品总量为 W_4。再如自然含水量测定法将样品烘干，求得组织干重 W_d。

2. 相对含水量计算

$$相对含水量（\%）=\frac{鲜重\,W_f-干重\,W_d}{饱和鲜重\,W_t-干重\,W_d}\times 100\% \tag{11}$$

式中，鲜重为 $W_f=W_2-W_1$；干重为 $W_d=W_3-W_1$；饱和鲜重为 $W_t=W_4-W_1$。

（三）注意事项

（1）所取蔬菜组织材料要新鲜，同一样品的 3 个重复取样部位要尽量一致。
（2）铝盒在干燥器冷却后称重时应迅速，尽量减少其暴露在空气中的时间。

五、作业和思考题

（一）实验报告和作业

（1）计算所测材料的自然含水量和相对含水量，比较不同种类蔬菜不同器官，尤其是产品器官含水量的差异。
（2）比较同一种类蔬菜不同器官含水量的差异，分析其原因。

（二）思考题

（1）测定相对含水量时，植物材料在水中浸泡时间过短或过长会有什么影响？
（2）实验材料的选择和用量对实验结果会有什么影响？

（本实验由肖雪梅主笔编写）

实验 I-16　蔬菜根系保护酶对干旱胁迫的响应分析

一、实验目的

干旱胁迫是我国西北等旱区蔬菜生产面临的主要问题。干旱胁迫可诱导植物体相关氧化反应,产生大量活性氧(ROS),为防御过量 ROS 的毒害作用,植物激活保护酶系统(SOD、POD 和 CAT)对胁迫作出应答反应,维持或重建氧化还原平衡。本实验通过模拟干旱胁迫处理代表性蔬菜作物,测定 SOD、POD 和 CAT 活性的变化,以期使学生掌握蔬菜根系保护酶活性测定的原理和方法,深刻理解蔬菜根系对干旱胁迫的响应特性和抗氧化反应调节的原理。

二、实验材料和仪器用具

(一)材料和试剂

1. 实验材料　PEG 模拟干旱胁迫和正常水分处理 1 周的黄瓜和番茄幼苗,每组 10~15 株。

2. 试剂和配制　除现配现用试剂外,其他由实验员提前准备。以下试剂配制量为每班用量。

(1) pH 7.8 和 pH 7.0 的 0.05mol/L 磷酸缓冲液:先分别配制母液 A 和 B,再用母液 A 和 B 配制。

母液 A(0.2mol/L Na_2HPO_4 溶液):称取 $Na_2HPO_4 \cdot 2H_2O$ 35.6g 或 $Na_2HPO_4 \cdot 7H_2O$ 53.63g 或 $Na_2HPO_4 \cdot 12H_2O$ 71.63g,用蒸馏水溶解定容至 1000mL。

母液 B(0.2mol/L NaH_2PO_4 溶液):称取 $NaH_2PO_4 \cdot H_2O$ 27.6g 或 $NaH_2PO_4 \cdot 2H_2O$ 31.2g,用蒸馏水溶解定容至 1000mL。

0.05mol/L 磷酸缓冲液(pH 7.8):分别量取 228.75mL A 液和 21.25mL B 液,混合稀释至 1000mL。

0.05mol/L 磷酸缓冲液(pH 7.0):分别量取 15.25mL A 液和 97.5mL B 液,混合稀释至 1000mL。

(2) 130mmol/L Met:取甲硫氨酸(Met)1.9399g,用 pH 7.8 磷酸缓冲液定容至 100mL。

(3) 750μmol/L NBT:取氮蓝四唑(NBT)0.06133g,用 pH 7.8 磷酸缓冲液定容至 100mL(避光保存)。

(4) 100μmol/L EDTA-2Na:取 0.033362g EDTA-2Na,用 pH 7.8 磷酸缓冲液定容至 1000mL。

(5) 20μmol/L FD:取核黄素(FD)0.00753g,用蒸馏水定容至 1000mL(现配现用,避光保存)。

(6) 0.5% 愈创木酚:取 0.5mL 愈创木酚,用 pH 7.0 磷酸缓冲液定容至 100mL。

(7) 0.3% H_2O_2:取 1mL 30% H_2O_2,用 pH 7.0 磷酸缓冲液定容至 100mL。

(二)仪器和用具

1. 仪器设备　每班需高速冷冻离心机 1 台,紫外可见分光光度计 1 台,恒温水浴锅 1 台,电子天平(精度为 0.01)3 台。

2. 实验用具　每班需荧光灯 1 组,1000mL 容量瓶 1 个,1000mL 烧杯 1 个;每组需剪刀 1 把,研钵和研杵 3 套,10mL 离心管 6~8 个,100μL 和 1mL 移液器各 1 支,试管 20~25 个,黑纸 1 张或黑色塑料袋 1 个,吸水纸若干。

三、实验原理

1. SOD 活性测定　依据超氧化物歧化酶(SOD)抑制 NBT 在光下的还原作用来确定酶活性强弱。在有可氧化物质存在的情况下,FD 可被光还原,被还原的 FD 在有氧条件下极易再氧化而产生 O_2^-,O_2^- 可将 NBT 还原为蓝色的甲腙,后者在 560nm 处有最大吸收。而 SOD 可清除 O_2^-,从而抑制了甲腙的形成。因而,光还原反应后,反应液蓝色愈深,说明 SOD 酶活性愈弱;

拓展知识

反之，则酶活性愈强。根据 SOD 抑制 NBT 在光下的还原强度便可表示酶活性的大小。

2. POD 活性测定 在过氧化物酶催化下，H_2O_2 将愈创木酚氧化成茶褐色的 4-邻甲氧基苯酚，该物质在 470nm 有最大光吸收。因此，通过测定 470nm 下的吸光度变化就可测定 POD 活性强弱。

3. CAT 活性测定 H_2O_2 在 240nm 波长下有强烈吸收，CAT 能分解过氧化氢，使反应溶液吸光度(A_{240})随反应时间而降低。根据测量吸光率的变化速度即可测出 CAT 的活性。

四、实验内容和方法步骤

本实验在实验室分组进行，每标准班分为 6 组，每组 4～6 人，测定模拟干旱胁迫下黄瓜和番茄幼苗根系保护酶的响应。

（一）酶液提取和制备

用剪刀将 PEG 干旱处理和正常水分处理下的黄瓜和番茄幼苗的根系剪下，蒸馏水冲洗干净，吸水纸吸干表面水分后，在分析天平准确称取 0.50g 样品（每个样品 3 次生物学重复）。将称量好的样品放入预冷的研钵中，加入 5mL pH 7.8 的磷酸缓冲液，冰浴研磨，匀浆倒入 10mL 离心管中，用 pH 7.8 的磷酸缓冲液定容。于 4℃、12 000r/min 离心 20min，上清液即粗酶提取液，置于 0～4℃下保存待用。

（二）SOD 活性测定

1. 显色反应 取型号相同的试管，按照表 I -16-1 加入各溶液。当样品数量较大时，可在临用前将试剂（粗酶液和 FD 除外）按比例混合后一次加入 2.6mL，然后依次加入 FD 和酶液，使终浓度不变。

表 I -16-1　显色反应各溶液用量

组分	试剂名称	用量（mL）	终浓度（比色时）
	0.05mol/L PBS（pH7.8）	1.5	5mmol/L
	0.13mol/L Met 溶液	0.3	13mmol/L
反应混合液　2.6mL	750μmol/L NBT	0.3	75μmol/L
	100μmol/L EDTA-2Na 溶液	0.3	10μmol/L
	蒸馏水	0.2	
20μmol/L 核黄素		0.3	2μmol/L
酶液		0.1（视酶活性增减或稀释）	对照以缓冲液代替
总体积		3.0	

试剂加完后充分混匀，另做 2 支对照管，其中 1 支罩上比试管稍长的双层黑色硬纸套、遮光于暗处放置，与其他各管同时置于 4000lx 日光灯下反应 20min，保持各管照光一致，反应温度控制在 25～35℃（根据酶活性高低适当调整反应时间），反应结束后用黑色塑料袋盖上所有试管终止反应。

2. 比色 以遮光对照管作空白，调零；照光对照管为最大光还原管，在 560nm 波长下分别测定对照和样品管的吸光度值。

3．计算　　以抑制 NBT 光化还原 50% 所需酶量为 1 个酶活单位（U），按照下式计算 SOD 活性。

$$\text{SOD总活性}（U \cdot g\, FW^{-1}）= \frac{(A_{ck} - A_E) \times V}{1/2\, A_{ck} \times W \times V_t} \tag{12}$$

$$\text{SOD 比活力}（U \cdot mg\, protein^{-1}）= \text{SOD 总活性/蛋白质含量}$$

式中，A_{ck} 为照光对照管的吸光度；A_E 为样品管的吸光度；V 为样品液总体积（mL）；V_t 为测定时的酶液用量（mL）；W 为样品鲜重（g）；蛋白质含量单位为 $mg \cdot g\, FW^{-1}$。

（三）POD 活性测定

1．活性测定　　将反应体系中除酶液外的各溶液按照表Ⅰ-16-2 用量加入型号相同的试管中，摇匀，加入酶提取液（或相同量的蒸馏水），迅速摇匀后倒入光径 1cm 的比色皿中，以未加酶液的反应液为空白对照，在 470nm 波长处，以时间扫描方式，测定 3min 内吸光度值的变化（每隔 30s 读数一次）。

表Ⅰ-16-2　POD 酶测定的反应体系

试剂	管号（对照）	测定管
0.05 mol/L pH 7.0 的磷酸缓冲液	1.9mL	1.9 mL
0.3%过氧化氢（H_2O_2）	1.0 mL	1.0 mL
0.5%愈创木酚溶液	1.0 mL	1.0 mL
酶液	0.1mL（蒸馏水）	0.1mL（视酶活性可增减或稀释）
总体积	4.0mL	4.0mL

2．计算　　以每分钟内 A_{470} 变化（升高）0.01 为 1 个酶活单位（U），按照下式计算 POD 活性。

$$\text{SOD总活性}（U \cdot g\, FW^{-1} \cdot min^{-1}）= \frac{\Delta A_{470} \times V_t}{W \times V_s \times 0.01 \times t} \tag{13}$$

$$\text{POD 比活力}（U \cdot mg\, protein^{-1}）= \text{POD 总活性/蛋白质含量}$$

式中，ΔA_{470} 为反应时间内吸光度的变化；W 为样品鲜重（g）；t 为反应时间（min）；V_s 为测定时的酶液用量（mL）；V_t 为样品液总体积（mL）；蛋白质含量单位为 $mg \cdot g\, FW^{-1}$。

（四）CAT 活性测定

1．活性测定　　将反应体系中除酶液外的各溶液按照表Ⅰ-16-3 用量加入型号相同的试管中，摇匀，加入酶提取液（或相同量的蒸馏水），迅速摇匀后倒入光径 1cm 的比色皿中，以未加酶液的反应液为空白对照，在 240nm 波长处，以时间扫描方式，测定 3min 内吸光度值的变化（每隔 30s 读数一次）。

表Ⅰ-16-3　CAT 酶测定的反应体系

试剂	管号（对照）	测定管
0.05 mol/L pH 7.0 的磷酸缓冲液	2.9mL	2.9mL
0.3%过氧化氢（H_2O_2）	1.0mL	1.0mL
酶液	0.1mL 蒸馏水	0.1mL（视酶活性可增减或稀释）
总体积	4.0mL	4.0mL

2. 计算　以每分钟内 A_{240} 变化（降低）0.01 为 1 个酶活单位（U），按照下式计算 CAT 活性。

$$SOD总活性（U \cdot g\,FW^{-1} \cdot min^{-1}）= \frac{\Delta A_{240} \times V_t}{W \times V_s \times 0.01 \times t} \tag{14}$$

$$CAT\,比活力（U \cdot mg\,protein^{-1}）= CAT\,总活性/蛋白质含量$$

式中，ΔA_{240} 为反应时间内吸光度的变化；W 为样品鲜重（g）；t 为反应时间（min）；V_s 为测定时的酶液用量（mL）；V_t 为样品液总体积（mL）；蛋白质含量单位为 $mg \cdot g\,FW^{-1}$。

（五）注意事项

（1）提取的酶液和实验试剂如需保存，必须放置于 0~4℃。

（2）测定 SOD 活性照光时，一定要保证所有样品受光均匀，以免引起系统误差。

（3）由于测定样品及处理的不同，酶活性差异较大，故测定时可先取不同量的酶液进行预实验，以找到适宜的酶液用量，提高测定数值的精确度和可靠度。

五、作业和思考题

（一）实验报告和作业

（1）比较干旱胁迫和正常水分处理的黄瓜、番茄根系组织样品 SOD、POD 和 CAT 活性，分析其响应特性，简述测定保护酶活性的生理意义。

（2）对比黄瓜和番茄保护酶活性对干旱胁迫的响应差异，分析不同种类蔬菜抗旱性差异的抗氧化机制。

（二）思考题

（1）测定 SOD 活性时，为什么要设置光下和暗中两个对照管？

（2）测定 POD 和 CAT 活性时，对照管的设置作用是什么？扫描时间可以调整吗？为什么？

（本实验由肖雪梅主笔编写）

实验 I-17　土壤紧实度对蔬菜生长的效应观测

一、实验目的

土壤紧实度直接影响蔬菜根系生长和地下产品的发育，了解土壤紧实度及其与蔬菜生长的关系，对菜田土壤质量评价和管理，蔬菜生产及机械化作业技术选择均具有重要意义。本实验通过观测菜田土壤紧实度对不同蔬菜作物地上部和地下部生长的影响，使学生熟悉菜田土壤耕性和土壤紧实度的特征与评价指标，深刻理解土壤紧实度对蔬菜生长的影响及其机制。

二、实验材料和仪器用具

（一）实验材料

浅根性蔬菜（菠菜）、中根性蔬菜（豌豆）、深根性蔬菜（番茄）的种子，各 1 袋；菜园土，4m³。

（二）仪器和用具

1. 仪器设备　　土壤紧实度测定仪（分辨率 0.01kg，精度±0.5%，测定深度 0～45cm，电池连续工作时间 4～8h，配套 USB 接口、存储器、打印功能软件）和根系扫描仪，各 1 台，全班共用；电子秤（0.01kg），每组 1 个。

2. 实验用具　　长方形塑料条盆（规格不小于长×宽×高=70cm×25cm×25cm），每组 9 个；铁锹、塑料盆（桶）、刮腻子抹刀（单柄或双柄）、手持小铲、喷壶、剪刀、托盘、电子游标卡尺、直尺、毛笔，每组每种各 1 个；滤纸、标签，每组若干。

三、实验原理

拓展知识

　　土壤具有一定的容重和团粒结构，为蔬菜生长发育提供了适宜的土壤生态系统。土壤受到紧实后，容重增加，阻力加大，理化性质变差，特别是氧气含量下降，微生态的平衡被打破，进而保水、供水、保肥、供氧能力下降，使蔬菜根系生长受阻。土壤这种容重变化用土壤紧实度表示，又叫土壤硬度、土壤坚实度、土壤穿透阻力，是土壤抵抗外力的压实和破碎的能力，可用土壤紧实度仪测定，一般用金属柱塞或探针压入土壤时的阻力表示，传感器采集数据，数据通过 GPRS 方式或者 USB 数据线导入方式上传电脑，单位为 kg/cm^2。

　　依据根系入土深浅，可将蔬菜分为浅根性、中根性和深根性 3 类。根系深浅不同，对土壤紧实度的要求不同，土壤紧实度对其影响也可能不同。

四、实验内容和方法步骤

　　本实验在教学实习基地园艺设施内分组进行，每标准班分为 6 组，每组 4～6 人，设置不同土壤紧实度处理，种植并测试典型蔬菜作物的生长情况。

（一）土壤紧实度处理和蔬菜播种

1. 装土入盆和土壤紧实度处理　　将 9 个同规格的长方形塑料条盆分为 3 个区组，每个区组 3 个盆，分别编号 1、2、3 号。在每个盆离上沿 2cm 划刻度线。

　　在供试菜园土田用土壤紧实度测定仪分别测定 10cm 和 15cm 深自然土壤的紧实度。然后用铁锹取土，将每区组的 1 号盆均匀装满，用抹刀镇压实，将土面下压至盆物的刻度线后拨平，称重、记录装入的土壤重量。

　　在每区组的 2 号盆和 3 号盆分别均匀装入菜园土，边装边轻轻镇压，使装入的土量分别为 1 号盆的 1.2 倍和 1.4 倍，并将土壤用抹刀镇压实、拨平，分别将土壤表面镇压至盆上的刻度线处。用土壤紧实度测定仪分别测定 3 个区组 3 个盆内土壤 10cm 和 15cm 深度的紧实度。

2. 蔬菜播种及播后管理　　在每个盆中株距 5cm 分别播入 3 种蔬菜种子，每种蔬菜 1 行，播种株距 5cm，深度 3cm，播后覆土并将土壤镇压至与盆内土壤相同的紧实度。

（二）蔬菜生长观测

　　将 3 个区组的 3 个盆置于塑料大棚或温室内，随机区组排列，按照同样的水肥和环境管理，生长 30d 后取样观测 3 种蔬菜生长情况。

　　取样前先用土壤紧实度测定仪测定并记录各盆 10cm 和 15cm 深度土壤紧实度，再用手铲仔细挖出植株，抖落根系并用毛笔刷掉根系附着土壤，用喷壶清洗根系，用滤纸吸干整株表面水分并置于托盘中，观测根系和地上部的形态，亦可用根系扫描仪测定根系形态。用剪刀将地上部和地下部分开，分别称取鲜重。

（三）注意事项

（1）在塑料条盆内填土镇压时要用力均匀，镇压后 3 个盆的土壤体积保持一致。

（2）种蔬菜在盆中生长期间，应避免肥水等管理对土壤紧实度的影响。

（3）观测时保证植株的完整性，尤其是根系的完整性。

五、作业和思考题

（一）实验报告和作业

（1）比较分析 3 种蔬菜在 3 种紧实度土壤上的生长特点，说明不同类型蔬菜生长与土壤紧实度的关系。

（2）通过本实验操作，你对蔬菜生长与土壤紧实度关系实验有何改进建议？

（二）思考题

（1）导致菜园土壤退化、影响土壤健康发展的隐性因素有哪些？

（2）如何依据不同种类蔬菜根系特点与土壤紧实度的关系进行菜田土壤管理？

（本实验由林辰壹主笔编写）

实验 I-18 矿质营养缺乏对蔬菜生长发育的效应观测

一、实验目的

植物生长发育必需一定的营养元素，其的缺乏对植物生长发育有决定性的影响。本实验通过营养液水培，观察蔬菜植物在缺乏 N、P、K、Ca、Mg、Fe、Mn、B、Zn、Cu、Mo 等不同矿质元素时表现的症状，使学生充分认识各类矿质元素的缺素特征，掌握不同营养元素的基本功能，深入理解不同营养的吸收运输机制与缺素特征的关系。

二、实验材料和仪器用具

（一）材料和试剂

1. 实验材料　番茄幼苗（株高 10～15cm 或 6 叶 1 心以上），每组学生 100 株。

2. 试剂和配制　以下试剂供全班使用。

（1）分析纯试剂：KNO_3、$Ca(NO_3)_2 \cdot 4H_2O$、NaH_2PO_4、$MgSO_4 \cdot 7H_2O$、KCl、$CaCl_2$、Na_2SO_4、$NaNO_3$、$FeSO_4 \cdot 7H_2O$、$MnSO_4 \cdot 7H_2O$、$CuSO_4 \cdot 5H_2O$、$ZnSO_4 \cdot 7H_2O$、H_3BO_3、$(NH_4)_6Mo_7O_{24} \cdot 4H_2O$、NaCl、HCl、NaOH。

（2）单一微量元素及钠盐母液的配制：由实验员配制，每组需各类微量元素母液各 10mL。

1）铁母液，称取 $FeSO_4 \cdot 7H_2O$ 27.800g 溶于水后定容至 1000mL。

2）锰母液，称取 $MnSO_4 \cdot 7H_2O$ 2.496g，溶于水后定容至 1000mL。

3）铜母液，称取 $CuSO_4 \cdot 5H_2O$ 0.240g，溶于水后定容至 1000mL。

4）锌母液，称取 $ZnSO_4 \cdot 7H_2O$ 0.290g，溶于水后定容至 1000mL。

5）硼母液，称取 H_3BO_3 1.860g，溶于水后定容至 1000mL。

6）钼母液，称取 $(NH_4)_6Mo_7O_{24} \cdot 4H_2O$ 0.350g，溶于水后定容至 1000mL。

7）钠母液，称取 NaCl 5.850g，溶于水后定容至 1000mL。

（二）仪器和用具

1. 仪器设备　光照培养箱 3 个，全班共用。

2. 实验用具　每组需 1mL 移液管 1 个，1000mL 容量瓶 1 个，1000mL 烧杯 1 个，洗瓶 1 个，双蒸水 1 桶，标签纸 12 张，pH 试纸 10 张，20 孔水培盒（长、宽、高分别为 200mm、160mm、120mm，孔直径 20mm）9 个，10L 塑料桶 1 个，通电气泵 1 个（可接 12 根通气管），海绵块（长、宽、高分别为 4cm、1.5cm、0.8cm）100 块。

三、实验原理

目前已知的植物必需元素有 17 种，其中 14 种为矿质元素。每种营养元素都有其基本功能，并且功能具有不可替代性。人工配制的全量营养液含有植物所需的各种营养元素，可以满足植物正常生长发育的需要。从全量营养液中减去某一元素，经一定时间的培养后，植物就会表现出缺乏该元素相应的症状，如缺氮时植株生长缓慢、叶片黄化、早衰，缺磷时叶片发紫等。因此实际生产中可根据症状，推断植物缺乏哪种矿质元素，从而为合理施肥提供技术指导。

拓展知识

四、实验内容和方法步骤

本实验在实验室人工环境下或在教学实习基地园艺设施内分组进行，每标准班分为 6 组，每组 4～6 人，采用水培方式，设置不同营养元素缺素处理，种植番茄作为测试作物并进行培养，观察不同营养元素缺素的形态特征。

（一）缺素营养液配制

学生各组分工实施缺素实验观察。第 1 组做缺氮、缺磷培养，第 2 组做缺钾、缺钙培养，第 3 组做缺镁、缺铁培养，第 4 组做缺锰、缺铜培养，第 5 组做缺锌、缺硼培养，第 6 组做缺钼培养。各组按照表 I -18-1 和表 I -18-2 配制各自的缺素营养液。将配制好的微量元素母液和大中量元素混合后，用 NaOH 和 HCl 调整 pH 为 6.5 左右。

表 I -18-1　大中量元素缺素工作液元素用量　　　　（单位：g/1000mL）

大中量元素用量	KNO₃	Ca(NO₃)₂·4H₂O	NaH₂PO₄	MgSO₄·7H₂O	KCl	CaCl₂	Na₂SO₄	NaNO₃
完全	0.505	1.18	0.208	0.18				
缺氮			0.208	0.18	0.37	0.555		
缺磷	0.505	1.18		0.18			0.094	
缺钾		1.18	0.208	0.18				0.425
缺钙	0.505		0.208	0.18				0.85
缺镁	0.505	1.18	0.208					
缺铁	0.505	1.18	0.208	0.18				

续表

大中量元素用量	KNO₃	Ca(NO₃)₂·4H₂O	NaH₂PO₄	MgSO₄·7H₂O	KCl	CaCl₂	Na₂SO₄	NaNO₃
缺锰	0.505	1.18	0.208	0.18				
缺铜	0.505	1.18	0.208	0.18				
缺锌	0.505	1.18	0.208	0.18				
缺硼	0.505	1.18	0.208	0.18				
缺钼	0.505	1.18	0.208	0.18				

表 I-18-2　微量元素缺素工作液元素母液用量　（单位：mL/1000mL）

微量元素母液用量	铁母液	锰母液	铜母液	锌母液	硼母液	钼母液	钠母液
完全	1	1	1	1	1	100	1
缺氮	1	1	1	1	1	100	1
缺磷	1	1	1	1	1	100	1
缺钾	1	1	1	1	1	100	1
缺钙	1	1	1	1	1	100	1
缺镁	1	1	1	1	1	100	1
缺铁		1	1	1	1	100	1
缺锰	1		1	1	1	100	1
缺铜	1	1		1	1	100	1
缺锌	1	1	1		1	100	1
缺硼	1	1	1	1		100	1
缺钼	1	1	1	1	1		1

（二）缺素培养

各组进行不同矿质元素的缺素培养。每种元素均以完全营养液为对照，处理和对照均设 3 盒重复。

具体操作如下：每培养盒加培养液 2000mL（离瓶口约 5cm），将番茄幼苗根系洗净，茎部缠上海绵后隔孔插入圆孔定植，使 1/2～2/3 根系浸没在培养液内。将水培盒放入温度 25℃、空气相对湿度 60%、光照强度 1000μmoL·m⁻²·s⁻¹、光周期 10h 的光照培养箱内，每盒接入 1 根通气管。

在处理前，取番茄苗 5 株，按照表 I-18-3 记录缺素培养前幼苗的株高、茎粗、叶数、叶色和根冠比等指标。缺素培养 1 周后每盒选 5 株再观测上述指标，并特别观察不同矿质缺素的典型症状。

表 I -18-3　番茄幼苗缺素培养症状观察记录表

缺素处理	缺素培养前									缺素培养后										
	株高	茎粗	叶数	叶色	卷曲	斑点	黄化	萎蔫	根冠比	症状出现时间	症状部位	叶色	卷曲	斑点	黄化	萎蔫	株高	茎粗	叶数	根冠比
完全																				
缺氮																				
缺磷																				
缺钾																				
缺钙																				
缺镁																				
缺铁																				
缺锰																				
缺铜																				
缺硼																				
缺锌																				
缺钼																				

注：出现部位可写叶尖、叶缘、叶脉、根尖、根茎等。

（三）注意事项

（1）配制工作液时，应在盛装容器中先放入需要配制体积的 60%～70%的水，按表 I -18-1 和表 I -18-2 的试剂顺序加入，并不停搅拌，切忌不能将不同试剂母液混合后再加水稀释，以避免高浓度母液间相互反应生成沉淀，此时即使加入大量水也难以溶解。

（2）实验涉及矿质元素种类多，学生分组分别配制不同元素缺素液，各组一定要标清所配试剂的名称及类别。

（3）该实验可根据材料培养时间长短选择适宜大小的培养盒（瓶），容器口不能过小。若培养时间较短，可选口大较浅的培养瓶，可不加通气泵。

五、作业和思考题

（一）实验报告和作业

（1）根据本组实验观察记录结果，总结该营养元素缺乏的典型形态特征。

（2）根据全班实验观察记录结果，总结分析不同矿质元素缺乏时番茄株高、茎粗、叶片等形态特征和变化趋势，总结不同元素缺乏的典型症状及其元素的主要生理功能。

（二）思考题

（1）如何确定不同缺素培养液内应该添加的各类试剂种类及其用量？

（2）综合全班实验结果，结合植株表现症状，请思考 11 种矿质元素在植物体内的移动性，以及元素移动性与缺乏时症状出现部位间的关系。

（3）在实验周期内哪些元素缺素症状出现较早？哪些元素可能不会表现出明显的症状？为什么？

（本实验由吉雪花主笔编写）

实验Ⅰ-19　疏花疏果调控果菜开花坐果的效应观察

一、实验目的

疏花疏果是提高果菜商品质量和调节开花坐果与植株生长发育的重要技术。本实验通过对典型果菜进行不同的疏花疏果处理，观察对植株生长、开花坐果和果实发育的影响，使学生进一步了解果菜的生物学特性及生长发育调节手段，熟悉果菜植株的开花结果习性，深刻理解植株营养生长与生殖生长、源库关系及其调控原理，掌握疏花疏果技术。

二、实验材料和仪器用具

（一）实验材料

开花结果期的番茄、黄瓜、辣椒等果菜类蔬菜，选择不少于 2 种，每实验小组每种蔬菜不少于 15 株。番茄选中果型品种，黄瓜选雌花多、节成性好的密刺型品种，辣椒选大果型的甜椒或牛角椒品种，设施栽培。

（二）仪器和用具

电子天平（感量 0.1g，量程 0～2000g）、剪刀、记号笔、标签、卷尺、游标卡尺，每组 1 套。

三、实验原理

拓展知识

疏花疏果原理涉及植株营养生长与生殖生长的关系及源库关系。一方面，蔬菜生产中往往由于开花或开花结果过多，作为强的库器官的生殖生长优势压倒营养生长，营养物质竞争的关系会抑制正常的营养生长，同时也对继续开花坐果或果实发育形成竞争性抑制。这时，摘除部分花或果，就会减少物质竞争，有利于营养生长和继续开花坐果。当然，适度的生殖器官库的物质竞争，会调动作为主要源器官的功能叶的光合能力，但可能抑制新的功能叶的发育。另一方面，生产中开花过多时，并非所有花都可以形成果实，或者即使都形成果实，果实也较小，商品性低下。生产中可以通过疏花疏果调整植株上或花序上的花果数来调节植株上的源库关系，协调植株营养生长与生殖生长的关系及源库关系，朝着有利于产品优质高效生产的方向发展。

（一）留花留果的原则

在进行疏花疏果时，原则上是留选生长健壮的正常花朵或果实，去除有病虫害或畸形的花果。同一个花序上，疏花疏果要选留基本上同时开花或坐果的；如果开花坐果时间差异大，由于留下来的花或果作为库器官的强度不同，造成同化产物输入差异，导致果实发育大小不一致。

生产中影响疏花疏果方案的因素很多，如品种特性、季节茬口、土壤肥力、植株长势、花果数量等。一般地，疏花时要先疏除畸形花、过早或过晚开的花，保留开花时间比较一致的花；疏果时要先疏除畸形果、小果、病虫果。

（二）疏花疏果时期和方法

1. 时期　　从露出花蕾至开花期均可疏花。疏果则从花谢后 1 周开始，在 1 周内完成疏果。

2. 方法　　方法依作物不同而不同。番茄以花序为单元进行疏花疏果。大果型品种（单果重 200g 左右）一般每花序选留不少于 6 朵花坐果，疏果时每穗果保留 3～6 个生长良好、整齐一致的果实，摘除其余的果实和花。中果型品种（如串番茄）疏花时每花序保留不少于 10 朵花坐果，疏果时每序保留 8～10 个发育正常、大小一致的果实。小果型品种（如樱桃番茄）一般不疏花疏果；如果疏花疏果，原则上在上一层花序已经开始开花坐果时，可以疏除下一层花序晚开的花。华北型黄瓜品种一般不疏花疏果，或只疏除畸形和病虫害感染的花果；雌性黄瓜品种，疏花疏果时主蔓每节只留 1 个果。茄子中，单花型品种一般不疏花疏果，或只疏除畸形和病虫害感染的花果；花序型品种，一般每个花序只保留 1 个优势花坐果。辣椒中，大果型品种（如彩色甜椒），每个部位留 1 个果；小果型品种一般不疏花疏果，或只在花果过多、严重抑制植株营养生长时疏花疏果。

四、实验内容和方法步骤

本实验在教学实习基地分组进行，每标准班分为 6 组，每组 4～6 人。每组对 2～3 种果菜实施不同疏花疏果处理，观测统计对植株生长、开花坐果、果实产量和商品性的影响。

（一）疏花疏果处理

番茄，单干整枝，选择生长整齐一致的植株，在相同部位的 1 个花序上实施以下 3 个处理。处理 1，选留 2 个基本同时开花和坐果的果实，摘除其余的果实和花；处理 2，选留 4 个基本同时开花和坐果的果实，摘除其余的果实和花；处理 3，选留 6 个基本同时开花和坐果的果实，摘除其余的果实和花。

黄瓜，单蔓整枝，选择生长整齐一致的植株，在根瓜以上的相同节位处实施以下 3 个处理。处理 1，每节留 1 瓜，摘除其余的雌花和果实；处理 2，每 2 节留 1 瓜，摘除其余的雌花和果实；处理 3，每 3 节留 1 瓜，摘除其余的雌花和果实。

辣椒，双杆整枝（大型甜椒）或主杆不整枝（牛角椒），选择生长整齐一致的植株实施以下 3 个处理。处理 1，不留门椒；处理 2，不留门椒和对椒；处理 3，自然坐果留椒（门椒、对椒及各层都留椒）。

每小组每种蔬菜每个处理 5 株，3 次重复。

（二）疏花疏果效果观测

各种蔬菜不同疏花疏果处理后 6 周内，按照生产采收标准和要求采收果实，记载采收的果实数，测量果实大小和单果重，汇总单株产量。

在处理后第 6 周，测量各处理植株的株高、茎粗、主茎节数，统计植株上的坐果数和开花情况等。

（三）注意事项

（1）疏花疏果越早越好，一般在花后 1～2 周内完成。
（2）无论疏花、疏花序或疏果，均应从花梗或果梗中部剪断，勿伤及保留的花或果实。
（3）定果时要留大果、好果，疏除小果、畸形、病虫果。
（4）疏花疏果处理后，各处理按照常规生产进行栽培管理和采收。

五、作业和思考题

（一）实验报告和作业

（1）根据观测统计结果，分析疏花疏果对番茄植株生长、开花坐果、产量与商品性的影响。
（2）根据观测统计结果，分析留瓜数对黄瓜植株生长、开花坐果、产量与商品性的影响。

（3）根据观测统计结果，分析留椒数对辣椒植株生长、开花坐果、产量与商品性的影响。

（二）思考题

（1）果菜类的基部果实（如根瓜、门茄、门椒、第一花序果实）一般要早收，为什么？在什么情况下不宜早收？

（2）要实现茄子像番茄一样，每花序形成多个商品果实，你认为有何技术途径？

（本实验由李灵芝和程智慧主笔编写）

实验 I -20　蔬菜作物产量构成因素剖析与产量评估

一、实验目的

蔬菜的产量有广义和狭义之分。广义的产量指由光合作用所合成的物质（90%～95%）和根系所吸收物质（5%～10%）的总和，即"生物产量"；狭义的产量特指广义产量中作为产品器官，并具有经济价值的那部分产量，即"经济产量"。

蔬菜作物种类繁多，产品器官各异，产量的构成因素多样，差异较大。了解蔬菜产量构成要素，可以从产量构成要素入手选育新品种；或通过影响产量构成要素的栽培技术或环境调控蔬菜产量形成，提升产量水平。根据蔬菜产量构成要素，在产品器官成熟或收获之前，通过田间调查测定产量构成因素指标，分析和评估产量，对于蔬菜生产和计划流通均具有重要意义。

本实验通过实地分析测定不同蔬菜经济产量构成的各个要素，使学生了解不同蔬菜的产量形成特点，深刻理解不同蔬菜产量构成的因素和产量形成原理，掌握蔬菜产量田间评估技术方法。

二、实验材料和仪器用具

（一）实验材料

教学基地的茄果类、瓜类、结球芸薹类、葱蒜类、肉质直根类、薯芋类、绿叶嫩茎类蔬菜产品器官形成期（接近成熟期）的群体植株，不少于 5 类蔬菜，每类至少 1 种，每种蔬菜须保证一定的面积，如番茄、黄瓜等果菜应不少于 $300m^2$，全班共用。

（二）实验用具

电子秤（精度 0.1g）、卷尺，每组 1 套。

三、实验原理

（一）蔬菜产量构成要素及其影响因素

拓展知识

经过长期的自然进化和人工选育，蔬菜作物形成了以根、茎、叶、花、果实等器官为产品的进化进程。蔬菜生产中的产量特指以食用器官构成的经济产量，不同种类的蔬菜，产量构成要素不同。果菜类蔬菜中的番茄，其单位面积产量构成要素可分解为单位面积株数和平均单株产量；其单株产量又可分解为单株果序数、单果序产量和商品果率；单果序产量又可分解为单果序花数、坐果率、平均单果重。叶菜类的大白菜，其单位面积产量构成要素可分解为单位面积株数、商品叶球重和叶球商品率；商品叶球重又可分解为单叶球的球叶数和平均球叶重。而大蒜以鳞茎为产品器官时，单位面积产量构成要素可分解为单位面积株数、单蒜头重和蒜头商品率；单蒜头重又可分解为单头蒜瓣数和平均单瓣重；大蒜以花序轴（即蒜薹）为产品时，单位面积产量构成要素可分解为单位面积株数、单薹重和蒜薹商品率。

蔬菜产量的形成受多种因素的影响，包括内因（品种等）、外因（温度、光照强度、水、CO_2 等）及栽培管理（施肥、栽培密度、整枝打杈、疏花疏果、间套作等）。不同因素对产量都有影响，但对不同产量因素的影响程度不同。因此，对于特定蔬菜，通过产量构成要素提高产量的主要手段可能不同。蔬菜生产中，通过产量构成因素提升产量水平，要综合考虑生产目的、市场要求、生产条件等。如鲜食番茄，疏花疏果会减少果实数量，但会增加单果重和商品率，这样虽然可能会造成一定的减产，但有利于提高整体经济效益。而用于生产番茄酱的番茄，可以不考虑果实大小及商品率，因此不进行疏花疏果作业，不仅可以节省劳力，还可能会最大化生物学产量，更有利于提高经济效益。因此，生产中需要准确了解产量构成的要素及响应因素，结合市场信息，最大化蔬菜产量和效益。

（二）产量评估原理

概括来说，不同蔬菜的经济产量=单位面积株数×单株产量×商品率。在产量评估时，无论是在植物生长早期、中期或者收获期，单位面积的株数都易于统计，商品率通常需要在果实收获之后，按照果实大小、形状、色泽等外观品质进行分级，精细管理的菜园，商品率可达 95% 以上；而单株产量则因不同作物和栽培方式存在差异，比如番茄通常会在生长过程中不断抽出新的花序，生产上通常留 5～6 层果，大果型番茄通常每层留 3～4 个果，中小果型可增加到 6～8 个，樱桃番茄可留 20～30 个。在产量评估时，可以按照品种和当地的栽培习惯（如通常留几层果，每层果数），对产量进行评估。而甜瓜、西瓜等蔬菜，温室栽培时每株只留 1～2 个瓜，若种子品质较高，栽培得当，通常可以保证每株坐果时间较为一致，果型、果重差异不大，商品率可达 90% 以上，产量易于评估。因此，在产量评估时，在充分考虑品种、栽培管理、植株生长状况等条件的基础上，可适当通过实地调研，结合当地历年产量实际数据，对产量进行评估。

四、实验内容和方法步骤

本实验在教学实习基地分组进行，每标准班分为 6 组，每组 4～6 人，根据不同蔬菜植株和产品器官特点，对其产量构成因素进行解析，并进行产量评估。

（一）实验操作

针对不同蔬菜的产品器官特点，结合理论学习和生活实际，分析产量构成因素，尽可能将产量构成因素解析到最基本单元，逐一对各因素进行测量和统计。

在全班给定的每种蔬菜种植面积内，各小组自由选定约总面积 1/6 的区域，统计区域内植株数，计算栽植密度；统计不少于 30 株的单株产量，依据单位面积产量计算公式，对产量进行评估。

以下以部分代表性蔬菜为例，分析其产量构成要素，并结合产品器官特点给出特定经济产量的计算公式。

1. 果菜类蔬菜产量构成因素与产量评估 以番茄和黄瓜为例，全班选定 $300m^2$ 的区域进行统计。番茄的产量构成因素包括单位面积株数、单株果序数、单序花数、坐果率、平均单果重、商品果率；黄瓜的产量构成因素包括单位面积株数、单株果数、平均单果重、商品果率。依据此公式计算单位面积产量：单位面积产量=单位面积株数×平均单株果数×平均单果重×商品率。其中，番茄的平均单株果数=单株果序数×单序果数。

2. 肉质直根类蔬菜产量构成因素与产量评估 以胡萝卜为例，胡萝卜的株行距通常为 10cm×10cm，种植较密，全班选定 15m² 的区域进行统计。胡萝卜的产量构成因素包括单位面积株数、平均肉质直根重、商品率，因此，实验只需要统计各株的肉质根重量即可。依据此公式计算单位面积产量：单位面积产量=单位面积株数×平均单株肉质根重×商品率。

3. 结球芸薹类蔬菜产量构成因素与产量评估 以大白菜为例，大白菜的株行距通常为 40cm×60cm，全班选定 250m² 的区域进行统计。大白菜的产量构成因素包括单位面积株数、平均叶片数、平均单叶重、商品率。依据此公式计算单位面积产量：单位面积产量=单位面积株数×平均叶片数×平均单叶重×商品率。

4. 绿叶嫩茎类蔬菜产量构成因素与产量评估 以菠菜为例，其株行距通常为 5cm×20cm，全班选定 15m² 的区域进行统计。与大白菜类似，菠菜的产量构成因素包括单位面积株数、平均叶片数、平均单叶重、商品率。依据此公式计算单位面积产量：单位面积产量=单位面积株数×平均叶片数×平均单叶重×商品率。

5. 葱蒜类蔬菜产量构成因素与产量评估 以大蒜为例，其产品器官多样，有蒜苗、蒜薹和蒜头，以主产蒜头的品种为例，株行距为 10cm×20cm，全班选定 30m² 的区域进行统计。大蒜蒜头的产量构成因素包括单位面积株数、平均蒜瓣数、平均单瓣重、商品率。依据此公式计算单位面积产量：单位面积产量=单位面积株数×平均蒜瓣数×平均单瓣重×商品率。

（二）注意事项

（1）不同蔬菜种类的产量构成要素不同，因此需要因地制宜地制定产量评估指标。

（2）番茄、黄瓜等蔬菜从采摘开始，会陆续不断地产出，且随着植株的发育，会有新的花序或者雌花萌发出来，因此在实验统计产量时，可依据采集数据时植株的状态，估算给定时期所对应的产量。

（3）为了能有充足供试样本数，且避免不同小组在采集数据时的相互影响，每班需选定一定面积的蔬菜进行统计，保证每种蔬菜的单株数不少于 1200 株。

五、作业和思考题

（一）实验报告和作业

（1）请总结实验蔬菜种类的单位面积产量构成因素，将其尽量解析到最基本单元。

（2）请按产量评估方法，对实验蔬菜种类的单位面积产量进行评估。

（3）以大蒜或某种蔬菜为例，分析其产量构成要素的特点，并提出针对不同栽培目的，可以通过哪些栽培措施提高产量。

（二）思考题

（1）不同种类的蔬菜，单位面积的产量不同，如大白菜和菠菜单产差异巨大，我们是否可以只生产产量高的蔬菜？如果你是种植户，该如何选择？

（2）不同蔬菜单位面积产量不同，但同一块土地上不同蔬菜的复种指数不同。假如在相等面积土地上同年连续种植同一种蔬菜，单位面积单季产量最高的蔬菜，是否全年总产量也是最高的？

（本实验由刘汉强主笔编写）

实验 I-21　蔬菜作物叶面积和群体叶面积指数测定

一、实验目的

叶面积的大小影响植物对阳光的截获，关系到光合作用碳水化合物的生产。叶面积指数（LAI）是群体叶面积的指标，在一定范围内，蔬菜作物产量随 LAI 增大而提高；如超过最适 LAI，则因群体过于郁闭而导致群体生产能力下降。因此，监测群体 LAI 对蔬菜生产具有重要意义。本实验通过对不同蔬菜群体叶面积和 LAI 的测定操作，使学生掌握蔬菜群体 LAI 测定方法，深刻理解群体 LAI 与蔬菜个体光合作用及群体生产力的关系。

二、实验材料和仪器用具

（一）实验材料

辣椒、小白菜、萝卜、花椰菜、莴笋等栽培群体，每种蔬菜种植 50m² 以上。选择第 2 层花开放期的辣椒，长到 6~8 片叶期的小白菜、萝卜、花椰菜和莴笋。

（二）仪器和用具

叶面积仪、叶面积指数测量仪等，每 2~3 组共用 1 套；剪刀、卷尺，每组 1 套。

三、实验原理

植物叶面积测定方法有剪纸称重法、叶片称重法、方格计数法、求积仪法、直线回归法、叶面积校正系数（K_2）法、叶面积仪测定法、Imag J 图像处理法等，不同方法的原理可能不同。LAI 可通过测定一定土地面积上的叶面积计算，或用叶面积仪测定。便携式叶面积仪是利用光学反射和透射原理，采用特定的发光器件和光敏器件，测量叶面积大小。

拓展知识

叶面积仪有两类，一类是基于辐射测量的方法，另一类是基于图像测量的方法。辐射测量法原理是入射到冠层顶部的太阳辐射（称为入射辐射）被植被叶片吸收、反射后，到达底部时（称为透射辐射）会产生衰减，衰减的速率与叶面积指数、冠层结构有定量关系，通过这一关系反推 LAI。图像测量法原理是利用朗伯-比尔定律，以及冠层孔隙率与冠层结构相关的原理，通过专用鱼眼镜头成像和 CCD 图像传感器测量冠层数据、获取植物冠层图像，利用软件对所得图像和数据进行分析计算，得出冠层相关指标和参数。

四、实验内容和方法步骤

本实验在教学实习基地分组进行，每标准班分为 6 组，每组 4~6 人。不同蔬菜田间群体结构按照叶面积和 LAI 测定方法进行测定。

（一）群体 LAI 直接测定法

最好选择阴天或无太阳直射时间，每组选择 2 种蔬菜作物，用 LAI-2200 叶面积指数测量仪测量。首先在实验区内选定行的冠层顶部测定 1 个冠层上方数值（A）；然后在冠层下方取 4 个数值（B），其测量位置分别在选定行的株间、1/4 行距、1/2 行距、3/4 行距处，4 点位于一条直线上，最终将得到的 5 组测量数据进行平均，测定重复 3 次。仪器操作参照使用说明书。

（二）叶面积测定和群体 LAI 间接计算法

1. 叶面积测定　　每组选择 2 种蔬菜，在栽培群体中选取典型样本株 5～10 株为 1 个重复，3 次重复，用 LI-3000C 便携式叶面积仪测定每株的全部叶片面积。活体测量不便操作的，可摘下叶片测量。叶面积仪具体操作方法可参照仪器使用说明书。

2. 群体 LAI 计算

（1）计算平均单株叶面积：根据便携式叶面积仪测量的各样本总叶面积和样本株数，计算平均单株叶面积。

（2）计算种植密度：辣椒、白菜、花椰菜等标准化定植的作物，取代表性地块，测量株行距，计算种植密度；小白菜、菠菜等撒播或条播的作物，可顺行（垄）取 2～5m^2，统计种植株数，计算种植密度。

（3）计算群体 LAI：根据平均单株叶面积和种植密度，算出测定区域内所有株数的总叶面积，最后按下式求出叶面积指数。叶面积指数（LAI）=平均单株叶面积×株数/测定区域面积。

（三）注意事项

叶面积仪是通过扫描叶的阴影部分计算叶面积大小，因此应避免叶柄等不属于叶片的部分进入叶面积仪的测量范围。离体叶片测量前，应摘除叶柄；活体测量应从叶柄和叶片连接处开始测量。

五、作业和思考题

（一）实验报告和作业

（1）根据测量结果，比较分析 2 种蔬菜作物的叶面积和 LAI 差异；汇总全班测定结果，统计分析不同蔬菜作物的叶面积和 LAI 差异。

（2）比较说明 2 种方法测量群体 LAI 的优缺点。

（二）思考题

（1）测定叶面积有何意义？

（2）一种作物的最适叶面积指数受哪些因素影响？

（本实验由耿广东主笔编写）

实验 I -22　蔬菜作物地上部与根系生长的相关性观察

一、实验目的

蔬菜生长发育过程中，不同部位器官的分化和生长都有一定的相关性。了解这些关系，就可通过环境条件或栽培技术措施来调控生长发育。本实验通过对不同蔬菜设置去除地上部或根系部分的不同处理，观察对植株生长的影响，使学生深刻理解蔬菜地上部与根系生长的相关性、相互协调和制约关系的原理。

二、实验材料和仪器用具

（一）实验材料

番茄和芹菜成龄商品苗，每组各 30 棵。

（二）仪器和用具

天平（0.1%）1 台、烘箱 1 台，全班共用；卷尺、游标卡尺，每组各 1 把；商品栽培基质，每组 5 袋。

三、实验原理

作物地上部和地下部的生长通过机能分工、信息交流传递，表现出相互依赖、相互促进或制约的关系。地上部为地下部（根系）提供光合产物，促进根系的生长扩展和机能发挥；而根系为地上部的生长繁荣提供矿质养分、水分及根系代谢物。"发苗先发根""衰老根先老"。两者的信息传递交流促进植株进行形态、生理、生化的调整以主动适应环境变化。

拓展知识

四、实验内容和方法步骤

本实验在教学实习基地分组进行，每标准班分为 6 组，每组 4～6 人，采用基质无土栽培方式，对移栽蔬菜植株进行不同的去根或去叶处理，移栽后观察去根和去叶对生长的相互影响。

（一）实验操作

1. 实验处理　每组取生长整齐一致的番茄和芹菜苗各 30 株，均分为 3 组。第 1 组为对照，不做任何处理；第 2 组为剪叶处理，均剪除一半功能叶（将功能叶间隔节位从叶柄基部剪除）；第 3 组为剪根处理，均剪除一半根系（纵向从一侧剪除）。处理后移栽到温室或大棚内栽培基质中（沟栽、袋栽或盆栽），按生产要求进行正常管理。

2. 生长测量　培养 2 周后，将各处理的所有植株仔细移出基质，清洗根系，以单株为单位，分别测定株高、茎粗、根系及地上部的鲜重和干重，番茄的开花和坐果情况等。以单株为重复，统计分析剪叶对根系的影响，以及剪根对地上部生长发育的影响等。

（二）注意事项

（1）实验苗应整齐一致，健壮无病虫害。
（2）同一种蔬菜各个单株剪根和剪叶处理操作应该一致。

五、作业和思考题

（一）实验报告和作业

（1）根据实验测定结果，请分析剪叶、剪根分别对番茄根系生长和植株生长发育的影响。
（2）根据实验测定结果，请分析剪叶、剪根分别对芹菜根系生长和植株生长发育的影响。

（二）思考题

（1）根据两种蔬菜的实验结果，请总结蔬菜地上部与根系生长的相关性。
（2）本实验对生产中协调蔬菜地上部与地下部生长关系的管理技术有何启示？

（本实验由钟凤林和程智慧主笔编写）

实验 I-23　蔬菜产品的外观品质分析与评价

一、实验目的

蔬菜的外观品质主要包括成熟度、新鲜度、大小、色泽、形状、清洁度、整齐度、腐烂霉变率、病虫为害状、机械损伤等，是蔬菜商品价值的体现，是消费者选购蔬菜的重要依据。本实验通过对不同蔬菜产品外观品质的观测和评价，使学生熟悉不同种类蔬菜产品外观品质的构成要素及其影响因素，掌握蔬菜外观品质评价方法。

二、实验材料和仪器用具

（一）实验材料

依据地域和时令，在教学实习基地或农户生产田随机采收的茄果类（番茄、辣椒、茄子等）、瓜类（黄瓜、西葫芦、苦瓜、丝瓜等）、豆类（豇豆、菜豆、荷兰豆等）、结球芸薹类（大白菜、甘蓝、青花菜、花椰菜等）、肉质直根类（胡萝卜、萝卜、根芥菜等）、葱蒜类（大葱、洋葱、大蒜、韭菜等）、绿叶嫩茎类（芹菜、莴笋、小白菜、菜薹等）、薯芋类（马铃薯、生姜、山药等）等适于采收的产品，或市购未经严格挑选分级的商品产品。每组每种蔬菜产品不少于 5 个。

（二）仪器和用具

每组需色差仪、电子天平（1/1000）、游标卡尺、卷尺、放大镜等 1 套。

三、实验原理

拓展知识

不同国家或地区、商品用途或消费者嗜好对蔬菜产品外观品质的要求不同，但各类蔬菜产品也有些共性的基本要求，如绿叶嫩茎类蔬菜要求新鲜、均匀、粗壮，无老黄病叶，无泥巴和杂草；茄果类蔬菜要求新鲜、成熟度适中，大小均匀，无畸形、病斑、虫斑，色泽光亮；瓜类蔬菜要求鲜嫩，色泽光亮，无畸形果，无病虫斑；结球芸薹类蔬菜要求叶球紧实，无灰心，产品大小均匀，无虫卵、虫粪、病叶；豆类蔬菜要求鲜嫩，果荚大小均匀，无虫蛀荚、锈斑荚；葱蒜类蔬菜要求新鲜，粗壮，不抽薹，无病虫斑等。此外，不同蔬菜种类和品种也具有其外观品质特性和标准，如华北生态型黄瓜果实表面的刺、棱、瘤，以及有棱丝瓜果面的棱等。

根据达成这些共性要求或品种标准的程度，可以对蔬菜产品外观品质按指标进行赋分，并按照品种外观特性的重要性对每个赋分指标的权重赋值，就可以计算各品种的外观品质评价总分，从而对蔬菜产品外观品质进行量化评价。

四、实验内容和方法步骤

本实验在实验室进行，实验前实验员组织在教学实习基地或农户田间采收各类蔬菜产品，记载种植时间、品种特性等；或在市场购买各类蔬菜未经严格分级的商品产品。

每标准班分为 6 组，每组 4～6 人。每组选择 2～3 类蔬菜中的各种蔬菜产品，逐个进行外观品质分析与评价。

（一）外观品质指标观测

1. 指标观测　　从成熟度、清洁度、形态、大小、色泽、整齐度、水分含量、净菜率、腐烂霉变率、病虫为害状、机械损伤等指标中选择与该类蔬菜商品最相关的 5 项外观品质指标进行观测，如大小采用游标卡尺或直尺测定，成熟度根据各类蔬菜产品从播种至最佳采收的时间判断（以日期），或目测分级。根据表 I-23-1 外观指标分值标准得出各观测指标的得分（分值范围为 0～100 分），记为 X_i（i 为测定的某项指标，$i \in \{1, 2, 3, 4, 5\}$，如第 1 项指标记为 1，得分为 X_1）。

2. 指标赋值　对各种蔬菜产品的外观品质指标按重要性进行加权赋值（可由实验指导教师为每种蔬菜的每个指标统一赋值），计为 A_i（i 为对应的外观得分中对应的指标）；然后计算各类蔬菜的外观品质总分值（Y），总分值（Y）$= \sum X_i A_i$。

以某品种番茄为例，选择大小、色泽、整齐度、成熟度和机械损伤 5 项指标，按照指标的重要性定义加权系数分别为 0.3、0.3、0.2、0.1、0.1，小组中的 4 人各自对 5 项指标按表 I-23-1 进行分数赋值，取 4 人分数的平均值后乘以各自的加权系数得各项指标的得分，将 5 项指标的总分值相加即该品种番茄的外观品质总分值。

表 I-23-1　各类蔬菜产品外观指标分值标准及评价方法

指标	评价技术标准及得分			
	100 分	80～99 分	60～79 分	60 分以下
成熟度	各类蔬菜最佳采收时间的成熟度	提前或后熟 5d 以内	提前或后熟 5～10d	提前或后熟 10d 以上
清洁度	各类蔬菜样本中本类蔬菜商品量/样本蔬菜总量=100%	90%～99%	80%～89%	小于 80%
形态	保持新鲜形态	失水萎蔫较轻	失水萎蔫较重	完全萎蔫
大小	符合该品种大小特性占 85% 以上	75%～84%	60%～74%	60% 以下
色泽	符合该品种的颜色与光泽描述	基本保持原有色泽，略微灰暗	基本有新鲜的色泽	失去光泽，变灰暗
整齐度	按照蔬菜分级标准确定的该类蔬菜的商品果/样本蔬菜总量=85%～100%	75%～84%	60%～74%	60% 以下
水分含量	该品种正常水分含量的 95% 以上，新鲜程度好	正常水分含量的 75%～95%，新鲜程度好	50%～74%，新鲜程度较好	50% 以下，失水严重
腐烂霉变率	商品蔬菜样本中未出现腐烂果实或叶片重量/样本总重量=95% 以上	85%～95%	70%～84%	70% 以下
病虫为害状	商品蔬菜中未见病斑果实数或病斑面积占比=98% 以上	85%～98%	70%～84%	70% 以下
机械损伤	商品蔬菜中未受到挤压、摔打等伤害的产品数量或重量在总样本中的占比达 95% 以上	85%～95%	70%～84%	70% 以下

（二）结果计算与外观品质评价

按照总分值 100 分对该种类或品种的外观品质进行评价，得分取整数。评价结果 Y 值小于 60 分的为差或较差，在 60～74 分之间的为中等，在 75～89 分之间的为好，Y 在 90～100 分之间的为极好。

（三）注意事项

（1）实际外观品质鉴定中要选择有敏锐感觉和长年积累评判经验的专家担任评判员或增加评判员数量，以减少个体间的特殊影响，或借助仪器分析减少评判的误差。

（2）由于蔬菜的种类较多，各类蔬菜的外观品质构成指标不同，因而要选择最能评判该类蔬菜外观品质的 5 项指标，并根据指标的重要性赋予合适的加权系数。

五、作业和思考题

（一）实验报告和作业

（1）根据本组实验观测结果，对有关蔬菜产品的外观品质进行评价，并完成评价报告。

（2）与其他实验组交流实验结果，并查阅文献，请总结供实验的 8 类蔬菜最重要的 5 项外观品质指标分别是什么，并说明原因。

（二）思考题

（1）蔬菜种类丰富，颜色多样，你认为哪些色泽的蔬菜的外观价值更高？并解释原因。

（2）影响蔬菜商品外观品质的因素有哪些？如何提高蔬菜商品的外观品质？

（本实验由成善汉和程智慧主笔编写）

实验Ⅰ-24　蔬菜产品的营养品质分析与评价

一、实验目的

营养品质是蔬菜产品的重要属性，了解不同蔬菜产品的营养品质特点对于蔬菜生产和消费均具有重要意义。本实验通过测定不同蔬菜 3 个常规营养品质指标，旨在使学生熟悉蔬菜产品营养品质构成，掌握蔬菜产品维生素 C、可溶性糖和可溶性蛋白质含量测定方法，以及营养品质平均隶属函数评价方法。

二、实验材料和仪器用具

（一）材料和试剂

1. 实验材料　　市购果菜类（如番茄、辣椒、茄子、黄瓜、苦瓜、丝瓜、豇豆、菜豆等）、茎菜类（如莴笋、石刁柏、马铃薯、生姜、莲藕、球茎甘蓝等）、叶菜类（如小白菜、菠菜、芹菜、大白菜、甘蓝、生菜等）、根菜类（如萝卜、胡萝卜、根芥菜、根甜菜、芜菁、牛蒡等）、花菜类（如青花菜、花椰菜、黄花菜、芥蓝、菜薹、朝鲜蓟等）的商品产品器官。

2. 试剂及配制　　以下试剂在实验前备好，全班共用。

（1）石英砂、碳酸钙粉：各 1 瓶。

（2）蒽酮乙酸乙酯试剂：取分析纯蒽酮 1.000g，用乙酸乙酯溶解，定容于 50mL 容量瓶，贮于棕色瓶中，在黑暗中可保存数星期，如有结晶析出，可微热溶解。

（3）浓硫酸：纯度 98%，相对密度 1.84。

（4）100μg/mL 蛋白质标准液：准确称取 100mg 牛血清蛋白（BSA），溶于 100mL 蒸馏水中，即 1000μg/mL 的蛋白质原液。吸取原液 10mL，再用蒸馏水稀释定容至 100mL。

（5）考马斯亮蓝 G-250 试剂：准确称取 100mg 考马斯亮蓝 G-250，溶于 50mL 95%的乙醇中，加入 85%（W/V）的磷酸 100mL，最后用蒸馏水定容到 1000mL，于棕色试剂瓶中保存，常温下可放置 1 个月。

（6）5%钼酸铵（W/V）：准确称取钼酸铵 5.000g，加蒸馏水溶解并定容至 100mL。

（7）草酸-EDTA 溶液：称取草酸 6.300g 和 EDTA-Na$_2$ 0.0584g，加蒸馏水并加热到 80℃以上溶解后，再用蒸馏水定容至 1000mL。

（8）5%（V/V）硫酸：吸取 5mL 98%浓硫酸并转入 100mL 容量瓶，缓慢加入蒸馏水并边加边摇，最后用蒸馏水定容至刻度。

（9）偏磷酸-乙酸溶液：称取片状偏磷酸 15.000g，加 40mL 冰醋酸、250mL 水，加热搅拌，定容至 500mL，4℃可保存 3d。

（10）1mg/mL 维生素 C 标准液：准确称取 60℃烘 2h 的干燥维生素 C 100mg，用草酸-EDTA 溶液溶解并定容至 100mL。

（11）1%蔗糖标准液：将分析纯蔗糖在 80℃下烘至恒质量（2h），精确称取 1.000g，加少量水溶解，转入 100mL 容量瓶中，加入 0.5mL 浓硫酸，用蒸馏水定容至刻度。

（12）100μg/L 蔗糖标准液：准确吸取 1%蔗糖标准液并加入 100mL 容量瓶中，加水至刻度。

（二）仪器和用具

1. 仪器　分光光度计、分析天平（1/1000）、离心机、水浴锅，每组 1 套。

2. 用具　1000mL 容量瓶 2 个，500mL 容量瓶 1 个，100mL 容量瓶 6 个，50mL 容量瓶 1 个，50mL 棕色试剂瓶 1 个，用于相关共用试剂的配制。

每组需水果刀 1 把，研钵 5 个，25mL 刻度试管 22 支，20mL 刻度试管 21 支，10mL 刻度试管 21 支，15mL 离心管 45 支，10mL 吸管 1 支，5mL 吸管 1 支，2mL 吸管 1 支，1mL 吸管 4 支，试管架 3 个，玻璃棒、称量纸、锡箔纸等若干。

三、实验原理

蔬菜中维生素、矿物质、蛋白质、糖分等是蔬菜产品的营养品质的重要指标，其含量因种类、品种、栽培环境和条件等而不同，如马铃薯、南瓜、芋头等富含糖类，辣椒、芹菜、黄瓜等富含维生素 C，茄子、油菜、菠菜等富含矿物质，豆类、食用菌类等富含蛋白质。蔬菜成为人类营养的重要来源。蔬菜产品不同营养成分的含量有不同测定方法，如维生素 C 含量测定有滴定法、比色法等。本实验选取常用测定方法测定 3 个指标。

拓展知识

（一）维生素 C 含量测定原理

钼酸铵在 SO$_4^{2-}$和 PO$_4^{2-}$下与维生素 C 反应，生成蓝色络合物（钼蓝），在 760nm 处有最大吸收。当维生素 C 浓度在 2～40μg/mL 范围内，符合朗伯-比尔定律。新鲜植物样品中的还原糖及常见的还原物质不干扰测定，而且反应迅速，专一性好。

（二）可溶性糖含量测定原理

糖在浓硫酸作用下，经脱水缩合反应生成糠醛或羟甲基糠醛，生成的糠醛或羟甲基糠醛可与蒽酮反应生成蓝绿色糠醛衍生物，在一定范围内，颜色的深浅与糖的含量成正比，故可用于糖的定量测定。糖类与蒽酮反应生成的有色物质，在可见光区的吸收峰为 630nm，可在此波长下进行比色。

（三）可溶性蛋白质含量测定原理

考马斯亮蓝 G-250 测定蛋白质含量属于染料结合法的一种。该染料在游离状态下呈红色，在稀酸溶液中与蛋白质的疏水区结合后变为青色，前者最大光吸收值在 465nm，后者在 595nm。在一定蛋白质浓度范围内（1～1000μg），蛋白质与色素结合物在 595nm 波长下的吸光度与蛋白质含量成正比，故可用于蛋白质的定量测定。

四、实验内容和方法步骤

本实验在实验室分组进行，每标准班分为 6 组，每 4～6 人。每组选择 5 类蔬菜实验材料中各 1 种蔬菜，进行营养品质分析与评价，每份材料的分析重复 3 次。

（一）营养品质指标测定

1. 维生素 C 含量测定　本实验采用钼蓝比色法测定。

（1）标准曲线绘制：取 25mL 具塞刻度试管 7 支，按表 I-24-1 准确加入各种试剂。加完试剂后摇匀，置 30℃水浴中保温 15min，摇匀，以 0 号管为空白调 0，用分光光度计测定 A_{760} 值。以维生素 C 含量（mg）为横坐标，吸光度为纵坐标绘制标准曲线。

表 I-24-1　维生素 C 含量测定标准曲线不同试管内试剂组成

加入试剂	0	1	2	3	4	5	6
1mg/mL 维生素 C 标准液（mL）	0	0.1	0.2	0.4	0.6	0.8	1.0
草酸-EDTA（mL）	5.0	4.9	4.8	4.6	4.4	4.2	4.0
偏磷酸-乙酸溶液（mL）	0.5	0.5	0.5	0.5	0.5	0.5	0.5
5%硫酸（mL）	1.0	1.0	1.0	1.0	1.0	1.0	1.0
5%钼酸铵（mL）	2.0	2.0	2.0	2.0	2.0	2.0	2.0
维生素 C 含量（mg）	0	0.1	0.2	0.4	0.6	0.8	1.0

（2）维生素 C 提取与含量测定：分别洗净每种蔬菜产品并擦干，切碎混匀，准确称取样品约 2g 放入研钵中，加入 3mL 草酸-EDTA 溶液，在冰浴+避光条件下快速研成匀浆，转入 15mL 离心管中，再用草酸-EDTA 溶液冲洗研钵 3 次，冲洗液共 8mL。匀浆液 5000r/min 离心 15min，精确吸取 1mL 上清液，加入 4mL 草酸-EDTA，后面按标准曲线绘制的步骤加入药剂，摇匀后用分光光度计测定 A_{760} 值，根据 A_{760} 值在标准曲线上查找维生素 C 质量。

（3）结果计算：按照下式计算样品中维生素 C 含量。

$$M = M_0 \times V_1 \times 100 / (M_1 \times V_2) \tag{15}$$

式中，M 为 100g 样品中含维生素 C 质量（mg）；M_0 为查标准曲线得到的维生素 C 质量（mg）；V_1 为稀释后总体积（10mL）；M_1 为实际称取样品质量（g）；V_2 为测定时实际取样体积（mL）。

2. 可溶性糖含量测定　本实验采用蒽酮比色法测定。

（1）标准曲线制作：取 20mL 刻度试管 6 支，从 0～5 分别编号，按照表 I-24-2 加入蔗糖标准液和水，然后按顺序向试管中加入 0.5mL 蒽酮乙酸乙酯试剂和 5mL 浓硫酸，充分振荡，立即将试管放入沸水浴中，保温 1min，取出后冷却至室温，以空白做参比，在 630nm 波长下测吸光度。以糖含量为横坐标，以吸光度为纵坐标，绘制标准曲线，并求出标准线性方程。

表 I-24-2　可溶性糖含量测定标准曲线不同试管内试剂组成

试剂	0	1	2	3	4	5
100μg/L 蔗糖标准液（mL）	0	0.2	0.4	0.6	0.8	1.0
水（mL）	2.0	1.8	1.6	1.4	1.2	1.0
蔗糖量（μg）	0	20	40	60	80	100

（2）可溶性糖的提取：准确称取蔬菜产品可食部分 0.3g，放入 15mL 离心管中，加入 10mL 蒸馏水，锡箔纸封口，于沸水中提取 1h。4000r/min 离心 10min，取上清液 0.5mL 于 20mL 刻度试管中，加入 1.5mL 蒸馏水，以下加入试剂和反应与标准曲线制作相同，反应完后测定样品吸光度，计算可溶性糖含量。

（3）结果计算：按照下式计算样品中可溶性糖含量。

$$可溶性糖（\%）=（C \times V_T \times N \times W^{-1} \times V_S^{-1} \times 10^{-6}）\times 100 \tag{16}$$

式中，C 为查标准曲线得到的糖质量（μg）；V_T 为提取液总体积（mL）；V_S 为测定时实际取用的样本提取液体积（mL）；N 为稀释倍数；W 为样品质量（g）。

3. 可溶性蛋白质含量测定　　本实验采用考马斯亮蓝 G-250 法（Bradford）测定。

（1）标准曲线制作：取 6 支干净的 10mL 具塞试管，按表 I-24-3 分别取标准蛋白质溶液和考马斯亮蓝试剂等加入试管，盖紧塞，倒置混合，放置 2min 后在 595nm 波长下比色，记录 OD_{595} 值。以标准蛋白质含量（μg）为横坐标，以吸光度为纵坐标，绘制标准曲线，并求出标准线性方程。

表 I-24-3　可溶性蛋白质含量测定标准曲线不同试管内试剂组成

加入试剂	0	1	2	3	4	5
100μg/mL 的蛋白质标准液（mL）	0	0.2	0.4	0.6	0.8	1.0
蒸馏水（mL）	1.0	0.8	0.6	0.4	0.2	0
考马斯亮蓝 G-250 试剂（mL）	5.0	5.0	5.0	5.0	5.0	5.0
蛋白质含量（mg）	0	20	40	60	80	100

（2）可溶性蛋白质提取和含量测定：准确称取蔬菜产品可食部分 1g 放入研钵中，加入 2mL 蒸馏水研磨成匀浆，转移到 15mL 离心管中，再加入 6mL 水冲洗研钵并入离心管中。4000r/min 离心 20min。取上清液 0.2mL 转入 10mL 具塞试管中，加入 0.8mL 蒸馏水，加入 5mL 考马斯亮蓝 G-250 蛋白试剂，充分混合，放置 2min 后，以空白为对照，在 595nm 波长下测定 OD_{595}，根据标准曲线求出待测样品提取液中蛋白质的含量 X（μg）。

（3）结果计算：按照下式计算样品中可溶性蛋白质含量。

$$可溶性蛋白质含量（mg/g 鲜质量）=（X \times V_T \times N）/（W \times V_S \times 1000） \tag{17}$$

式中，X 为根据样品吸光度值在标准曲线上查得的蛋白质含量值（μg）；V_T 为提取液总体积（mL）；W 为实际称取的样品鲜质量（g）；V_S 为测定时实际加样量（mL）；N 为稀释倍数。

（二）营养品质评价

模糊数学的平均隶属函数值可以表示综合指标的相对优劣，是综合评价蔬菜营养品质的有效方法。当被评价的品质指标与蔬菜品质正相关时，平均隶属函数值计算公式为

$$U(X_i) = \frac{X_i - X_{min}}{X_{max} - X_{min}} \tag{18}$$

当被评价的品质指标与蔬菜品质负相关时，平均隶属函数值计算公式为

$$U(X_i) = 1 - \frac{X_i - X_{min}}{X_{max} - X_{min}} \tag{19}$$

式中，X_i 为某指标的测定值；X_{max} 和 X_{min} 是单个指标测定值中的最大值和最小值；$U(X_i)$ 为某指标的平均隶属函数值。

依据模糊数学多因素综合决策原理，运用加权平均法则，加权系数按照该品种蔬菜的重要性赋值，如小白菜中维生素 C、可溶性蛋白质的加权系数均为 0.3，可溶性糖为 0.4，总加权系数为 1。综合评价结果按模糊隶属函数值 U_A 最大原则进行排序，值越大，样品综合营养品质越好，反之则越差。

$$U_A = 0.3 \times (U_{X_1} + U_{X_2}) + 0.4 \times U_{X_3} \tag{20}$$

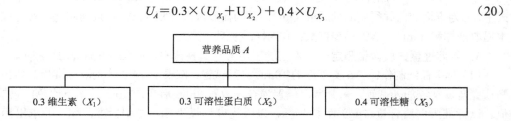

（三）注意事项

（1）标准曲线的制作要准确，自变量与因变量之间的相关性系数要求达到 0.99 以上。

（2）提取与测定过程中要认真阅读仪器设备的使用说明，特别要注意低温离心机和紫外可见分光光度计等的正确使用，严格按照实验室规定的操作程序与方法操作。

五、作业和思考题

（一）实验报告和作业

（1）根据测定结果，分析并评价不同器官的蔬菜产品营养品质特点。

（2）汇总全班测的分析结果，分析并评价各类蔬菜及其营养品质的特点。

（二）思考题

（1）按照实验操作，如果某种蔬菜样品的某个指标分光光度计测定 OD 值极小或过大（甚至超出测量范围），你认为应该怎么做？

（2）蔬菜产品包括哪些品质属性？各指标的营养品质对人体健康有何重要性？

（3）卫生品质是蔬菜品质的重要组成部分，当前我国蔬菜卫生品质存在的问题有哪些？可能的成因如何？怎样克服？

（本实验由成善汉和程智慧主笔编写）

实验 I -25　蔬菜产品的呼吸速率测定

一、实验目的

蔬菜产品的呼吸速率是蔬菜采后处理技术、流通和贮藏条件设计与管理的重要参数。测定和了解不同蔬菜产品的呼吸速率具有重要意义。本实验通过对不同蔬菜作物呼吸速率的测定，使学生了解不同蔬菜作物产品呼吸速率的特点，掌握蔬菜产品呼吸速率的测定方法和原理，为蔬菜产品采收和采后贮藏保鲜提供理论和技术支撑。

二、实验材料和仪器用具

（一）材料和试剂

1. 材料　选择商品花果类（瓜类、茄果类、豆类的果实，菜花、青花菜等）、块茎鳞茎根菜类（马铃薯、芋头、红薯、生姜、大蒜、洋葱、萝卜、胡萝卜等）、绿叶嫩茎类（菠菜、生菜、芹菜）蔬菜完整的产品器官，同种类要求大小一致、无病虫害和机械损伤，每种蔬菜产品不少于5～10kg（依产品大小而定）。

2. 试剂　氯化钠（食盐），全班共用。

（二）仪器和用具

1. 仪器　O_2/CO_2 顶部空间分析仪1台，电子秤（精度0.1g）1台，恒温箱4台，全班共用。

2. 用具　每组学生自制塑料密封罐（体积根据测定蔬菜产品的大小和数量确定，一般2～3L）9个，闷盖处打孔；硅胶密封垫若干，用于检测罐内气体成分。

三、实验原理

蔬菜作物从田间采摘后，仍然是一个有生命的呼吸体，进行着新陈代谢，会消耗氧气和养分，直至腐烂。为了使蔬菜产品保鲜，储藏时间更长，就必须采取一定的包装处理来抑制蔬菜产品的新陈代谢，也就是抑制蔬菜产品的呼吸作用，从而达到保鲜和储存的目的。蔬菜产品的呼吸作用需要消耗 O_2 产生 CO_2，用单位时间内的 O_2 消耗量或 CO_2 的产生量来表示其呼吸速率。

拓展知识

本实验采用密闭系统法测定蔬菜产品的呼吸速率。待测蔬菜产品分别放入一个已知体积的容器内，容器内气体环境可以为大气浓度，也可以为特定已知比例的混合气体。在间隔特定的时间测定容器中 O_2 和 CO_2 的浓度变化，把容器中 O_2 和 CO_2 浓度变化速度作为蔬菜产品的呼吸速率。这种方法操作相对简单，并且不破坏产品自身的性质。但高呼吸速率的蔬菜产品，在密闭容器内短期会消耗大量 O_2 并产生大量 CO_2，造成容器高 CO_2 低 O_2 环境，这种环境对于产品呼吸有抑制作用，甚至发生厌氧反应。因此密闭系统法一般适用于中低呼吸速率的蔬菜产品，对高呼吸速率的蔬菜产品不太适合。

四、实验内容和方法步骤

本实验在实验室分组进行，每标准班分为6组，每组4～6人，测定不同种类蔬菜不同类型产品器官的呼吸速率。

（一）实验操作

1. 样品准备　每组学生选择3类实验蔬菜产品各1种（各组尽量选择不同蔬菜材料），每种蔬菜 3 份（作为 3 次重复），每份准确称取完整产品 0.200～0.500kg，分别放入自制的密封罐内。在罐中加入与测定样品相同体积的过饱和氯化钠溶液，以保持测定期间容器内空气相对湿度稳定。

2. 封罐测定 将装入样品的密封罐密封，将气体分析仪取样针插入硅胶垫中，测定罐内 O_2、CO_2 浓度百分比（罐内气体 O_2 和 CO_2 初始浓度分别约为 21% 和 0.035%）。将密闭罐放入 25℃ 恒温箱，2h 后再将气体分析仪取样针插入硅胶垫中，测定罐内 O_2、CO_2 浓度百分比。

呼吸速率分别以 O_2 的消耗速率 R_{O_2} 和 CO_2 的生成速率 R_{CO_2} 表示，单位 $mL \cdot kg^{-1} \cdot h^{-1}$。

3. 结果计算 按照以下公式分别计算不同蔬菜产品的呼吸速率。

$$R_{O_2} = \frac{\left[O_2^{t_f} \right] - \left[O_2^{t_i} \right] \times V}{100 \times M \times (t_f - t_i)} \tag{21}$$

$$R_{CO_2} = \frac{\left[CO_2^{t_f} \right] - \left[CO_2^{t_i} \right] \times V}{100 \times M \times (t_f - t_i)} \tag{22}$$

式中，$[O_2^{t_f}]$、$[CO_2^{t_f}]$ 为测量起始时 O_2、CO_2 浓度（%）；$[O_2^{t_i}]$、$[CO_2^{t_i}]$ 为测量终止时的 O_2、CO_2 浓度（%）；V 为密封容器的体积（mL）；M 为样品质量（kg）；t_f、t_i 为起始、终止测量的时间（h）。

（二）注意事项

（1）样品取样需随机选取。

（2）测定过程中保持温度和湿度稳定。

（3）不同蔬菜产品需选择适宜的温湿度。

五、作业和思考题

（一）实验报告和作业

（1）计算测定样品的呼吸速率，比较不同蔬菜产品的呼吸速率差异。

（2）产品的呼吸速率有高、中、低之分，请查阅资料说明各类型呼吸速率的代表蔬菜产品。

（二）思考题

（1）呼吸速率与蔬菜产品成熟有何关系？

（2）呼吸速率对蔬菜产品保鲜策略有何影响？

（本实验由蔡兴奎和程智慧主笔编写）

实验 I -26 蔬菜作物种子的类别和形态与结构观察

一、实验目的

蔬菜种子种类繁多，同一科蔬菜种子大小、形态极其相近，不同科的种子具有相异的形态特征，正确识别不同种类蔬菜种子在蔬菜种子生产和利用中具有重要意义。本实验通过不同种类蔬菜种子的形态学观察，使学生熟悉蔬菜种子的类别、形态特征和解剖结构，掌握种子形态鉴别方法。

二、实验材料和仪器用具

（一）实验材料

1. 干种子　　下列种类的蔬菜种子（未经包衣或丸粒化加工）每组学生各 1 份，每种约 50 粒，分别装入 6cm×9cm 自封袋。

十字花科：萝卜、大白菜、小白菜、芜菁、结球甘蓝、花椰菜、苤蓝、芥菜、雪里蕻。

伞形科：胡萝卜、芹菜、芫荽、茴香。

茄科：番茄、茄子、辣椒。

葫芦科：黄瓜、西葫芦、南瓜、黑籽南瓜、笋瓜、冬瓜、丝瓜、瓠瓜、苦瓜、西瓜、甜瓜、蛇瓜。

豆科：菜豆、豇豆、豌豆、蚕豆、毛豆、刀豆、扁豆、四棱豆。

百合科：韭菜、大葱、洋葱、香葱、韭葱、石刁柏。

菊科：莴苣、莴笋、茼蒿、牛蒡。

藜科：菠菜、叶甜菜。

苋科：苋菜。

楝科：香椿。

旋花科：蕹菜（空心菜）。

锦葵科：黄秋葵。

落葵科：红落葵、白落葵。

禾本科：甜玉米。

2. 吸胀的种子　　上述每科蔬菜种子选取一种，大粒种子约 30 粒，小粒和中粒种子约 50 粒，实验前浸水充分吸胀，每组学生各 1 份。

（二）仪器和用具

1. 实验仪器　　每组学生需解剖镜 1 台。

2. 实验用具　　每组学生需放大镜 1 个，游标卡尺 1 个，解剖针、解剖刀、镊子各 2 把，培养皿 2 套，白纸 1 张。

三、实验原理

蔬菜生产中"种子"的概念泛指所有播种材料，包括植物学种子、果实、无性繁殖器官、低等植物的孢子和菌丝、人工种子等。本实验只针对植物学的种子和果实。

拓展知识

种子形态和构造是鉴别植物种和品种的重要依据。种子的外部形态特征主要包括形状、大小（千粒重）、种皮色泽及附着物，种皮网纹结构等，是种子形态鉴别的重要依据。种子的基本结构有种皮、胚和胚乳（有些种子成熟时退化）3 部分。种皮特征是种子形态鉴定的主要依据。胚由子叶、胚轴、胚根组成，不同种类蔬菜种子胚的形状、子叶数量和形状可能不同；胚乳退化的为无胚乳种子（如豆科、葫芦科、十字花科的种子），胚乳依存的为有胚乳种子（如茄科、苋科、百合科的种子）；胚的形状、子叶数量和形状、胚乳有无是蔬菜种子结构鉴定的主要依据。

有的蔬菜种子很小或种皮不发达，不能对种子内部形成很好的保护，常以果实作为播种材料，如菊科、伞形科、藜科、蓼科的蔬菜。因而，这些蔬菜的"种子"形态上常具有果实的一些特征，如棱、沟、刺、毛、瘤等，也是其"种子"形态识别的特征。

四、实验内容和方法步骤

本实验在实验室分组进行，每标准班分为 6 组，每组 4～6 人，主要借助视觉观察识别不同种类蔬菜的种子特征。

（一）种子外部形态特征观察

将本实验所提供的各种蔬菜干种子分别放置于白纸上，用肉眼或借助放大镜仔细观察不同科和不同属蔬菜种子的主要形态特征，注意从以下几方面比较鉴定。

1. 外形　　椭球形、球形、扁圆形、卵形、长形、纺锤形、肾形、心脏形、三棱形、盾形、披针形、不规则形等。

2. 大小　　一般分为大粒、中粒、小粒 3 级。大粒如豆科、葫芦科等的种子；中粒如茄科、百合科、藜科等的种子；小粒如十字花科、苋科、伞形科等的种子。可以根据种子纵横径或千粒重较准确地记载大小。

3. 色泽　　指种皮或果皮呈现的颜色、光泽、斑纹等，有褐、红、黄、黑、白、绿、棕、杂色等或有斑纹。

4. 表面特征　　表面光滑、瘤状突起、凹凸不平、皱纹、棱状或网纹等；有无蜡层；有无茸毛或刺毛，密生或疏生，排列成行或杂乱；种子边缘及脐正生或歪生等。

5. 气味　　芳香或其他特殊气味，如伞形科蔬菜。

（二）种子内部形态构造观察

取吸胀的种子置于培养皿中，用刀片纵切开，在放大镜或在解剖镜下用解剖针拨动，仔细观察胚乳的有无，胚和子叶的形状，子叶数等内部结构特征。

（三）注意事项

种子吸胀能力的强弱，主要取决于种子的化学成分、种被透性、外界水分状况和温度的影响，不同类别的种子吸胀能力有所不同。所以实验用吸胀种子需要提前 6～18h 浸泡。

五、思考题和作业

（一）实验报告和作业

（1）根据种子的外部形态识别各种蔬菜种子，并将观察的结果填入表Ⅰ-26-1。

表Ⅰ-26-1　蔬菜种子形态特征记载表

名称	科名	外形	大小	色泽	表面特征	种子或果实	气味	有无胚乳	绘图

（2）试将吸胀种子（如黄瓜、番茄、韭菜、菜豆、菠菜等）观察到的内部结构，分别绘出示意图，并标明其结构名称。

（3）从外部形态看，哪些种子最难区分？试分别总结洋葱、韭菜与大葱种子，芥菜、甘蓝与白菜种子在形态上的区别特征。

（二）思考题

（1）根据种皮特征，如何确定伞形科的播种技术？

（2）对于一些外部形态很难区分的蔬菜种子，通过肉眼观察很难鉴别，你认为现在有哪些技术及手段可以帮助解决以上的困难？请查阅有关资料及文献加以说明。

（本实验由柴喜荣主笔编写）

实验 I -27　蔬菜作物种子品质及活力测定

一、实验目的

种子是重要的生产资料，种子品质不仅影响蔬菜生长发育，甚至决定产量和品质。本实验通过蔬菜种子品质及活力的测定，使学生了解蔬菜作物种子品质及种子活力在蔬菜生产中的意义，掌握种子发芽率、发芽势及活力的测定方法。

二、实验材料和仪器用具

（一）材料和试剂

1. 实验材料　不同种类蔬菜种子，全班共用。

（1）喜凉蔬菜种子：大白菜种子 100g 或萝卜种子 200g。

（2）喜温蔬菜种子：番茄或辣椒种子 100g。

（3）休眠蔬菜种子：当年采收的黑籽南瓜种子 500g。

2. 实验试剂　下列试剂全班共用。

（1）0.25% TTC 溶液：称取 2.5g 2,3,5-氯化三苯基四氮唑，用蒸馏水溶解定容至 1000mL。

（2）75%酒精：500mL。

（二）仪器和用具

培养箱 2 台，电子天平（精度 0.1%）1 台，1000mL 容量瓶 1 个，500mL 烧杯 6 个，250mL 烧杯 12 个，培养皿（直径 90～100mm，配套滤纸或脱脂纱布）36 套，镊子 15 把，单面刀片 15 片。

三、实验原理

蔬菜种子品质鉴定，就是采用科学的技术和方法，按照一定的标准，借助一定的仪器，对种子品质进行分析测定，判断其质量优劣，评定其种用价值。蔬菜种子播种前主要检验发芽势、发芽率及种子活力。

发芽势是指种子在适宜萌发的条件下，发芽试验初期（规定日期内）正常发芽的种子数占供试种子数的百分率。评价的是种子发芽速度和整齐度，种子发芽势高，表示种子活力强，发芽整齐，田间出苗一致。

发芽率是指种子在适宜萌发的条件下，发芽试验终期（通常也有规定日期，但理论上是无日期限定的）全部正常发芽种子数占供试种子数的百分率。种子发芽率高，表示有生活力的种子多，播种后出苗率可能高。各种蔬菜种子的发芽率可分甲、乙两级，甲级种子要求发芽率达到 90%～

拓展知识

98%，乙级种子要求达到85%以上。

种子生活力是指潜在的生命力，而种子活力是指种子生命力的强弱或种胚发芽能力的强弱。一般情况下，种子生活力可以用发芽率测试，种子活力可以用发芽势测试。但由于有的蔬菜种子（如黄瓜、甜瓜、黑籽南瓜等）具有生理休眠性，在一般发芽条件下具有生命力的种子也不能及时发芽。当想在短期内了解种子发芽率时或当某些样品在发芽末期尚有较多的休眠种子时，可应用氯化三苯基四氮唑（TTC）染色法测定，有活力种胚中的脱氢酶可以将 TTC 还原成不溶性的红色 TTF，如果种胚死亡或种胚生活力衰退，则不能染色或染色较浅。因此，可以根据种胚染色的部位或染色的深浅程度来鉴定种子的生活力，或根据定量测定染色的深浅判断种子活力。

四、实验内容和方法步骤

本实验在实验室分组进行，每标准班分为 6 组，每组 4～6 人，测定不同种类蔬菜种子的发芽率和发芽势，并用 TTC 染色法观察种子活力。

（一）发芽势和发芽率测定

1. 工具消毒和置床　　将培养皿和镊子等工具用 75%酒精擦拭消毒，待酒精挥发后使用。取大小与培养皿直径相同的 4 层滤纸或 4 层脱脂纱布于培养皿内，铺平，加水至饱和（吸足水后沥去多余水即可）。

2. 播种　　实验蔬菜种子 2 种各随机取 300 粒，每 100 粒为 1 重复，放入 250mL 烧杯用室温水浸泡 2～3h 后播种。将每 100 粒种子均匀播入 1 个湿润培养皿中，盖上培养皿盖。每个发芽皿底部贴上标签，注明种类名称、样品和重复号、日期等。

3. 培养　　将播种好的培养皿放入培养箱，喜温蔬菜（番茄或辣椒）温度 28℃，喜冷凉蔬菜（大白菜或萝卜）温度 22℃培养发芽。

4. 检查管理　　在种子发芽期间，每天检查发芽床的水分，缺水时可用滴管补水。观察种子有无霉烂，当霉烂种子超过 5%时，应更换发芽床，但腐烂种子一定要除去并记载。

5. 观察统计　　在发芽过程中，按计算发芽势和发芽率的规定日期各观察记载一次。

发芽初期仅计数正常发芽种子数，在观察记载发芽率时，除计数正常发芽种子数外，还应计数不正常发芽种子数和死种子数。

6. 结果计算　　发芽初期（规定日期内，白菜、萝卜 3d，番茄、辣椒 4d）计算发芽势，发芽终期（白菜、萝卜一般 5d，番茄、辣椒 8d）计算发芽率，均以 3 次重复的平均数表示，计算至整数。

$$发芽势 = \frac{发芽初期正常发芽种子数}{供试种子数} \times 100\% \qquad (23)$$

$$发芽率 = \frac{发芽终期正常发芽种子数}{供试种子数} \times 100\% \qquad (24)$$

（二）种子活力测定（TTC 染色法）

每组随机数取黑籽南瓜种子 100 粒放入 500mL 烧杯中，加入室温水 300mL 浸泡 2～3h，使种子充分吸水。然后用单面刀片将浸泡胀的种子剥去种皮，露出胚，并连同子叶放在 0.25% TTC 溶液（以淹没种子为宜）中浸泡 3～4h。取出种子用清水漂洗，逐一观察种子的染色情况。凡胚芽着色者是活种子，胚芽没有着色者则为无生活力的种子，染色深者为活力强的种子。

（三）注意事项

（1）TTC 染色测定种子活力主要用于较大、易去种皮的种子，如豆类、瓜类蔬菜种子。用刀片切种子时注意安全，也勿伤到胚芽。

（2）如果所测种子的发芽率，3 次重复都低于 50%，应分析该批次样品种子发芽势和发芽率低的原因。发芽过程操作不当、种子本身活力低或种子处于休眠状态等都会导致发芽势和发芽率低。

五、作业和思考题

（一）实验报告和作业

（1）总结实验结果，比较各种蔬菜种子的发芽率、发芽势和活力。
（2）请说明种子生活力和种子活力的关系。

（二）思考题

（1）种子品质鉴定的主要内容有哪些？
（2）种子品质鉴定时，如何取样才能让检测结果代表本批次种子的真实质量？
（3）影响蔬菜种子发芽的因素有哪些？

（本实验由张宏主笔编写）

实验Ⅰ-28 温度和光暗条件对蔬菜种子发芽的效应观测

一、实验目的

蔬菜种子能否正常萌发，萌发后能否发育成健康的植株，是由种子内部生理条件及外部生态环境所决定的。不同蔬菜种子发芽所需外界环境条件不同，掌握种子适宜的发芽条件对种子经营和农业生产具有极为重要的意义。本实验通过观测不同温度和光暗处理条件下不同蔬菜种子的发芽指标，使学生深刻理解温度和光暗条件对蔬菜种子发芽的影响，以及不同种类蔬菜种子发芽对温光响应特性，掌握蔬菜种子发芽的必要温光条件。

二、实验材料和仪器用具

（一）实验材料

菠菜、大白菜、番茄、苋菜等常见代表性蔬菜的种子，每份约 300 粒，每组学生每种蔬菜种子各 1 份。

（二）仪器和用具

1. 仪器设备　人工气候箱 3 台，全班共用。
2. 实验用具　每组学生需发芽盒 24 套，不锈钢盘 2 个，吸管 2 个，镊子 5 把，黑色遮光布 1 块，发芽纸（要求吸水量好、无毒、无病菌、韧性好）和标签纸等若干。

三、实验原理

种子发芽需要足够的水分、适宜的温度和充足的氧气，某些蔬菜种子发芽还需要光照或黑暗条件。种子发芽要求的温度与蔬菜起源和生育习性有关，每种蔬菜种子发芽对温度的要求都有"三基点"，即最低温度、最适温度和最高温度。热带起源的蔬菜种子发芽温度普遍比温带作物高，如喜温作物或夏季作物种子发芽的温度三基点一般为 6～12℃、30～35℃和 40℃，而耐寒作物或冬季作物种子发芽的温度三基点为 0～4℃、20～25℃和 40℃。

光暗对种子发芽的影响因蔬菜种类而异，但多数蔬菜种子在发芽时对光不敏感。根据种子发芽时对光反应的敏感性不同，可把种子分为需光性种子（如莴苣）、忌光性种子（如苋菜、葱等）和光中性种子（如十字花科、豆科等）。对于光敏感性的种子，光是调控种子发芽的主要因子，温度是辅助因子，光和温度既有协同作用，也有拮抗作用。

几种蔬菜种子发芽技术规定见表Ⅰ-28-1。

表Ⅰ-28-1　4 种蔬菜种子发芽技术规定（参考 GB/T 3543.4－1995 整理）

蔬菜种类	发芽床	温度（℃）	初次计数天数	末次计数天数	破除休眠处理
苋菜	TP	20～30；20	4～5	14	预先冷冻；KNO_3
结球白菜	BP/S	20～30；25	4	8	
番茄	TP/BP/S	20～30；25	5	14	KNO_3
菠菜	TP/BP	15；10	7	21	预先冷冻

注：TP 代表纸上，BP 代表纸间，S 代表砂。

四、实验内容和方法步骤

本实验在实验室分组进行，每标准班分为 6 组，每组 4～6 人，设置不同温度和光暗处理，测定不同种类蔬菜种子的发芽率和发芽势。

（一）实验处理

1. 温光处理　实验设置 3 个温度（15℃、25℃、35℃）和 2 个光照（光、暗）共 6 个温光组合处理，分别在 3 个人工气候箱内实施 3 个温度处理，均开全光照，在箱内用黑布遮盖做黑暗处理。

2. 置床播种　采用发芽盒发芽方法。取发芽纸双层折叠，置于发芽盒底部，用水将纸湿润，吸足水分后，沥去多余水。将每种蔬菜种子分为 6 份，每份 50 粒，均匀摆放到发芽纸上，各粒种子间留有一定距离，以保证幼苗生长空间和减少霉菌传染。摆好后盖上发芽盒盖并贴好标签。

（二）培养发芽

将每种蔬菜种子的发芽盒分别置于不同温度处理的人工气候箱中，黑暗处理发芽盒用多层黑布包盖好。发芽期间定期检查发芽床湿润情况，及时用滴管补充水分。

（三）结果统计和计算

以胚根、胚芽伸出种皮且具备正常的主要构造为发芽标准。每隔 24h 观察并记录发芽的种子数，计算相应的发芽势与发芽率。

$$发芽势 = \frac{发芽初期正常发芽种子数}{供试种子数} \times 100\%$$

$$发芽率 = \frac{发芽终期正常发芽种子数}{供试种子数} \times 100\%$$

（四）注意事项

如果确认种子已经达到最高发芽率，可在规定的时间前结束实验；若在规定结束时间仍有较多种子未萌发，可酌情延长统计时间，实际统计天数应在实验报告中说明。

五、作业和思考题

（一）实验报告和作业

（1）填写蔬菜种子发芽实验统计表（表 Ⅰ-28-2），计算发芽势及发芽率。

表 Ⅰ-28-2　不同温度和光暗条件下蔬菜种子发芽统计表

作物名称	温度（℃）	光暗	初次计数天数	末次计数天数	发芽势（%）	发芽率（%）	备注

（2）汇总全班的实验数据，对实验结果进行统计分析。

（3）请比较十字花科蔬菜种子和藜科蔬菜种子发芽条件有何不同？

（二）思考题

（1）测定种子发芽势及发芽率在生产实践中有何意义？

（2）影响蔬菜生长发育最敏感的外部环境条件是温度，试述耐寒和半耐寒、喜温和耐热蔬菜种子发芽的温度要求特点。

（本实验由柴喜荣主笔编写）

实验 Ⅰ-29　氧气和水分条件对蔬菜种子发芽的效应观测

一、实验目的

种子发芽需要适宜的温度、光照，适量的水分和氧气，除部分蔬菜的发芽对光照条件要求不严格外，其余三者缺一不可。种子在吸水萌发时，呼吸作用逐渐加强，需要充足的氧气供应，过低的氧气浓度会使种子发芽不良或者不能发芽；水分和氧气之间相互关联，水分过量会导致种子浸泡在水中而造成缺氧；水分不足，虽然氧气充足，但种子不能吸足水分而不能发芽或延迟发芽。因此，确定适宜的氧气和水分条件，对种子正常发芽至关重要。

本实验通过设置种子发芽的不同氧气和水分条件处理，测定不同种类蔬菜种子的发芽势和发芽率，使学生深刻认识氧气和水分对不同类型蔬菜种子发芽的重要性，深刻理解生产中催芽期间氧气和水分两个因子的关联性，以及不同蔬菜种子发芽对氧气条件的敏感性。

二、实验材料和仪器用具

（一）实验材料

（1）种子发芽要求 10%以上高氧分压的蔬菜：茄子、芹菜、萝卜、甘蓝。

（2）种子发芽要求 5%以上较高氧分压的蔬菜：黄瓜、大葱、白菜。

（3）种子发芽要求 2.5%以上氧分压的蔬菜：花椰菜、包心菜、卷心莴苣和奶油生菜。

每小组在以上 3 类蔬菜中各选 1 种，每种种子不少于 600 粒，各小组尽量选择不同种类的蔬菜。

实验前将每种供实验蔬菜种子浸种，使种子完成吸水膨胀过程。

（二）仪器和用具

1. 仪器设备　全班需 1000L 人工气候箱 3 个，容积不小于 30L 的氮气瓶（充满氮气）3 个，带流量计、阀门、通气管等必要配件；便携式氧气检测仪（如希玛 AS8901）1 台。

2. 实验用具　每组需发芽盒（12cm×12cm）54 个（也可用培养皿代替），与发芽盒大小配套的滤纸 162 张，3 个盖子上带孔的玻璃干燥器（内径不小于 400mm，含橡胶头、玻璃管），托盘 3 个，1mL 移液器 1 把（含枪头），镊子 3 把。

三、实验原理

拓展知识

休眠种子的呼吸作用很弱，需氧量很少。但当有生命的种子吸水膨胀后，种皮透性增强，种子呼吸强度显著增加，代谢作用加快，贮存在胚乳或子叶内的有机养料在酶的催化下分解代谢，输送到胚细胞以促进生命的活动和种子的萌发，这些代谢过程需要足量水分和氧气的供应。含蛋白质较多的种子，因蛋白质与水较为亲和，需要吸取超过干种子重量的水分才能发芽，如大豆；而脂肪含量较多的种子，因脂肪疏水，所需水分略少，如十字花科蔬菜。一般种子在土壤中萌发所需的水分条件以土壤含水量的 60%～70%为宜。

随着水分的吸收，种子的呼吸作用逐渐加快，此时需要吸收大量的氧气，缺氧会抑制种子发芽。不同种类蔬菜种子发芽对低氧环境的耐受程度不同。一般认为蔬菜种子萌发通常需要 10%以上的氧含量，尤其是脂肪含量较多的种子；氧含量低于 5%时，大多蔬菜种子发芽率显著降低，主要原因是氧气不足时导致种子内无氧呼吸产生乙醇，对发芽造成伤害。实际上，根据种子发芽对氧分压的需求可将蔬菜分为 3 类：第一类要求 10%以上高氧分压，主要有茄子、芹菜、萝卜、甘蓝；第二类要求 5%以上较高氧分压，主要有黄瓜、大葱、白菜；第三类要求 2.5%以上氧分压，主要有花椰菜、包心菜、卷心莴苣和奶油生菜。

在一定范围内，高浓度的氧气有利于种子的萌发。但氧浓度过高或因缺水而抑制种子萌发，严重时导致幼苗死亡。

在生产实际中，水分和氧气紧密关联，大水漫灌或浇水过多，水分充足，但是造成土壤缺氧；土壤缺水，则土壤孔隙大，含氧量较高。因此，生产中需要协调好水分和氧气之间的矛盾关系，提高种子的发芽率。

四、实验内容和方法步骤

本实验在实验室分组进行，每标准班分为 6 组，每组 4～6 人，设置不同氧气和水分处理，测定不同种类蔬菜种子的发芽率和发芽势。

（一）实验处理

每组在实验材料 3 类蔬菜种子中各选择 1 种，分别进行水分和氧气两个独立实验。每个实验用每种蔬菜种子 270 粒，设 3 个梯度处理，每处理 3 次重复，每重复用吸胀的种子 30 粒播种 1 个发芽盒。发芽盒底部放 3 张滤纸，加无菌水充分浸湿，将种子均匀摆放在滤纸上。

1. 水分处理　　在自然氧环境下，设 3 个水分梯度处理：处理 1 为保持 3 张滤纸湿润，无明显积水（W_1）；处理 2 为在湿润滤纸上继续加水，积水线至种子高度的一半（W_2）；处理 3 为在湿润滤纸上继续加水，积水线至刚好埋没种子（W_3）。每处理 3 个发芽盒，摆放在托盘中，在发芽盒侧边用记号笔做好蔬菜种类、处理、重复、小组信息、日期等标记，放入人工气候箱进行催芽。

2. 氧气处理　　在适宜发芽水分条件下，设 2.5%、5%、10% 共 3 个 O_2 浓度梯度处理，每梯度处理的 9 个发芽盒均匀排放在玻璃干燥器内，在发芽盒侧边用记号笔做好蔬菜种类、处理、重复、小组信息、日期等标记，并同时放入一个氧气检测仪，盖上盖子。干燥器盖子顶端的橡皮塞中插入长、短两个玻璃管，长管一头插入至干燥器底部，另一头连接流量计，流量计连接氮气瓶；短玻璃管一头插入至刚刚通过橡皮塞，另一头直通大气。大气中氧气含量为 20.9%，在此基础上，通过调节氮气瓶中的氮气流速，实时观测氧气检测仪的读数，调整 3 个玻璃干燥器内 O_2 分别达到处理水平，氮气持续供应至实验结束。

3. 培养发芽　　将不同水分处理和不同氧气处理的种子发芽盒或干燥器按照植株发芽要求的适宜温度分别置于不同的人工气候箱，喜温和喜凉蔬菜分别在 25℃ 和 20℃ 的恒温黑暗条件下培养催芽，每天定期检查并向发芽盒内补充水分。

（二）结果统计

催芽期间每天检查和统计发芽种子，统计后剔除发芽种子，剩余未发芽的种子继续催芽。以胚根长度达到种子长度一半作为发芽标准。按照程智慧主编、科学出版社出版的《蔬菜栽培学总论》（第二版）表 4-1 的要求，统计并计算供实验种子的发芽势和发芽率。

（三）注意事项

（1）实验应选质量合格的蔬菜种子，避免因种子发育不良或陈种子对实验结果造成影响。

（2）种皮外面常常含有各种病菌和残留的果肉，容易造成发芽过程中的腐烂或者霉菌的产生，因此实验时一定要用自来水充分冲洗种子。发芽盒内的种子要摆放均匀，避免相互接触。对于需要较长时间发芽的种子，在发芽过程中需要定期清洗，减少种子腐烂。

（3）由于玻璃干燥器内要持续通氮气，且干燥器整体较为密闭，所以必须保证短玻璃管的畅通，保持干燥器内外压强一致或略有差异，避免事故。

五、思考题和作业

（一）实验报告和作业

（1）根据统计结果，计算并填写表 I -29-1，统计分析不同水分处理和不同氧气处理间的蔬菜种子发芽势和发芽率的差异显著性。

表 I -29-1　不同水分或氧气条件下蔬菜种子发芽统计表

作物名称	O₂含量	水分含量	种子数	发芽势（%）	发芽率（%）	备注

（2）汇总全班各组的实验结果，分析不同蔬菜种子发芽对水分或氧气条件的要求和敏感性。

（二）思考题

（1）农业生产中，在播种前往往需要先中耕，大水漫灌后需要松土，目的是什么？

（2）我们常常看到无论是穴盘还是花盆，底部都有孔，其作用是什么？

（3）如果你是种子库的技术员，应如何延长种子的储存寿命？

（本实验由刘汉强主笔编写）

实验 I -30　蔬菜作物幼苗形态识别特征与鉴别

一、实验目的

蔬菜种类繁多，通过幼苗形态识别蔬菜种类，对于蔬菜种苗生产和栽培管理具有重要意义。本实验通过基于蔬菜幼苗器官形态特征识别鉴定蔬菜种类，使学生熟悉蔬菜幼苗的器官形态特征和不同种类蔬菜成龄苗的标准，掌握不同种类蔬菜幼苗形态识别的主要特征。

二、实验材料和仪器用具

（一）实验材料

十字花科、茄科、葫芦科、豆科、伞形科、菊科、藜科、百合科等蔬菜的幼苗，每种苗 10 个一组，带标签，每组学生 1 份；另备每种蔬菜苗各 5 株，不带标签，各种苗混合为一组，每组学生 1 份。

（二）实验用具

放大镜、镊子、培养皿等，每组各 4～6 套。

三、实验原理

拓展知识

不同种类蔬菜的幼苗有不同的形态特征，其形态特征又与其蔬菜的植物学分类地位有关，亲缘关系越近的种类之间形态相似性越多，有的种类还有特征的气味。从形态上识别蔬菜幼苗种类主要有以下依据。

（1）子叶特征：包括子叶数目，子叶下胚轴，延伸长短，以及子叶的形态、大小、颜色、有无茸毛等。

（2）真叶特征：包括初生真叶与后续真叶的异同，真叶的大小、形态、厚度、叶缘、颜色、有无附属物、叶柄特征等。

（3）胚轴和茎的特征：包括形状、长短、粗细、色泽，节与节间特征，有无附属物等。

根据形态特征，结合植物学分类的亲缘关系和气味，可进行蔬菜幼苗种类识别鉴定。

四、实验内容和方法步骤

本实验在实验室分组进行，每标准班分为 6 组，每组 4～6 人。首先观察带标签的蔬菜种类幼苗器官形态特征，熟悉鉴别特征；再根据鉴别特征，鉴定未知幼苗种类。

（一）实验操作

1. 特征识别　先仔细观察实验台上有标签的各种蔬菜幼苗的形态特征，记载每种幼苗的器官特征。再利用嗅觉识别不同种类幼苗的气味特征，必要时可揉搓幼苗叶片后再嗅觉识别。

2. 比较识别　仔细比较同科和不同科的蔬菜幼苗形态特征的主要异同。

3. 鉴别训练　观察混合组中无标签的幼苗，按照种类识别特征鉴定未带标签的 5 个一组的蔬菜幼苗，将鉴定结果写在标签上、挂在相应种类的幼苗上。

（二）注意事项

蔬菜幼苗体形幼小，特征发育不完全，形态变异特殊，往往不易识别和鉴定，因此观察过程中需要仔细对比不同蔬菜幼苗形态特征。

五、作业和思考题

（一）实验报告和作业

（1）根据实物样品确定各种蔬菜幼苗的名称。

（2）描述各种蔬菜幼苗子叶、初生真叶及胚轴的形态特征，主要包括子叶的数目、形状、大小、颜色及其有无绒毛；真叶的大小、形状、厚度、叶缘和颜色；胚轴的形状、长短、粗细和色泽。

（二）思考题

（1）如何评价蔬菜幼苗质量？

（2）徒长苗和老化苗有何不同？如何防止？

（3）你认为哪几种蔬菜幼苗最难识别？应当从哪些方面区分它们？

（本实验由高艳明主笔编写）

实验Ⅰ-31　茄果类蔬菜生长及分枝结果习性观察

一、实验目的

分枝结果习性是蔬菜重要的植物生物学特性，也是制定植株调整技术的依据。本实验通过对茄果类蔬菜生长及分枝结果习性的观察，使学生掌握茄果类蔬菜生长及分枝结果习性的特点，深刻理解各项植株调整技术的生物学依据和原理。

二、实验材料和仪器用具

（一）实验材料

番茄、茄子、辣椒开花结果初期的植株。每种蔬菜选择 3 个以上表型性状具有明显差异的品种，每个品种视为 1 份材料，共 9 份材料，每份材料每组 10 株。

（二）实验用具

游标卡尺、卷尺，每组 1 套。

三、实验原理

拓展知识

茄果类蔬菜以番茄、茄子、辣椒为主，均为茄科作物，其生长和分枝结果习性大同小异。它们都是在主茎生长到一定阶段由顶芽分化为花芽，同时从花芽邻近节位的 1～3 个腋芽抽生侧枝代替主茎生长，形成"合轴""假二杈或假三杈"分枝，以后每段侧枝可以如此连续分化花芽及发生次级侧枝。

（一）生长类型

茄果类蔬菜生长类型分为有限生长型和无限生长型两大类。有限生长型的顶端生长点分化为花芽后，从花芽邻近节位的 1 个或数个腋芽抽生侧枝代替主茎生长，在一定阶段侧枝顶端分化花芽后，花芽邻近节位的腋芽不再抽生侧枝继续生长，或也分化为花芽，形成自封顶，生长期短，植株矮小，产量较低，但早熟。无限生长型的顶端生长点分化为花芽后，从花芽邻近节位的 1 个或数个腋芽抽生侧枝代替主茎生长，以后每段侧枝可以如此连续分化花芽及发生次级侧枝，只要生长环境适宜，可以无限生长，不断开花结果，甚至多年生栽培，因而生长和结果期长，植株高大，产量高，栽培也普遍，但相对晚熟。

茄果类蔬菜主茎顶端分化花芽的节位因种类和品种而异。一般地，番茄和茄子较早，辣椒较晚；早熟品种较早，晚熟品种较晚。如有限生长类型番茄在主茎 6～7 节后出现第 1 花序，以后隔 1～2 片叶出现 1 个花序，在形成 2～4 个花序后自封顶；无限生长类型番茄在主茎 8～10 节后出现第 1 花序，以后每隔 2～3 片叶出现 1 个花序，无限生长。茄子早熟品种在主茎 5～7 节后顶芽形成花芽；晚熟品种在主茎 8～10 节后顶芽形成花芽，每层花间隔约 2 片叶。辣椒在主茎 7～15 节后顶芽形成花芽，无限生长类型可无限生长，分枝顶端再分化花芽，不断开花结果；有限生长类型在主茎生长到一定节位后，顶部发生花簇封顶。

（二）分枝类型

番茄为合轴分枝，每个花序下的第一节一个腋芽代替上一段主茎生长，也构成茎秆的一段。但每个叶腋都易抽生侧枝，生产中需要整枝和打杈。

茄子为假二杈分枝，理论上分枝可按 $N=2^X$（N 为分枝数，X 为分枝级数）的值不断向上生长。每次分枝结一次果，按果实出现的先后顺序依次称为门茄、对茄、四母斗、八面风、满天星，实际上只有基部 1～3 次分枝比较有规律。主茎基部叶腋易发生侧枝，结果部位以上节位叶腋发生侧枝的能力较弱。

辣椒为假二杈或假三杈分枝，无限分枝型植株高大，生长健壮，主茎顶端现蕾后开始分枝，果实着生在分杈处，每个侧枝上又形成花芽和杈状分枝，按果实出现层序也相应有门椒、对椒等称谓，上层分枝规律性也减弱。主茎基部叶腋易发生侧枝，结果部位以上节位叶腋发生侧枝的能力较弱。

（三）结果习性

茄果类蔬菜的花芽均由主茎或分枝的顶芽分化。番茄为花序分化；茄子多为单花分化，也有花序分化；辣椒多为单花分化，但小型辣椒也有簇生花芽分化。番茄花序类型有总状花序和聚伞花序等，每个花序可以形成多个商品果实；茄子每个结果部位大多只能形成 1 个商品果实；辣椒中，簇生椒每个结果部位可形成多个商品果实，甜椒每个结果部位一般只形成 1 个商品果实。

四、实验内容和方法步骤

本实验在教学实习基地中结果期的番茄、辣椒和茄子田间分组进行，每标准班分为 6 组，每组 4～6 人，观察比较 3 种蔬菜的 3 个以上品种，每份材料 10 株，总结生长和分枝结果习性。

（一）实验操作

1. 番茄生长及分枝结果习性观察　　仔细观察测量植株整体形态、叶形、植株冠幅、高度、主蔓粗度、主蔓节位数、主茎上叶数、花序间隔叶数、合轴分枝特征、分枝习性、侧枝发生情况、第 1 花序着生位置、花序类型、花器结构特征等，比较品种间的差异。

2. 辣椒生长及分枝结果习性观察　　仔细观察测量植株整体形态、叶形、植株冠幅、高度、主枝粗度、节位数、侧枝发生情况、门椒着生位置、花单生或簇生特征、果层间隔叶数、假二权或假三权分枝特征、花器结构特征等，比较品种间的差异。

3. 茄子生长及分枝结果习性观察　　仔细观察测量植株整体形态、冠幅、高度、叶形、主枝粗度、节位数、侧枝发生情况、门茄着生位置、花或花序特征、果层间隔叶数、假二权分枝特征、花器结构特征等，比较品种间的差异。

（二）注意事项

（1）在各性状的测量过程中要统一标准，同时保持测量株的完整性。
（2）在观察前一天将植株浇透水，确保观察时植株不萎蔫。
（3）观察过程要仔细，测量时不能用力过度造成植株损伤。

五、作业和思考题

（一）实验报告和作业

（1）绘制番茄、茄子、辣椒 3 种蔬菜作物的植株形态结构和花器结构示意图。
（2）比较分析番茄、茄子、辣椒 3 种蔬菜作物的生长及分枝结果习性的差异性。
（3）比较分析番茄、茄子、辣椒 3 种蔬菜作物不同品种间相关性状的差异性。

（二）思考题

（1）熟悉茄果类蔬菜作物的生长及分枝结果习性，对优质高效栽培有何作用？
（2）茄子有的品种一个花序中有多个花，为什么通常只能形成 1 个商品果？

（本实验由关志华和程智慧主笔编写）

实验 Ⅰ-32　瓜类蔬菜生长及分枝结果习性观察

一、实验目的

　　瓜类蔬菜是指葫芦科中以果实为食用器官的栽培种群，主要有黄瓜、西瓜、甜瓜、南瓜、丝瓜、苦瓜等。瓜类蔬菜的生长期长短和产量高低与其茎蔓生长和分枝结果习性密切相关。本实验通过观察瓜类蔬菜植株分枝及开花结果习性，使学生熟悉瓜类蔬菜的生长和分枝结果习性，关联生长和分枝结果习性与栽培上整枝、打杈、花果管理等植株调整技术的关系，为植株调整等栽培管理技术创新提供思路。

二、实验材料和仪器用具

　　1. 实验材料　　在教学实习基地或当地商品蔬菜种植基地田间，选取结果盛期的黄瓜、甜瓜、南瓜和西瓜等主要瓜类蔬菜，供每组学生观察的每种蔬菜不少于 30 株。
　　2. 实验用具　　放大镜、镊子、解剖针、刀片、尺子等，每人 1 套。

三、实验原理

（一）生长类型

拓展知识

　　瓜类蔬菜茎多蔓性，为无限生长型；少数种类如西葫芦有半蔓生或矮生，属有限生长型。茎节上易发生侧枝，还有卷须、雄花和雌花。

（二）分枝结果习性

　　瓜类蔬菜有主蔓结果型、侧蔓结果型和主侧蔓结果型 3 种类型。就自然分枝状况来说，早熟黄瓜、西葫芦分枝较弱，一般以主蔓结果为主，生产上应注意打杈；瓠瓜、甜瓜等主蔓出现雌花时间较晚，而侧蔓出现雌花时间较早，生产上当主蔓长至 3~4 片真叶时进行主蔓摘心，促进侧蔓抽生，利用侧蔓结果；而冬瓜、南瓜、苦瓜、西瓜等分枝能力强，苦瓜的分枝能力特强，侧蔓上能发生大量的孙蔓及孙孙蔓，所以能形成繁茂的地上系统，生产上需保留主蔓，适当去留侧蔓，利用主、侧蔓结果。

四、实验内容和方法步骤

　　本实验在教学实习基地中结果盛期的黄瓜、甜瓜、南瓜和西瓜等田间分组进行，每标准班分为 6 组，每组 4~6 人，观测每种瓜类蔬菜 30 株（每人 5 株）以上，总结生长和分枝结果习性。

（一）实验操作

　　1. 生长和分枝习性　　观察茎蔓生长习性，根据茎蔓顶梢生长情况判断为有限生长或无限生长类型；观察植株的第 1~2 个侧蔓着生节位，统计侧蔓的数目；观察茎蔓的形状（圆或棱沟情况）、卷须着生位置、卷须的形态特征（分枝性）。
　　2. 开花结果习性　　观察植株主蔓第 1~3 朵雌花着生节位、雌花总数，侧蔓第 1~3 朵雌花着生节位，各侧蔓上的雌花总数；用镊子依次摘下当天开放的雌花，用刀片和解剖针纵向剖开子房，在放大镜下观察花器官构造及胚珠结构；观察果实的形状、色泽和果柄的形态。

（二）注意事项

（1）选取植株生长期和生长势要一致。
（2）选取当天开放的新鲜的雌花进行结构观察。

五、作业和思考题

（一）实验报告和作业

（1）总结各种瓜类的分枝及雌花着生状况，绘制结果及分枝的模式图。
（2）将观测结果填入表 I-32-1（每种蔬菜取 5 株平均值），比较分析各种类生长、分枝及结果习性的差异。

表 I-32-1　瓜类蔬菜的生长习性和分枝结果习性记载表

种类	茎蔓类型		分枝状况		雌花着生状况		果实	
	蔓生	矮生	第 1 侧蔓节位	侧蔓数	主蔓第 1 雌花节位	侧蔓第 1 雌花节位	色泽	果柄形态

（二）思考题

（1）黄瓜的性型分化有何特点？哪些因素有利于雌花分化？
（2）美洲南瓜、印度南瓜及中国南瓜在植株茎、叶、花、果及果梗等结构的差别有哪些？

（本实验由周庆红主笔编写）

实验 I-33　黄瓜花的性型分化及其化学调控观察

一、实验目的

　　黄瓜的性型具有可塑性，是植物花性别决定研究的一种模式植物。性型分化影响结瓜数量和产量，通过性型的化学调控，生产中可以增加结瓜数，育种中可以解决雌性系无雄花授粉的问题。本实验通过观察不同类型黄瓜植株花的性型结构、花器官形态及化学调控效果，使学生了解黄瓜花性型分化的多样性和可塑性特性，熟悉雄花分化和雌花分化的主要诱导调控方法，掌握主要化学诱雌或诱雄的原理与技术。

二、实验材料和仪器用具

（一）材料和试剂

1. 实验材料　　全雌性黄瓜和华北型黄瓜的种子各 300 粒以上，由实验室员催芽后用 50 孔穴盘播种，在人工气候箱或设施内育苗至两叶 1 心期，每类型品种各 6 穴盘，全班共用。

2. 试剂与配制 以下试剂全班共用。

（1）300mg/L 硝酸银溶液：称取硝酸银 0.06g，于 200mL 容量瓶中用蒸馏水定容，使用前加入 0.1%的 Tween-20，混匀。

（2）150mmol/L 乙烯利母液：称取 2.166g 乙烯利放入 100mL 容量瓶，用蒸馏水定容至刻度，混匀后置棕色玻璃瓶中保存。

（3）150μmol/L 乙烯利工作液：吸取 200μL 乙烯利母液，加蒸馏水定容至 200mL，使用前加入 0.1%的 Tween-20，混匀。

（二）仪器和用具

1. 仪器设备 全班需电子天平（精度 0.000 1g）2 台，人工气候箱 2 个（或育苗设施）。

2. 实验用具 全班需 200mL 容量瓶 4 个；每组需 1mL 移液器 1 支，100mL 和 200mL 量筒各 1 个，200mL 喷壶 4 个，插地牌 12 个。

三、实验原理

拓展知识

黄瓜是研究植物性别分化的模式材料，我国普遍栽培的品种多为雌雄异花同株，单花的性别类型主要为雌花和雄花，偶有两性花（完全花）。实际上，由单花性型组成的黄瓜植株性别表现理论上有 7 种：雌雄异花同株、全雌株、全雄株、两性花株、雄花两性花株、雌花两性花株、雌雄花两性花株。

乙烯利可以诱导黄瓜产生雌花，而赤霉素能诱导雌性系植株产生雄花。硝酸银中的有效成分 Ag^+ 通过对植株体内乙烯信号的抑制作用而达到诱雄的目的，促使雄花比例增加。硫代硫酸银的有效成分也是 Ag^+，作用机理和硝酸银相同。

四、实验内容和方法步骤

本实验在实验室分组进行，每标准班分为 6 组，每组 4~6 人，完成花性型化学调控处理后将植株定植在教学实习基地，观察统计结果期植株花的性型表现。

（一）实验处理和观察统计

1. 诱雄处理 每组取全雌系黄瓜幼苗 1 穴盘，将苗分为 2 份，分别作为处理和对照（各 25 苗）。用纸板沿分界线隔离，用小喷壶对处理幼苗顶芽喷施 300mg/L 硝酸银溶液，以喷施清水的幼苗作为对照，5d 后再喷一次。

2. 诱雌处理 每组取华北型黄瓜幼苗 1 穴盘，将苗分为 2 份，分别作为处理和对照（各 25 苗）。用纸板沿分界线隔离，用小喷壶对幼苗顶芽喷施 50μmol/L 乙烯利溶液，以喷施清水的幼苗作为对照，5d 后再喷一次。

3. 定植培养 处理完后，对幼苗进行适当遮阴，待试剂被组织充分吸收后，将处理和对照苗均定植到田间，挂牌标记，按照生产常规栽培管理，待植株长至 20 节后观察统计雌雄花情况。

4. 表型观察统计 各组观察统计 2 个类型品种 2 个处理和对照各 20 株成株的花器官特征，记录表型；统计每株第 1 朵雌花着生的节位、第 1 朵雄花着生的节位、主茎 20 节内雌花的总数与节位分布、主茎 20 节内雄花总数和节位分布。

（二）注意事项

（1）处理和对照每次喷药或喷水的量以幼苗顶芽和幼叶布满液滴且不流滴为准。

（2）华北型黄瓜在诱雌处理后可能会出现两性花，在统计雌花或雄花数量或节位时不将其计算在内。

（3）选择长势一致的植株进行表型观察与统计。

五、作业和思考题

（一）实验报告和作业

（1）计算各处理和对照 20 个单株第 1 朵雄花着生的平均节位，以及主茎 20 节内雄花总数和节位分布（可图示），汇总全班结果并进行差异显著性分析（每组结果为 1 个重复）。

（2）计算各处理和对照 20 个单株第 1 朵雌花着生的平均节位，以及主茎 20 节内雌花总数和节位分布（可图示），汇总全班结果并进行差异显著性分析。

（3）结合统计数据，比较和分析不同试剂对黄瓜性型分化的影响。

（二）思考题

（1）除了本实验涉及的化学试剂外，还有哪些因素影响黄瓜性型分化？

（2）试从花芽发育的组织形态学角度结合化学试剂的调控作用，解释黄瓜花芽的性别转变。

（3）通过本实验，你对黄瓜花性型分化有什么新的认识？

（本实验由杨路明主笔编写）

实验 I -34　豆类蔬菜生长及分枝结荚习性观察

一、实验目的

开花结荚习性决定豆类蔬菜产品形成的早晚和产量。本实验通过田间观察主要豆类蔬菜的分枝结荚习性，使学生熟悉豆类蔬菜分枝结荚习性的观察方法，掌握各种豆类蔬菜的生长与分枝结荚特性，深刻理解豆类蔬菜分枝结荚与其生物学特性和环境条件的关系，为栽培过程中采取相应的农业技术措施提供依据。

二、实验材料和仪器用具

1. 实验材料　田间生长至开花结荚期的菜豆（蔓生、矮生等）、豇豆（蔓生、矮生等）、菜用大豆、扁豆、豌豆、蚕豆、四棱豆、刀豆等豆类蔬菜，常见种类每种不少于 200 株，稀有种类每种不少于 100 株。

2. 实验用具　卷尺、游标卡尺、镊子，每组各 1 把。

三、实验原理

豆类蔬菜均属豆科，其生长和分枝结荚习性的异同性与其植物学分类亲缘关系的远近、生长环境和栽培管理有关。

根据其茎的生长习性不同，菜豆、豇豆、豌豆、扁豆等有蔓生、半蔓生和矮生类型。蔓生类型茎先端生长点为叶芽，主茎可不断伸长，高达 2m 以上。矮生类型株高 40～50cm，茎直立，主茎长至 6～8 节后，生长点分化为花芽。半蔓生类型介于蔓生类型与矮生类型之间，主茎抽蔓

拓展知识

1～2m 时，生长点分化为花芽封顶。蔓生茎具有旋转缠绕性，可攀缘生长。菜用大豆和蚕豆茎直立。

豆类蔬菜的花均为总状花序，着生在叶腋或茎顶的花梗上。蝶形花，花色白色、黄色或紫色等。蔓生种每节叶腋逐次向上抽生花序；矮生种主茎先端最早形成花序，侧枝从基部向上逐次形成花序，主蔓结荚为主。不同种类每个花序上着生的花朵数差异较大，通常 1～10 朵，能结荚 1～6 个。

每种豆类蔬菜及同一种类的不同品种，生长及分枝结荚习性均有各自特征。

四、实验内容和方法步骤

本实验在教学实习基地中结荚期的豆类蔬菜田间分组进行，每标准班分为 6 组，每组 4～6 人，观察总结豆类蔬菜的生长和分枝结荚习性。

（一）实验操作

以组为单位选取田间各种豆类蔬菜，每人每种观测 5～10 株。

1. 生长和分枝习性　　观察茎蔓生长习性，根据茎蔓顶梢生长和茎的直立性判断蔓生、半蔓生、矮生等特性，蔓生茎的缠绕特性（左旋性、右旋性等）；茎的分枝习性和分枝能力，侧蔓着生节位和数量；茎的外形（圆、棱沟等）；用游标卡尺测量茎粗，用卷尺测量主茎和侧蔓长等。

2. 开花结荚习性　　观察主茎和侧蔓上花序的着生节位和位置（顶芽、腋芽等），花序类型、花数、结荚数；果荚特征；用镊子辅助观察花器结构，用卷尺和游标卡尺测量花序长、果荚长等。

（二）注意事项

（1）每个种类选取植株生长期和生长势要一致。
（2）尽量选择未经过植株调整的植株观察。

五、作业和思考题

（一）实验报告和作业

（1）根据观察结果，记录描述不同豆科蔬菜的茎（主茎特性、顶芽特性、分枝数目、缠绕习性）、叶（复叶类型、小叶数、小叶型等）、花（花序类型、着生部位、花冠特点、开花顺序）、荚（形状、长度、横径、颜色等）的特征。
（2）总结主要豆类蔬菜的生长及分枝结荚习性。
（3）根据实际观察，说明蔓生和矮生型菜豆的开花结荚习性有何不同？

（二）思考题

（1）所谓豆类荚果的"筋"属于植物学上的哪一部位？种子着生在什么部位？
（2）试讨论豆类蔬菜的花器结构及其意义。

（本实验由郑阳霞和程智慧主笔编写）

实验 I -35 不同豆类蔬菜根系与根瘤菌的共生特性观察

一、实验目的

根瘤菌（rhizobium）可以与豆科植物根系共生并进行生物固氮，不同种类的豆科植物与根瘤菌的共生能力不同。本实验通过观察接种根瘤菌与未接种根瘤菌的不同豆类蔬菜的根系形态结构，以及根系与根瘤菌的共生状态，使学生熟悉不同豆类蔬菜与根瘤菌的共生能力，掌握豆类蔬菜根系生长与根瘤菌的关系。

二、实验材料和仪器用具

（一）实验材料

1. 蔬菜种子 菜豆、豇豆、豌豆、毛豆的种子，每种 200 粒。

2. 根瘤菌 商品根瘤菌剂。

（二）实验用具

显微镜，每组 1 个；塑料花盆（直径×高×底径＝16.5 cm×15 cm×12cm），每组 40 个；商品育苗基质，每组 3 袋；镊子，每组 3 个；刀片，每组 3 片；载玻片，每组 1 盒。

三、实验原理

根瘤菌主要指与豆类作物根部共生形成根瘤并能固氮的细菌，一般指根瘤菌目根瘤菌属和慢生根瘤菌属细菌。根瘤菌细胞呈杆状，有鞭毛和荚膜，不生芽孢。革兰氏染色阴性。在根瘤中生活的菌体呈梨形、棍棒形或 "T" "X" "Y" 等形状，这种变形的菌体称类菌体。每种根瘤菌都只能在一种或几种豆科作物上形成根瘤，建立共生关系，表现出各自的专一性。

拓展知识

根瘤菌通过根毛侵入寄主根内，刺激根部皮层和中柱鞘的某些细胞，产生分泌物刺激根部细胞迅速分裂，引起这些细胞强烈生长并局部膨大形成根瘤，把根瘤菌包围起来，根瘤菌同时迅速繁殖。根瘤菌在植物根内定居，根系与根瘤菌共生；植物供给根瘤菌碳水化合物、矿物质盐类及水分，根瘤菌固定大气中氮气并为植物提供氮素养料，两者在拮抗寄生关系中处于均衡状态而表现共生现象。

随着根瘤菌应用的开发，目前根瘤菌科已有超过 7 属 36 种根瘤菌。不同豆类蔬菜根系与不同根瘤菌的共生能力不同。

四、实验内容和方法步骤

本实验在实验室人工环境下，或教学实习基地园艺设施内分组进行，每标准班分为 6 组，每组 4～6 人。分组种植接种根瘤菌的不同豆类蔬菜，培养至结荚期，取样观察不同豆类蔬菜接种根瘤菌及其对照的根系与根瘤菌共生情况。

（一）实验处理

将根瘤菌剂按照使用说明的用量与商品育苗基质拌和在一起，装盆；每实验组播种每种豆类蔬菜各 5 盆，每盆播种 2 粒种子。同时，以未拌和根瘤菌剂的基质为对照，每种豆类蔬菜播种各 5 盆。播种完后置于人工气候箱（室）或园艺设施内培养，按照一般生产要求进行管理，培养至开花结荚期。

（二）实验观测

1. 根瘤菌着生情况观察　　取开花结荚期的上述实验处理的豆类蔬菜，轻轻拔出根系，仔细观察每个种类接种与不接种根瘤菌剂的根系根瘤的数目、大小及在根系上的着生情况，记录并拍照。

2. 根瘤菌与根系共生状态观察　　用刀片解剖根瘤部位，用显微镜观察根瘤菌与根系的共生状态。取其液体涂片，观察根瘤菌的形态。

（三）注意事项

（1）根瘤菌生长发育适宜的温度为 20℃左右，土壤相对湿度为 60%～80%，对土壤中有机质与磷的含量要求较高，材料培养时注意水肥管理。

（2）取样时注意保持根系的完整性，仔细清理根系上的基质后再观察记录。

五、作业和思考题

（一）实验报告和作业

（1）比较接种与未接种根瘤菌的不同豆类蔬菜根系根瘤的着生部位、总数目、不同大小根瘤的分布情况等。

（2）绘制不同豆类蔬菜根瘤菌的形态图，以及根瘤菌与根系共生形成的根瘤分布情况图。

（3）总结分析根瘤菌的作用及根瘤形成的条件。

（二）思考题

（1）现已发现并确认的根瘤菌有多少个属种？是否所有根瘤菌都具有固氮作用？

（2）土壤中不一定含有适宜的根瘤菌，在豆类蔬菜生产中如何解决这些问题？

（本实验由郑阳霞和程智慧主笔编写）

实验 I-36　结球芸薹类蔬菜生长习性和产品形成观察

一、实验目的

结球芸薹类蔬菜是指十字花科芸薹属中以叶球、花球或球茎为产品的一类蔬菜，如大白菜、结球甘蓝、花椰菜、青花菜、紫甘蓝、球茎甘蓝、皱叶甘蓝、抱子甘蓝等。本实验通过田间观察结球芸薹类不同蔬菜的生长习性和产品形成特征，使学生熟悉结球芸薹类蔬菜的生长习性和产品器官形成规律与特性，加强对其形态学和生长发育规律的认识，深化对根据生长习性和产品器官形成规律制定栽培技术原理的理解。

二、实验材料和仪器用具

1. 实验材料　　田间生长的大白菜、甘蓝、花椰菜、球茎甘蓝等结球芸薹类蔬菜结球期的植株，每组每种蔬菜 10 株以上。

2. 实验用具　　台秤、卷尺、菜刀、刀片、镊子、放大镜等，每组 1 套。

三、实验原理

（一）生长习性

结球芸薹类蔬菜均为十字花科芸薹属二年生蔬菜，在生长的第一年形成叶丛、叶球、花球或球茎，第二年抽薹开花完成生育周期。在产品器官形成前，这类蔬菜先后经历发芽期、幼苗期、莲座期，主要生长功能叶片和根系，然后进入产品器官形成期。

拓展知识

由于在植物学分类上同科同属，不同种类和同一种类的不同品种在形态和生长习性上具有大同小异性。不同种类和生长发育时期叶的形态可能不同，如大白菜和结球甘蓝等的叶具有多型性，可分为子叶、初生叶、莲座叶、球叶和顶生叶等 5 种形态。叶的生长习性（叶序、叶姿）也有差异，如大白菜和结球甘蓝叶序有 2/5 和 3/8，有左旋和右旋两种。在产品器官形成期，不同种类产品（叶球、花球、球茎）形成的起始特征和形成过程不同；同为叶球产品，叶球抱合方式和形态特征也可能不同，如大白菜叶球形成有褶抱、叠抱、合抱和拧抱 4 种方式，叶球形态有卵圆形、平头型及直筒型等类型。

（二）产品形成

大白菜进入莲座期后，植株顶端叶片的尖端向内侧卷拢，叶柄逐步变短，叶身下部加厚，外层叶片迅速生长，构成叶球轮廓，叶球内生长锥陆续发生新叶，外叶不断输送同化产物给内叶，使其充实肥大为饱满的叶球。

结球甘蓝植株外叶长到一定叶片数（早熟品种 15～18 片叶，晚熟品种 25～30 片叶），其顶芽后续发生的叶片不断抱合形成叶球。

花椰菜在植株莲座期，其主茎顶端分生组织变宽变粗，随即突起而形成花序轴花茎原基，主花茎随后发生多级分枝，每一分枝自下而上分化多数花原基，形成一个短缩的花球体。

球茎甘蓝植株生长至具 8 片叶时，其短缩茎在离地面 2～4cm 处开始膨大，并逐渐形成球状或扁圆状的肉质球茎。球茎的外皮颜色一般为绿色、浅绿色或绿白色，少数品种为紫色；球茎的肉质部分一般为浅绿色或绿白色。

四、实验内容和方法步骤

本实验在教学实习基地产品器官形成期的结球芸薹类蔬菜田间分组进行。每标准班分为 6 组，每组 4～6 人。每组观察每种蔬菜 10 株，总结结球芸薹类蔬菜不同种类的生长习性和产品形成特性。

（一）实验观察

每小组选择田间生长的大白菜、甘蓝、花椰菜、球茎甘蓝等结球期的植株，进行以下观察调查。

1. 生长习性　观察调查不同种类的生长期（从播种时间算起），用卷尺测量植株高度（cm）、株幅（cm）等，观察记录外叶（幼苗叶、莲座叶）的叶数、叶形、叶色、叶序等。

2. 产品形成特征　观察调查不同种类的产品器官形成特征，如叶球的抱合方式、外观形态、形成过程差异等，花球和球茎的起始特征和形成过程等。

（二）注意事项

（1）应选择结球早期植株进行叶球、花球和球茎形成过程的观察。

（2）注意选择具有典型类型特征和大小一致的植株进行指标测定。

五、作业和思考题

（一）实验报告和作业

（1）根据观察结果，总结大白菜、结球甘蓝、花椰菜和球茎甘蓝生长习性的异同。

（2）绘制大白菜、结球甘蓝、花椰菜和球茎甘蓝产品器官形成过程示意图。

（二）思考题

（1）大白菜和结球甘蓝叶球中心短缩茎的长短与哪些因素有关？

（2）大白菜、甘蓝、花椰菜、球茎甘蓝产品形成过程与其适生环境有何关系？

（本实验由周庆红主笔编写）

实验 I-37　大白菜和结球甘蓝的叶球结构和产量构成剖析

一、实验目的

叶球是大白菜和结球甘蓝的产品器官，叶球产量（单球重）可分解为球叶数和平均球叶重，因而育种上有叶数型品种和叶重型品种之分。叶球类型和结构与产量构成有密切关系。本实验通过对 3 种类型大白菜和甘蓝叶球结构与产量构成因素指标的观测，使学生掌握结球叶菜类叶球产量剖析方法，深入理解不同类型叶球产量构成的关键因素和提高叶球产量的栽培技术与原理。

二、实验材料和仪器用具

1. 实验材料　　不同类型的大白菜（卵圆型、平头型及直筒型）和结球甘蓝（尖头型、圆头型和平头型），每组 2 种蔬菜 3 种类型各 3 株完整的叶球。

2. 实验用具　　天平（感量 0.01g，量程 5kg）、卷尺、砍刀，每组各 1 个。

三、实验原理

拓展知识

大白菜和结球甘蓝的叶球主要由短缩茎和球叶构成，球叶由中肋和叶身组成，其中叶身的比例越高，则叶球的商品性越好。不同形状的叶球其紧实度、叶身比、球叶数和短缩茎重比等均不同（表 I-37-1、表 I-37-2），因此可根据叶球的上述参数评价叶球质量，为选育不同类型高产品种提供参考。

表 I-37-1　大白菜和结球甘蓝叶球类型

蔬菜名称	球形指数	叶球类型	抱合方式	生态型（熟性）
大白菜	≈1	平头型	叠抱	大陆性气候
	≈1.5	卵圆型	合抱	海洋性气候
	≥4	直筒型	拧抱	海洋-大陆交叉气候型
结球甘蓝	>1	尖头型	叠抱	早熟或中熟
	=1	圆头型	叠抱	早熟或早中熟
	<1	平头型	叠抱	中熟或晚熟

表 I -37-2　大白菜球型的划分标准

指标	叶重型	叶数型	中间型
叶片数	球叶较少，不超过 45 片	球叶较多，达 60 片以上	球叶数介于二者之间
叶片重	单叶重量较大，外层十几片叶重量可达叶球总重的 50%～70%	单叶重量较小，外层约 30 片叶，达叶球总重的 50% 以上	单叶重介于前二者间
叶柄数	从叶球的基部可看到 3～4 片叶子的叶柄	从叶球的基部可看到 5 片以上叶子的叶柄	从叶球的基部可看到 4～5 片叶子的叶柄

四、实验内容与方法步骤

本实验在实验室分组进行，每标准班分为 6 组，每组 4～6 人，观察 2 种蔬菜 3 种类型各 3 株叶球，总结不同类型大白菜和结球甘蓝的叶球结构和产量构成特点。

（一）实验操作

1. 球形指数测量与计算　将每个叶球去净外叶（莲座叶）和根后分别称重，记为 W；测量高度（H）和直径（D），计算球形指数（I），比较不同类型叶球的外形差异。

$$球形指数（I）=\frac{叶球高度（H）}{叶球直径（D）} \tag{25}$$

2. 叶球产量构成剖析

（1）从外到内将每个叶球的球叶逐个剥下，逐一测量每个球叶的长度、最大宽度、中肋长度，称量单叶重，并将叶身和中肋再分别称重，最后称取短缩茎的重量。分析叶身、中肋及短缩茎占叶球总重（W）的百分比，根据球叶数和球叶重确定大白菜和甘蓝的球型（叶重型、叶数型、中间型）。

（2）测量短缩茎高度（H'），计算叶球的紧实度（F）。F 值越高说明叶球越松散，越小则叶球越紧实。

$$叶球紧实度（F）=\frac{短缩茎高度（H'）}{叶球高度（H）} \tag{26}$$

（二）注意事项

（1）叶片抱合方式（叠抱、合抱、拧抱）主要指叶片重叠的方向及面积，相邻叶片平行重叠的为叠抱，不平行重叠的称为拧抱，重叠面积少或不重叠的称为合抱。

（2）甘蓝的球型可借鉴大白菜标准分类。

五、作业和思考题

（一）实验报告和作业

（1）将实验测定结果（3 株平均值）汇总于表 I -37-3，并比较分析甘蓝与大白菜的差异，以及同种类不同类型的差异。

（2）绘制 3 类大白菜球叶长度、球叶宽度和球叶数量，以及外叶（外 1～5 层）、球叶（5～10 层）、中心叶（叶球中心）叶身、中肋比例示意图。

（3）绘制 3 类结球甘蓝球叶长度、球叶宽度及叶片数示意图。

表Ⅰ-37-3　大白菜和结球甘蓝叶球产量特征观察记载表

蔬菜种类	叶球类型	抱合方式	单球重（kg）	叶球纵径	叶球横径	短缩茎高度	球型指数	叶球紧实度	平均叶身重(g)	平均中肋重（g）	短缩茎重百分比（%）
大白菜	平头型										
	卵圆型										
	直筒型										
结球甘蓝	尖头型										
	圆头型										
	平头型										

（二）思考题

（1）叶球中心短缩茎的长短与叶球商品品质有何关系？

（2）影响大白菜和结球甘蓝球叶数和球叶重的因素有哪些？

（本实验由吉雪花主笔编写）

实验Ⅰ-38　肉质直根类蔬菜产品形态与结构观察

一、实验目的

肉质直根类蔬菜是以肥大变态的肉质直根为产品，了解肉质直根的形态特征和内部结构对鉴别产品质量和指导栽培技术具有理论和实际指导意义。本实验通过对几种肉质直根类蔬菜形态和解剖结构的观察，使学生熟悉肉质直根类蔬菜的基本形态和产品内部结构特征，掌握直根产品的形成过程和规律，深刻理解直根类蔬菜栽培过程中各项栽培技术和原理。

二、实验材料和仪器用具

（一）实验材料

肉质直根类主要蔬菜完整的产品器官，包括萝卜（青皮萝卜、白皮萝卜、红皮萝卜）、胡萝卜（红色和黄色、不同形状的）、根甜菜、根芥菜、牛蒡、根芹菜、芜菁甘蓝、芜菁等，每组每种肉质直根类蔬菜各3根，洗去泥土（尽量保留侧根）。

（二）实验用具

天平（感量0.01g，量程2.5kg）、水果刀、卷尺等，每组1套。

三、实验原理

（一）产品外部形态

肉质直根类蔬菜是指以肥大变态的肉质直根为产品的蔬菜，其外部形态多数属于长圆柱或长圆锥形，一般可按根和茎在肉质根上着生情况的不同将肉质根外部形态分为3个部分，即根头、

拓展知识

根颈和根部。

根头（短缩茎）是由上胚轴发育而成，为节间很短的茎部，上面着生芽和叶片。成熟后的肉质直根根头具有叶片脱落后的叶痕。根芥菜、芜菁甘蓝等这部分很发达，为主要食用部分。

根颈（轴部）是由下胚轴发育而成，既没有叶痕，也没有侧根，为光滑部分。萝卜中的绿皮萝卜、红皮萝卜和芜菁等这部分很发达，为主要食用部分。

根部（真根、原生根）是由初生根发育而成，其上着生许多侧根。伞形科的胡萝卜等肉质根的侧根为 4 列，十字花科的萝卜和藜科的根甜菜等侧根皆为 2 列。胡萝卜、白皮萝卜、防风等这部分很发达，为主要食用部分。

（二）产品内部结构

从解剖学来看，各种直根菜类也有一定的差异，根据其解剖特点可把肉质直根分为萝卜型、胡萝卜型和根甜菜型 3 种类型。

萝卜型的肉质直根主要由木质部的薄壁细胞构成，韧皮部所占比例较小。十字花科的萝卜、根芥菜、芜菁、芜菁甘蓝等属于这种类型。从肉质根的解剖结构看，最外层为周皮层，向里是韧皮部，再向里是木质部。在韧皮部与木质部之间具有分生能力的形成层，其活动所产生的细胞以次生木质部为最多，占肉质根中的绝大部分，是主要的食用部分。

胡萝卜型的肉质直根主要由次生韧皮部构成，次生木质部所占比例较小。主要包括伞形科的胡萝卜、美洲防风、根芹菜等。其韧皮部远比木质部发达，构成主要的食用部分。

根甜菜型的肉质直根是由维管束环和各环之间充满的薄壁细胞构成，这些薄壁细胞的分裂和增生，促进肉质根的肥大。

四、实验内容和方法步骤

本实验在实验室分组进行，每标准班分为 6 组，每组 4～6 人，观察每种蔬菜肉质根的外部形态和内部结构，总结其产品特点。

（一）肉质直根外部形态观测

1. 外部形态观察　取各实验材料肉质直根 1 根，分别观察外部形态，包括形状、颜色、是否有着生物、侧根列数等，绘制外部形态特征图。

2. 产品器官比例测量　用水果刀分别切下根头、根颈、根部，用卷尺测量 3 部分的长度，然后用天平称取其重量。分别计算 3 部分的长度比例和重量比例。

（二）肉质直根内部结构观测

1. 内部结构特征观察　取各供试材料的肉质直根 2 根，其中一根用水果刀在肉质直根根颈处横向切为两半，另一根沿中间纵向切为两半，分别观察内部结构、识别类型，并绘制出内部结构图。

2. 产品组织结构比例测量　用卷尺及游标卡尺在横切面上分别测量肉质直根的次生木质部和次生韧皮部的厚度，计算占肉质直根半径的比例。

（三）注意事项

1. 选择新鲜的产品器官　为了保证实验的准确性，在选择肉质直根的产品时，应选择外形完整、生长良好的产品器官，同时尽量选择新鲜的产品器官。

2. 注意切割时的完整性 对外部形态的根头、根颈、根部等部位，以及内部结构进行切割分离时要尽量减小误差，保证各部位的完整性。

五、作业和思考题

（一）实验报告和作业

（1）绘制胡萝卜、白皮萝卜、青皮萝卜的肉质直根外部形态图，注明各部位名称，计算肉质直根的根头、根茎和根部分别占整个肉质直根长度的比例。

（2）绘制萝卜、胡萝卜、根甜菜肉质直根的横切面图，注明各部位名称，并计算肉质直根主要食用部位占整个肉质直根的比例。

（3）根据实验观测结果，实验中所用不同种类肉质直根材料都属于哪种形态类型（根头类型、根颈类型、真根类型）？其各部分所占比例有何差别？

（二）思考题

（1）不同科属的肉质直根在外部形态和内部结构上有何异同？
（2）青皮萝卜和白皮萝卜的肉质直根在外部形态和内部结构上有何异同？

（本实验由王梦怡主笔编写）

实验 Ⅰ-39　葱蒜类蔬菜的形态特征和产品结构观察

一、实验目的

葱蒜类蔬菜植株形态独特，产品器官多为叶的变态，了解其植株形态和产品器官结构特征对于其生产和消费均具有重要意义。本实验通过观察和比较葱蒜类主要蔬菜的形态特征，使学生了解其植物学器官特征种类间的异同点；通过观察和比较葱蒜类主要蔬菜的产品器官形态和结构，使学生掌握葱蒜类蔬菜产品的植物学器官构成及其形成过程。

二、实验材料和仪器用具

（一）实验材料

韭菜1年生和多年生（4年以上）的完整植株，每组各3株；不同类型的大葱成熟完整的植株，每组各5株；不同类型的大蒜成熟完整的植株，每组各5株；不同类型的洋葱成熟完整的植株，每组各5株。

（二）实验用具

镊子、刀片、卷尺、游标卡尺、天平（1/100）等，每组1套。

三、实验原理

（一）形态特征

葱蒜类蔬菜均为百合科葱属植物，原产中亚高寒地区，在系统发育和形态上产生了适应性变

拓展知识

化。植物学分类亲缘关系相近性和起源地的相同性，决定了其形态特征也大同小异。如具有喜湿的根系、短缩的茎盘、耐旱的叶型，有贮藏功能的根茎、鳞茎或假茎；弦状肉质的须根，短缩呈盘状的营养茎，筒状或扁平带状的叶身，叶鞘抱合形成的假茎，由叶鞘基部或鳞芽肥大形成的鳞茎。但不同种类在形态上也有其特点。

1. 韭菜 具有多年生特性，生产中也作多年生栽培。根系分布略深，分根性较强，兼具吸收和贮藏功能，不断进行新老根系的更替，表现出"跳根"的特点。1～2 年生韭菜茎短缩呈盘状，随着植株年龄的增加和逐年分蘖，营养茎不断延伸形成根状、叉状分枝的地下"根茎"。分蘖是韭菜重要的生物学特性和更新复壮的主要形式。首先靠近生长点的上位叶腋处形成蘖芽，与原有植株被包在同一蘖鞘中，以后分蘖增粗胀破叶鞘而发育成新的分蘖株，不断分蘖导致了根状茎的形成和跳根。叶由扁平带状的绿色叶片和浅绿至白色的叶鞘组成，多片叶的叶鞘抱合形成假茎。花茎呈三棱形，不分枝，顶部着生锥形总苞包被的伞形花序。

2. 大葱 2 年生，常作 2 年生或 1 年生栽培。侧根少，发根能力强。营养茎短缩呈盘状，一般不分枝。叶由叶身和叶鞘组成。叶身绿色、管状、中空；叶鞘管状，地上部浅绿色，地下部白色，多片叶的叶鞘抱合形成假茎。花茎绿色、管状中空，顶生花苞，伞形花序，蒴果。

3. 大蒜 2 年生，常作 2 年生或 1 年生栽培。肉质须根，营养生长期茎短缩呈盘状，一般不分枝，生长点被叶鞘覆盖。叶互生，对称排列，叶身绿色、带状，叶鞘浅绿色、筒状，多片叶的叶鞘相互抱合形成假茎。花芽分化后茎盘顶端抽生花薹，顶端为总苞，不采收蒜薹的总苞内花器败育，可产生数枚气生鳞茎。在花芽分化时，内层叶的叶腋也分化鳞芽，最后发育形成鳞茎。在生长过程中受内在和外在因素的影响，可能发生二次生长现象。

4. 洋葱 2 年生，常作 2 年生或 1 年生栽培。弦状须根，营养茎短缩呈盘状。叶身暗绿色、管状、中空，直立微弯，腹部有明显凹沟（区别于大葱的主要形态标志之一）；叶鞘呈筒状，白色或浅绿色，是养分贮藏器官，多片叶的叶鞘抱合形成假茎；生育初期叶鞘基部不膨大，生长中后期叶鞘基部积累营养逐渐肥厚，最后形成肉质鳞片，多层肉质鳞片、内部幼叶和幼芽肥大的鳞片一起构成鳞茎。在生殖生长时期，鳞茎可抽生 1 个主花茎（薹）和多个侧芽花薹；花薹管状中空，中下部稍膨大。每个花薹顶端着生 1 个伞形花序，两裂蒴果。

（二）产品器官结构

葱蒜类蔬菜的产品器官主要为叶（韭菜、青葱、蒜苗）或叶的变态器官（鳞茎），有的也以花薹（蒜薹、韭薹）、花（韭花）、根（根韭）等为副产品。

韭菜的主要产品为叶，由几片叶的叶身和叶鞘抱合形成的假茎构成产品器官。不同品种、不同栽培条件、不同栽培管理和不同目标市场，产品的长度、粗度、叶数、叶色、假茎长及其比例不同。韭薹、韭花和韭根是韭菜的副产品，有专用品种。韭薹产品主要由花茎构成，带未开裂的花蕾苞。韭花产品为总苞开裂的花序，尚无种子形成。韭根产品为鲜嫩的肉质须根。

大葱以葱白为主要产品器官，有鲜大葱和干大葱之分。鲜大葱产品除葱白外，还包括一部分绿叶。葱白由多片叶的叶鞘抱合肥大形成。青葱是大葱的副产品，为大葱幼嫩的植株，由绿色的叶身与浅绿或白色的叶鞘抱合的假茎构成。

大蒜主要以鳞茎（蒜头）为产品。鳞茎由肥大的鳞芽（蒜瓣）构成，鳞芽一般由植株最内层 2 片叶的叶腋分化，所以在结构上鳞茎一般有 2 层蒜瓣。但有的品种或在有的条件下，鳞茎可能为独瓣蒜、2 层以上蒜等，所以鳞茎有大瓣与小瓣蒜、多瓣蒜与少瓣蒜之分。鳞茎表层是多层干缩的叶鞘，内部是分层的蒜瓣，常有白皮蒜、红皮蒜之分。蒜薹是大蒜的副产品，主要由幼嫩的花茎构成，也包括未开裂的花苞，品种之间蒜薹分化与发育程度差异很大，所以有抽薹蒜、半抽薹蒜和不抽薹蒜之分。大蒜未形成鳞茎和蒜薹的幼嫩植株为蒜苗，也是大蒜的副产品，由多片叶的叶身和叶鞘抱合的假茎构成，依假茎外皮颜色也有红皮蒜苗和白皮蒜苗之分。

洋葱的产品器官为鳞茎，主要由肉质鳞片构成。肉质鳞片有两类，一类是开放式肉质鳞片，由叶鞘基部肥大构成，是鳞茎的主体；另一类是闭合式肉质鳞片，为侧芽上的幼叶肥大形成，一般占鳞茎的比例很小。鳞茎外形有圆球形、高圆形和扁圆形等，外皮有黄色、紫红色、红色、绿白色和纯白色等。

四、实验内容和方法步骤

本实验在实验室分组进行，每标准班分为 6 组，每组 4～6 人，观察每种葱蒜类蔬菜的外部形态和产品结构，分析总结其共性和特性。

（一）植株形态特征观测

（1）取 1 年生和多年生韭菜的完整植株，观察根系着生的部位；叶片形状、叶鞘形状，叶在茎盘上的着生位置；短缩茎的形状、分蘖情况、分蘖和跳根的关系，并绘图说明。割取韭菜，分别称取叶片和叶鞘部分的重量，计算各部分的产量比例。

观测韭菜、洋葱、大葱、大蒜的叶器官的植物学特性，比较不同种类间的差异。

（2）观测韭菜、洋葱、大葱、大蒜的花薹和总苞的形态及内部结构，比较不同种类间的差异。

（3）观察大葱根系、叶部的形态特点，并分别将假茎纵剖和横剖，观察假茎的内部结构、叶鞘的抱合方式、叶鞘的层数、内层叶的出叶方式等。分别称取叶片和叶鞘部分的重量，计算各部分的产量比例。

（4）取洋葱植株，观察根系的着生部位、根量、根系分布情况、叶形、叶色、叶面状况、叶鞘的形态，鳞茎的形状、外皮色泽；纵切和横切鳞茎，观察鳞茎中开放式肉质鳞片和闭合式肉质鳞片的着生部位、数量、肉色，并分别称取其重量，计算各部分的产量构成比例及其与鳞茎大小的关系。

（5）取大蒜植株，观察根系的着生位置、叶身和叶鞘的形态、叶鞘的抱合情况，分别横剖和纵剖大蒜鳞茎，观察蒜头的组成及蒜瓣的着生部位、蒜薹的着生位置。认识各种类型的二次生长现象、管状叶现象、独头蒜、天蒜、无薹分瓣蒜等。

（二）产品器官形态特征观测

（1）仔细观测韭菜、洋葱、大葱、大蒜主要产品器官的形态，比较不同种类间的差异；

（2）仔细观测韭菜、洋葱、大葱、大蒜主要产品器官的内部结构，比较不同种类间的差异；

（3）仔细比较洋葱、大葱、大蒜同种类不同类型间主要产品器官的形态和内部结构差异。

五、作业和思考题

（一）实验报告和作业

（1）绘 1 年生和多年生韭菜的形态图，标出各部分的名称，说明短缩茎的生长、分蘖与跳根的关系。

（2）绘洋葱鳞茎横切面与纵切面图，标出膜质鳞片、茎盘和须根位置，观察开放肉质鳞片数、闭合肉质鳞片数、幼芽数，并说明各部分的来源。

（3）绘大蒜蒜头的横切面图，突出结构特征，标出各部分的名称。

（二）思考题

（1）韭菜的根在生长过程中真的会上跳吗？

（2）请比较洋葱鳞茎中闭合肉质鳞片与大蒜鳞茎中鳞芽的异同性。

（3）请比较大葱葱白与洋葱鳞茎的异同性。

（4）如果水培大葱，你认为应如何促进形成粗长的葱白产品？

（本实验由程智慧主笔编写）

实验 I-40　韭菜的分蘖与跳根习性观察

一、实验目的

分蘖与跳根是多年生韭菜重要的生物学特性。本实验通过观察韭菜分蘖与跳根习性，使学生熟悉韭菜分蘖和跳根习性与韭菜新老更替、产量形成和栽培管理间的关系，掌握韭菜分蘖与跳根习性形成过程及原理，对于多年生韭菜的栽培管理具有重要的理论和实际指导意义。

二、实验材料和仪器用具

1. 实验材料　4～5 年生及以上的韭菜完整植株，包括完整的根系和根状茎，每组 2～3 株。

2. 实验用具　电子秤（感量 0.01g）、镊子、排笔、托盘、直尺、解剖刀，每组 1 套。

三、实验原理

韭菜生长过程中随着植株营养的积累，在靠近生长点的上位叶腋处形成分蘖芽。由于茎是短缩的，最初分蘖芽与原有植株包在同一叶鞘内。随着分蘖的增粗，胀破叶鞘发育成新的分蘖（株）。5～6 片叶时，韭菜就有分蘖能力。通过分蘖，根茎不断向上延伸，下部的老根茎逐步衰亡，在新分蘖基部的根茎上会发生新根，新的根系总是出现在原有根系的上方，这种根系有层次上移的现象叫跳根。

分蘖是跳根的基础，分蘖形成的须根数量与分蘖数呈正相关。

拓展知识

四、实验内容和方法步骤

本实验在实验室分组进行，每标准班分为 6 组，每组 4～6 人，观察多年生韭菜植株的分蘖与不同层次根系的位置，总结分蘖与跳根的特性和关系。

（一）实验观察

1. 植株形态观察　分别观察韭菜短缩茎的形状，根状茎的着生位置、形状及排列情况，叶片和叶鞘的形状，叶在短缩茎盘上的着生位置。

2. 跳根习性观察　将韭菜完整植株置于托盘中，用镊子和排笔将根系上的杂物去除。观察根系的着生部位，用直尺测定发生跳根位置之间的垂直距离，计为跳根高度（cm）。

3. 分蘖习性观察　用解剖刀将叶鞘纵切，观察分析分蘖（株）发生的部位、分蘖（株）数。分析分蘖与跳根的关系。

4. 称重观测　分别对完整植株、分蘖（株）、根状茎、须根等进行称重。

（二）注意事项

（1）实验材料应为新鲜的根、茎、叶完备的多年生韭菜植株，可见分枝的根状茎。
（2）注意观察根状茎与根的区别特征。

五、作业和思考题

（一）实验报告和作业

（1）绘图表示实验观察的多年生韭菜形态，标明根（系）、根状茎及分枝、短缩茎、叶片（叶鞘、叶身），以及分蘖发生位置、分蘖（株）、跳根位置之间垂直距离大小（cm）。
（2）分析测定数据，计算韭菜各部分生物量（重量）分配及其与产量的关系。
（3）总结实验韭菜分蘖与跳根的特征，说明分蘖与跳根的关系，针对分蘖与跳根习性提出多年生韭菜栽培管理技术建议。

（二）思考题

（1）如何利用韭菜分蘖与跳根的习性延长韭菜生产栽培的周期？
（2）如何利用韭菜分蘖与跳根的习性开展老韭菜园生产能力提升？

（本实验由林辰壹主笔编写）

实验 Ⅰ-41　绿叶嫩茎类蔬菜形态与产品特征观察

一、实验目的

不同种类的绿叶嫩茎类蔬菜形态不同，但产品的器官特征接近，是种类识别的特征之一。本实验通过对不同种类常见绿叶嫩茎类蔬菜产品器官形态特征的观察，使学生熟悉绿叶嫩茎类蔬菜不同种类产品器官的形态特征，掌握从产品形态特征辨别绿叶嫩茎类蔬菜的方法。

二、实验材料和仪器用具

（一）实验材料

市购或在实验基地采挖的各种绿叶嫩茎类蔬菜典型类型，带有产品器官的完整植株。如芹菜（本芹、水芹和西芹）、莴苣（叶用和茎用）、菠菜（尖叶和圆叶）、小白菜（青菜、黑油菜、乌塌菜）、叶用芥菜、蕹菜、芥蓝、菜薹、冬寒菜、茼蒿、落葵等，不少于8个种类，每个种类有2～3个类型，每小组每种蔬菜的各个类型4～6株。

（二）实验用具

游标卡尺、直尺、量角器、小刀、放大镜等，每组学生各2个。

三、实验原理

拓展知识

绿叶嫩茎类蔬菜多以鲜嫩叶片或叶柄（小白菜、菠菜、叶用芥菜、叶用莴苣、芹菜）、嫩茎（茎用莴苣）、嫩梢（茼蒿、蕹菜、冬寒菜、落葵）、嫩薹（菜薹与芥蓝）等为食用产品，各类产品的形态（表Ⅰ-41-1）不同，器官特征也有异同。

表 I -41-1　不同绿叶嫩茎类蔬菜产品器官的形态特征

种类	形态特征
芹菜	茎短缩，叶着生于茎基部，2 回羽状奇数复叶，小复叶 2～3 对，小叶卵圆形 3 裂，边缘锯齿状。中国芹菜叶柄细长，颜色有青色和白色；青芹叶片较大，绿色，叶柄粗，香味浓，不易软化。白芹细小，淡绿色，矮小而柔软，香味浓。叶柄有实心或空心两种，实心芹菜叶柄髓腔很少，腹沟窄而深。西芹叶柄宽而肥厚，实心
菠菜	有的品种叶片薄而狭小，戟形或箭形，叶面光滑，叶柄细长，颜色紫色或绿色；有的品种叶片肥大，多皱褶，卵圆、托乱或不规则形，先端钝圆或稍尖，叶柄短
茎用莴苣	茎肥大、笋状，直径 4～5cm，外表绿色、绿白色、紫绿色、紫色等；叶互生于短缩茎上，叶面光滑或皱缩，绿色、黄绿色或深绿色，披针形、长椭圆形、长倒卵圆形，叶缘波状、浅裂、锯齿形
叶用莴苣（生菜）	短缩茎，叶色浅绿色、深绿色或紫红色，叶面平滑或皱缩，边缘有缺刻，外叶直立不结球。直筒莴苣叶全缘或稍有锯齿，外叶直立，一般不结球，也可结成圆筒或圆锥形的叶球。皱叶莴苣叶具有深缺刻，叶缘皱褶，结成松散的叶球
茼蒿	嫩茎长 50～70cm，光滑无毛或几光滑无毛，不分枝。无柄，二回羽状裂叶。一回为深裂或几全裂，侧裂片 4～10 对。二回为浅裂、半裂或深裂，裂片卵形或线形。上部叶小
蕹菜	茎蔓生，圆形而中空，柔软，绿色或淡紫色，茎粗 0.5～1cm；茎有节，长腋芽。叶互生，光滑，全缘，披针形、长卵圆形或心脏形
冬寒菜	产品嫩茎直立，长 20～30cm；叶互生，圆肾形，边缘有不规则锯齿，叶中部紫色，边缘绿色。茎、叶被白色茸毛
落葵	茎光滑，肉质，无毛，分枝力多，青梗落葵茎绿白色，红梗落葵茎紫红色。叶为单叶互生，全缘，无托叶。红梗落葵，叶绿色或紫红色；青梗落葵叶绿色。叶心脏形或近圆形或卵圆披针形，顶端急钝尖，或渐尖。一般有侧脉 4～5 对，叶柄长 1～3cm，少数可达 3.5cm
不结球白菜（小白菜、青菜）	短缩茎，叶片开张，多光滑；叶柄明显，肥厚白色、绿白色、浅绿色或绿色，断面扁平或半圆形，叶柄抱合成筒状；叶色浅绿色、绿色、深绿色至墨绿色，匙形、圆形、卵形、倒卵形或椭圆形等，全缘或有锯齿，波状皱褶，少数基部有缺刻或叶耳。每株数十多片，塌菜可达百片以上
芥蓝	嫩茎薹为产品的，薹长 20cm 左右，茎粗 1～2cm，茎青绿色；开展度 30cm 左右；基叶近圆形，青绿色，薹叶披针形，节间疏

四、实验内容和方法步骤

本实验在实验室分组进行，每标准班分为 6 组，每组 4～6 人，借用实验工具仔细观察绿叶嫩茎类蔬菜各种类不同类型的植株形态和产品器官特征。

（一）实验观察

借助游标卡尺、直尺、量角器、小刀、放大镜等工具，仔细观察和测量每种蔬菜植株和产品的特征参数，如茎粗、节间距、叶长、叶宽等指标，准确描述其形态特征，并重点做以下观察比较。

1. 三种芹菜产品的异同　观察本芹、西芹、水芹 3 种芹菜产品的形态特征，比较叶柄结构差异。

2. 两种菠菜产品的异同　观察尖叶菠菜与圆叶菠菜产品的形态特征，比较叶片形态的差异。

3. 其他种类和类型观察　观察其他绿叶嫩茎类蔬菜 6 个种类以上，分析不同种类和类型产品器官的形态特征及结构特点。

（二）注意事项

（1）市购绿叶嫩茎类蔬菜要求新鲜，类型典型，植株形态完整，特征明显。

（2）市购或采摘的绿叶嫩茎类蔬菜产品要完整。

五、作业和思考题

（一）实验报告和作业

（1）比较说明中国芹菜与西芹，尖叶菠菜与圆叶菠菜，菜薹与芥蓝的产品形态特征。

（2）总结描述实验观察的各种绿叶嫩茎类蔬菜产品的形态特征。

（二）思考题

（1）菜薹与芥蓝的食用器官是什么？比较二者在植物分类学上的差异。

（2）为什么同种类蔬菜如芹菜会进化出不同的形态特征？

（本实验由成善汉主笔编写）

实验Ⅰ-42　菠菜植株的性别类型观察与鉴别

一、实验目的

菠菜是我国栽培面积较大的速生绿叶嫩茎类蔬菜之一，其性型丰富，植株性别与产量及种子生产有密切关系。本实验通过实地观察菠菜不同性别植株的形态、花器结构，使学生掌握菠菜不同性型植株的形态鉴别特征，并深刻理解植株性型识别在生产上的作用和意义。

二、实验材料和仪器用具

1. 实验材料　　已抽薹开花的尖叶和圆叶菠菜生产田或教学试验田，每小组各 40～60m²。

2. 设备用具　　电子天平（0.01g）、游标卡尺、软尺、放大镜、解剖针、镊子、托盘，每实验小组各 1 套。

三、实验原理

拓展知识

菠菜性型受基因及环境因素共同影响，其性型分化多样。按植株上花的性别组成，常将菠菜植株分为绝对雄株、营养雄株、雄全同株、雌雄同株、三性同株、雌株等性型。

1. 绝对雄株　　植株花茎上仅着生雄花，雄花呈穗状花序，无花瓣，花黄绿色，雄蕊 4～5 个；植株较矮，生长势弱，抽薹早，花薹上叶片狭小，供应期短，是低产株型。通常尖叶类型菠菜绝对雄株较多。

2. 营养雄株　　植株花茎上也仅着生雄花，但茎上茎生叶较绝对雄株肥大，抽薹迟，供应期延长。花期较长，是花粉的主要供给者，其花期较雌株早些。一般圆叶类型菠菜营养雄株较多。

3. 雄全同株　　植株的花茎上着生有雄花和完全花，一般雄花居多，茎生叶和基生叶均较发达，产量和抽薹性状与营养雄株相近。一般圆叶类型菠菜雄全同株较多。

4. 雌雄同株　　同一花序上有雌花和雄花，抽薹期与雌株相近，基生叶、茎生叶均较发达，是高产株型。不同植株间雌雄花的比例不一。

5. 三性同株　　植株花茎上着生有雌花、雄花和完全花，其他性状与雌雄同株相近。一般尖叶类型菠菜三性同株较多。

6. 雌株　　花茎上仅生雌花，簇生于叶腋中，无花瓣，雌蕊 1 枚，柱头 4～6 枚，2～4 枚花被状的苞片包在子房上；子房内的胚珠受精后形成"胞果"，苞片硬化成果实的外壳，苞片上伸出角状突起形成"刺"，有的不生刺，为果实类种子。雌株生长旺盛，植株高大，基生叶及茎生叶均较发达，抽薹较雄株迟，是高产株型。

四、实验内容和方法步骤

本实验在教学实习基地分组进行，每标准班分为 6 组，每组 4～6 人，观察尖叶菠菜和圆叶菠菜田间各种性型植株，总结其识别特征，分析不同类型菠菜各性别植株的比例。

（一）实验观测

每组分别在划定范围的尖叶菠菜和圆叶菠菜田间，进行以下观测。

（1）鉴别不同性别植株的形态，包括花序种类、花的形态、雌雄花着生情况、基生叶及茎生叶的形状和大小等；比较各株型抽薹开花期的异同。

（2）调查不同性型植株的比例，并挑选不同性型的典型植株拍照。

（3）随机选取每种性型植株 3～5 株，3 次重复，测量株高、茎粗、基生叶和茎生叶数目及最大叶长、叶宽，称重基生叶、地上部分的重量。

（二）注意事项

雌株的雌花呈簇状着生于叶腋中，无花瓣，所以外表看上去雌花不明显，似不开放的样子，实际上雌花同样开花，并接受由风媒传来雄花的花粉，受精结籽。

五、思考题和作业

（一）实验报告和作业

（1）绘制各性型菠菜植株的形态及雌、雄花着生情况示意图。

（2）分析尖叶菠菜和圆叶菠菜植株性型比例，并讨论菠菜类别、性型与栽培的关系。

（二）思考题

（1）菠菜性别分化不但受到性别决定基因的控制，还受环境条件的影响，你认为有哪些环境因素影响菠菜性型分化？如何设计实验验证你的推测？

（2）赤霉素和乙烯利对黄瓜的性别表现有较大影响，你认为这些激素会对菠菜的性别表现有影响吗？如何设计实验验证你的推测？

（本实验由李玉红主笔编写）

实验 I-43　薯芋类蔬菜产品器官的形态结构观察

一、实验目的

薯芋类蔬菜包括不同科和属的种类，产品器官有块茎、块根等，产品器官的形态结构特征是新品种选育、遗传理论、生物技术研究和农业生产的重要形态指标，了解产品与其所属植物学器官的关系具有重要意义。本实验通过薯芋类不同蔬菜产品器官形态结构的观察，使学生熟悉薯芋类蔬菜产品形态结构，加深对产品形态结构与栽培及繁殖关系原理的认识和理解。

二、实验材料和仪器用具

1. 实验材料　　马铃薯、山药、生姜、芋头、红薯、豆薯、魔芋、草石蚕、银条菜、菊芋、葛等的成熟植株及产品器官的实物或图库挂图,每个种类不同类型产品的实物,每组学生各 1 份。

2. 仪器用具　　电子天平(精度 0.01g)、游标卡尺、卷尺、水果刀,每组 1 套。

三、实验原理

拓展知识

薯芋类蔬菜的产品是由地下茎或根变态形成的。尽管是变态器官,但是仍具有茎或根的形态或结构特征,如茎的节和叶痕。马铃薯、山药、生姜、芋头、魔芋、草石蚕、银条菜、菊芋等的产品器官是变态茎,红薯、豆薯、葛的产品器官是变态根。

马铃薯块茎是由地下匍匐茎顶端膨大而形成的,块茎分为基部和顶部两部分,与匍匐茎相连的一端为基部,另一端为顶部。块茎与匍匐茎相连之处称作脐。从植物学角度来考虑,茎上有节,节上生叶,叶腋中生腋芽。块茎尽管形态变了,它也有节,在芽眼处,非常不明显。块茎上的凹陷为芽眼,芽眼的多少和深浅影响其商品性,以芽眼少、芽眼浅者为佳,有利于去皮。芽眼处有的有眉形线条,为退化叶的痕迹,成为芽眉。块茎顶端芽眼较多,芽眼内有芽,顶端芽眼更容易发芽,若采用种薯切块种植,宜采用纵切,这样出苗会更整齐。从解剖角度来看,块茎的最外层是表皮,表皮下为皮层,再内层为维管束,中心为髓部;髓部分为内髓和外髓,内髓掌形,颜色较深,当水肥管理不均时,易出现髓部中空,降低商品性。

山药以块茎为产品,但通常茎的形态特征不突出,需仔细观察。块茎的上端着生咀根(水平根),为主要吸收根系;块茎上着生毛根,短小、分枝弱。块茎多为长圆柱形,其形状大小、色泽因品种而异,顶头一节,可作为繁殖材料,称"山药段子"。"段子"栽后才产生不定芽,所以生芽较晚。

生姜产品为肥大的地下茎,形状似根,故称为根状茎。用根状茎作为播种材料,种姜发芽出苗后长成主茎,主茎的基部即地下部膨大形成"母姜",此后母姜两侧的腋芽发生第一次侧枝,该侧枝基部也膨大,成为子姜,同母姜产生子姜一样,子姜上又形成孙姜。从子姜起,分枝多发生于外侧,所以长成的姜块为片状,其上着生许多侧芽,多以四代或五代同堂为主。

从植物学角度,变态茎总是有茎的形态或结构特征的,变态根也总是有根的形态或结构特征的,这就是薯芋类蔬菜产品器官识别的依据。

四、实验内容和方法步骤

本实验在实验室分组进行,每标准班分为 6 组,每组 4~6 人,观察不同种类薯芋类蔬菜产品器官的形态与结构,总结异同性。

(一)实验操作

(1)详细观察各种产品器官的外部形态特征,了解各部位的名称。

(2)切开马铃薯,观察其解剖结构,并了解各部分在植物学上分别属于哪一部位。

(3)从生姜的根状茎形态,了解其形成过程。

(4)了解各种薯芋类蔬菜采用产品器官进行营养繁殖的具体方法。

(5)以马铃薯为例,收获后用清水洗净马铃薯薯块,先按照《马铃薯种质资源描述规范和数据标准》(刘喜才等,2006)进行外观评价;然后用刀横剖试验样品,进行块茎肉色评价。

1)薯块形状:扁圆形、圆形、卵圆形、倒卵形、椭圆形、长椭圆形、短椭圆形等。

2）薯块表皮颜色：白色、黄色、粉红色、红色、黑色、淡黄色、紫色等。

3）薯块肉色：白色、乳白色、黄色、深黄色、红色、红花色、淡红色、紫花色、紫色、深紫色等。

4）表皮光滑度：光滑、麻皮、轻微麻皮。

5）芽眼数：分为少、中、多，小于 7 为少，7～12 为中，大于等于 13 为多。

6）芽眼深浅：芽眼与表皮的相对深度，分浅、中、深；深度＜1mm 为浅，深度 1～3mm 为中，深度＞3mm 为深。

7）芽眼颜色：无色（与表皮同色）；有色（比表皮颜色深或浅），有黄色、红色、深红色、紫色、浅紫色等。

8）芽眉：有或无，有的话，记录颜色。

9）块茎整齐度：按大、中、小 3 个级别划分，即大薯（单薯重量大于 150g）、种薯（单薯重量为 75～150g）、小薯（单薯重量小于 75g），分别称重，计算每一级别块茎重占总重量的百分比。划分为整齐（块茎大小整齐，同一级别薯占 85%以上），中（块茎大小比较整齐，同一级别薯占 50%～85%），不整齐（块茎大小不整齐，同一级别薯占 50%以下）。

10）块茎大小：块茎按单薯重量分为大、中、小三个级别（标准同整齐度），计算每一级别薯块占总重量的百分比。依据试验结果分为小（小薯率≥85%），中（中薯率≥85%）和大（大薯率≥85%）。

（二）注意事项

（1）取产品器官形态特征样品时，需一定的数量，取中等大小薯块。

（2）形态指标观察需要认真仔细，避免混杂。

五、作业和思考题

（一）实验报告和作业

（1）绘制马铃薯块茎整个地下部的示意图，注明地上主茎与分枝、匍匐茎和块茎等。

（2）绘制马铃薯块茎全图。标注顶芽、芽眼、芽眉、皮孔、脐部。

（3）绘制姜根状茎全图。标注种姜、母姜、子姜、孙姜、鳞片。

（二）思考题

（1）薯芋类蔬菜的形态结构与当地的消费习惯关系是什么？

（2）薯芋类蔬菜重要产品器官形态指标性状的遗传规律有哪些？

（本实验由蔡兴奎主笔编写）

实验 I-44　水生蔬菜产品器官的形态结构观察

一、实验目的

我国水生蔬菜种类很多，以莲藕、茭白、荸荠、慈姑、菱、水芹等的栽培较普遍。水生蔬菜的产品器官有地下茎（根状茎、球茎等）、地上嫩茎、茎叶、果实等，了解其产品器官的形态和结构对于水生蔬菜栽培具有重要意义。本实验通过对不同种类水生蔬菜产品形态与结构的观察，使学生熟悉水生蔬菜产品器官形成特性和结构特征，掌握水生蔬菜产品器官形成规律和机理。

二、实验材料和仪器用具

1. 实验材料　　莲藕完整的根茎，每组 1 根；茭白的肉质茎（正常茭、雄茭和灰茭 3 种类型）、荸荠的球茎、慈姑的球茎、菱的果实、芡实的果实等，每组各 4～6 个。

2. 实验用具　　小刀、镊子、卷尺、电子天平等，每组各 2～3 把。

三、实验原理

拓展知识

　　中国栽培的水生蔬菜有莲藕、茭白、慈姑、水芹、荸荠、菱、芡实、莼菜、蒲菜、豆瓣菜、水芋等 10 余种，以莲藕、茭白和荸荠等为主栽。各种水生蔬菜在植物学分类上属于不同的科、属和种，其产品器官丰富多样，有地下茎（根状茎、球茎等）、地上嫩茎、茎叶、果实等，且不同产品具有典型的植物学器官特征。例如，无论是莲藕的根状茎、慈姑和荸荠的球茎，还是茭白的肉质茎，都具有茎的特征（节、节间、顶芽和侧芽，节间生不定根等）。

　　莲藕的主要产品器官为膨大的根状变态茎，由地下茎先端的 3～4 个节膨大形成，节上既可萌发侧枝，又能长出不定根；侧枝也可以膨大为产品。藕的顶端一节最短，第 2 节稍短、最粗，最后一节最细。藕的解剖结构也具有茎的特征，中间有 9～11 个纵直的孔道与藕鞭、叶柄相通，行气体交换。

　　茭白以变态花茎为产品，又称茭笋。茭笋是主茎或有效分蘖的花茎受黑粉菌寄生和刺激后膨大而成，有 3～6 节，长 15～25cm。茭肉由数目众多的薄壁细胞组成，其内贮藏了大量营养，维管束星状排列其中。如果在茭白分蘖期母茎中黑粉菌菌丝未能同步侵入新生分蘖芽，茭茎就不会膨大形成茭白，即为雄茭；若黑粉菌的菌丝潜育期比正常茭笋短，在膨大的肉质茎内就过早地产生了不同程度的厚垣孢子堆，在茭肉里面出现多个小黑点，就是灰茭。

　　荸荠以球茎为产品，球茎有 4～5 节，每节上生有薄膜状退化叶、顶芽、侧芽，在适宜环境条件下，侧芽向土中抽生发芽茎，在发芽茎的顶端形成球茎。

　　菱以果实为产品，俗称菱角，内含种子 1 枚，以其种仁供食用。菱的果实较大，果皮革质，一般具有 2～4 个尖锐的硬角。果实内种子有大小子叶各 1 片，无胚乳，由一细小的子叶柄连接。

　　芡实以假果为产品。假果外部被花托包被，果顶有尖嘴状的萼片宿存，形似鸡头状，内含多粒种子。种子外胚乳发达，是其主要营养部分。

四、实验内容和方法步骤

　　本实验在实验室或教学实习基地分组进行，每标准班分为 6 组，每组 4～6 人，观察不同种类水生蔬菜产品的器官特征和结构。

（一）实验观察

1. 藕　　观察完整产品的形态和分枝情况，记载每支藕的形态和节数，测定藕身长度、每节藕长度和直径；将莲藕的根状茎横切及纵切，观察藕身与藕节的气孔、顶芽及内幼芽、幼叶的形态，并绘图注明各部位名称。

2. 茭白　　观察比较正常茭、雄茭和灰茭肉质茎外部形态的异同，并分别纵切，观察肉质茎切面的差异。

3. 荸荠、慈姑　　观察荸荠、慈姑的球茎，记载球茎的表面结构。

4. 菱　　取有角和无角菱各 3 个，纵剖观察果实的外部及内部形态，并绘图。

5. 芡实　取新鲜的芡实果实 6 个，观察记载芡实果实外观特性，如果实形状，有刺或无刺，花萼宿存情况；测量果实的横、纵径，称取果实重量；用手指剥开果壳，观察果实内部种子分布的情况，数出 3 个果实的种子数并称重，计算种子百粒重。

（二）注意事项

（1）注意选择新鲜、完整、无病虫害的材料进行结构观察。
（2）观察球茎结构时注意剥离外部叶鞘残迹，便于观察顶芽和侧芽分布。

五、作业和思考题

（一）实验报告和作业

（1）绘制莲藕根状茎结构图，说明各部分的商品特性。
（2）绘制正常茭、雄茭和灰茭肉质茎外部形态及纵切面图。

（二）思考题

（1）水生蔬菜产品器官形成需要哪些诱导条件？
（2）了解莲藕的形态特征对其栽培指导有何意义？

（本实验由周庆红主笔编写）

实验 I-45　多年生蔬菜的形态特征和产品器官结构观察

一、实验目的

植株形态和产品器官结构特征是蔬菜生物学特性和栽培技术相互作用的外在表现。本实验通过对常见多年生蔬菜的形态特征观察，使学生熟悉不同种类多年生蔬菜的形态特征，深刻理解其形态特征与栽培（繁殖）技术的关系；通过对产品器官的形态学和结构的观察，使学生熟悉多年生蔬菜产品的器官形态和结构特征，加深理解产品生物学和品质与栽培技术的关系。

二、实验材料和仪器用具

1. 实验材料　标本圃或生产田生长的各种多年生蔬菜成龄完整植株，至少包括草莓、石刁柏、黄花菜、香椿、食用竹等；小型种类挖取完整植株，每组 4～6 个。

草莓、石刁柏、黄花菜、香椿、竹笋、朝鲜蓟等多年生蔬菜完整的产品器官，草莓等主要种类每种至少 2 个品种，每组每种产品 4～6 个。

2. 实验用具　游标卡尺、卷尺、解剖针、水果刀、镊子、手持放大镜、瓷盘、糖度计，每组各 1 件。

三、实验原理

多年生蔬菜主要包括草莓、石刁柏、香椿、竹笋、黄花菜、菜苜蓿、朝鲜蓟、食用大黄等，在植物学分类上分属于不同科属，不同种类的亲缘关系较远，形态差异大，产品器官也可能不同。

1. 草莓　蔷薇科草莓属多年生匍匐草本。一般株高 20～30cm。短缩茎上密集着生叶片，并抽出花序和匍匐茎。茎分为新茎、根状茎和匍匐茎 3 种。当年和一年生的茎为新茎，呈弓背形，加

拓展知识

长生长缓慢但加粗生长比较旺盛。多年生的短缩茎为根状茎，是一种具有节和年轮的地下茎，也是营养物质贮藏器官。匍匐茎由新茎的腋芽萌发而形成，是地上营养繁殖器官。匍匐茎细，节间长。在营养正常的情况下，一根先期抽出的匍匐茎能向前延伸形成 3～5 株匍匐茎苗。叶为三出复叶，由叶片、叶柄和托叶鞘 3 部分组成。总叶柄长度为 10～20cm。总叶柄基部有两片合为鞘状的托叶，包在新茎上，称为托叶鞘。叶柄顶端着生 3 片小叶。正常生长条件下，每株一年可发生 20～30 片复叶。草莓绝大部分品种为完全花，自花结实。花序多数为二歧聚伞花序或多歧聚伞花序，少数为单花序。同一花序上果实大小和成熟期不相同。果实为浆果，由花托膨大而成，植物学上称为假果。雌蕊受精后形成的种子为瘦果，着生在肉质花托上。着生很多瘦果的肉质花托总体在植物学上称为聚合果。肉质花托分为两部分，内部为髓，外部为皮层，皮层中有许多维管束与瘦果相连。瘦果的嵌生深度与浆果的耐贮运性有关。一般情况下，瘦果与果面平的品种比凹入或凸出果面的品种耐贮运。果实大小与品种及果实着生位置有关。第一级序果最大，随着级次的增加，果实越来越小。草莓的根系属于须根系，由着生在新茎和根状茎的不定根组成，分布在土壤表层。

2．石刁柏 也称芦笋，百合科天门冬属多年生宿根草本。须根系，由肉质贮藏根和须状吸收根组成。肉质贮藏根由地下根状茎节发生，而须状吸收根由肉质贮藏根上发生。茎分地下根状茎和地上茎。地下茎节间极短，上生鳞芽，先端鳞芽聚生形成鳞芽群，鳞芽萌发成地上茎，其嫩茎为产品器官；嫩茎若不采收，任其生长，则成为普通地上茎，高达 1.5～2.0m，并形成多次分枝。叶有拟叶和真叶两种。拟叶是一种变态的枝，簇生、针状、绿色；真叶退化成三角膜状鳞片，着生在地上茎的节上。雌雄异株。浆果，种子黑色、坚硬。

3．黄花菜 又名金针菜，为百合科萱草属多年生宿根性草本。须根系，由肉质根和纤细根组成，肉质根具有贮藏和吸收功能，纤细根着生在肉质根上，细长而分根多，具吸收功能。营养茎为短缩茎，随着植株年龄的增长，短缩茎上发生条状根的位置不断上移，有"跳根"的特性。叶发生在短缩的根状茎上，对生，叶鞘抱合形成扁阔的假茎，叶片狭长成丛。花茎从根状茎的顶端叶丛中抽出，上端形成 4～8 个花枝，构成聚伞花序。一般每个花枝着生花蕾约 10 个，以花蕾为产品器官。每株可相继形成花蕾 30～60 个，健壮株可达 60～120 个。多数品种的花蕾在傍晚开放。蒴果，种子黑色，有光泽。黄花菜可用种子繁殖、分株繁殖、芽块繁殖等，生产上最常用的为分株繁殖。

4．香椿 又名香椿芽，楝科香椿属多年生落叶乔木，雌雄异株。偶数羽状复叶，互生，长 40～55cm，有特殊香气；叶柄基部膨大，小叶 6～10 对，对生或近对生，小叶片卵状披针形或长圆状披针形，长 6～15cm，宽 2.5～4cm，先端渐尖，有疏浅锯齿；嫩枝绿色至红色，枝条顶端由鳞片包裹，内含很短的嫩茎和未展开的嫩叶。春季枝条顶端萌发，嫩叶生长展开，初为棕红色，逐渐长成绿色叶片，叶背红棕色，轻披蜡质，略有涩味，叶柄红色；冬季落叶。圆锥花序与叶等长或更长，两性花白色；果实是椭圆形蒴果，翅状种子，种子可以繁殖。树体高大，除供椿芽食用外，也是园林绿化的优选树种。

5．竹笋 禾本科多年生常绿植物，以初生嫩茎、短壮的芽或鞭为蔬菜食用器官。竹有单轴型的散生竹和合轴型的丛生竹，也有介于两者之间的混合竹。散生竹的竹根为铅丝状须根，不产生侧根。丛生竹的须根着生在地下茎（竹鞭）的节上，鞭节的四周均能发生，称为鞭根，分布广。竹有地下茎和地上茎。地上茎为竿茎，直立，有节。竹节上有箨环与竿环，2 环间着生芽，发育形成竹枝。地下茎由竿基、竿柄和竹鞭等组成。竹鞭是与竿柄相连的强大的地下主茎，具节，节上可分生新的竹鞭，节上还可生鞭根或形成笋芽。竹鞭的先端部分称鞭鞘，有坚硬的鞭箨包裹着，其尖端有强大的穿透力；鞭鞘肉质柔嫩，可食用，称为鞭笋，其余的称鞭身。丛生竹地下茎几乎没有横向生长的竹鞭，新生地上茎均在母株基部的节间上产生，形成众多植株并合抱在一起。

与散生竹相比，丛生竹由竿基、竿柄组成地下茎，母竹竿茎的节间宽窄不一，在宽一侧可形成 6～8 个分蘖节，易产生笋芽，称为笋目。笋目出土后形成笋，再成竹。竹叶着生在小枝上，互生为两行。竹叶分为叶鞘与叶片 2 个部分。竹子性成熟后即开花结果，然后枯亡。总状花序，颖果。种子也可以作为繁殖材料。

6. 菜苜蓿　豆科一二年生或多年生草本。植株高 8～12cm，开展度 10～12cm。根系浅，多须根。茎纤细，直立或匍匐生长。分枝性强，多分枝。三出复叶，叶面浓绿色，叶背略带白色。短总状花序或头状花序，腋生；花小，花梗短，从叶腋中抽生，着生黄色或紫色小花 3～5 朵。果实为荚果，呈螺旋形或镰形，不开裂，荚内有种子 3～7 粒。种子肾形，黄褐色。

7. 朝鲜蓟　别名菜蓟、菊蓟、法国百合、荷花百合，菊科多年生大型草本。以花蕾的总苞片及花托作为蔬菜食用。直根系，肉质，主根入土深，侧根长。茎直立，一年生为短缩茎，第二年显蕾后茎节伸长，成株高 1～1.5m；植株地上部每年自蘖芽自行更新。叶大，基本叶呈莲座状生长，披针形大而肥厚。抽薹后叶互生，中上部叶渐小。夏季在茎顶着生直径 15cm 左右的头状花，头状花序，总苞卵形或近球形，呈覆瓦状排列，总苞片光滑，硬革质，基部肉质可食用。管状花，红紫色。瘦果，椭圆形，褐色。种子千粒重 40～50g，寿命约 6 年。

8. 食用大黄　又名酸菜、圆叶大黄，蓼科大黄属多年生草本，以叶柄供菜食。叶大、淡红色、掌状浅裂、心脏形，叶肉厚，叶面皱缩。叶柄长 50～60cm，宽 5～6cm，淡红色，密布红色细线，柔嫩叶柄呈鲜红色。6～7 月自叶腋生花梗，高 1m 左右。花绿色。三角形、有翼瘦果，9 月成熟。千粒重 20g 左右，发芽期 3 年。

四、实验内容和方法步骤

本实验在教学实习基地分组进行，每标准班分为 6 组，每组 4～6 人，观察各种多年生蔬菜植株的形态特征和产品器官形态与结构特征。

（一）实验操作

活体或取样仔细观察各种多年生蔬菜植株各器官的形态特征，重点做以下观测。

（1）草莓：测量株高、冠径、花序柄长及花序数，观察新茎、根状茎和匍匐茎、匍匐茎的着生位置；对不同品种的果形、果面颜色、果肉颜色、香味、果实风味及可溶性固形物含量进行测评，分析商品性。

（2）石刁柏：观察根系特征，统计单株肉质根数；用游标卡尺和卷尺分别测量肉质根的直径和长度。观察嫩茎产品的形态器官特征，测量粗度、长度，观察石刁柏头紧实性、颜色及光滑度。

（3）黄花菜：观察植株的形态特征，测量株高、叶片数。观察条状根、块状根及纤维根的形态、条状根着生位置，用水果刀分别切下条状根和块状根，用放大镜观察其横切面的异同。观察分蘖与"跳根"的习性。测量花箭的高度、花蕾长度、花蕾直径，统计单只花蕾数并观察花蕾的色泽。

（4）食用竹：观察各器官的形态特征，测量株高，了解地下根和茎的生长特点，以及竹笋的形成过程；观察产品的形态与结构，测量产品的长与粗、节数等。

（5）朝鲜蓟：观察各器官的形态特征，测量株高、开展度及花蕾的直径；统计每株的花蕾数，观察花蕾性状、紧实度、苞片的颜色、光泽度及纤维化程度、苞片顶部是否带刺等。

（二）注意事项

（1）注意观察石刁柏的根状茎、鳞芽的着生部位及特点。

（2）注意观察黄花菜"跳根"和分蘖的现象。

五、作业和思考题

（一）实验报告和作业

（1）绘制石刁柏、黄花菜、草莓植株的外形图，并指出各部分的名称。

（2）按照蔬菜作物类别，分别对草莓、石刁柏、黄花菜和朝鲜蓟不同品种的植株形态指标及产品器官性状指标进行比较和分析。

（3）通过对石刁柏和黄花菜的根系观察及相关数据统计，请分析总结两者之间的异同点及与之相对应的栽培管理技术上的共性和差异性。

（二）思考题

（1）分析黄花菜的块状根出现较多或者较少的原因及与栽培技术的关系。
（2）分析石刁柏的根系特点与栽培技术的关系。

（本实验由李玉红主笔编写）

实验 I -46　菌藻地衣类蔬菜的形态结构观察

一、实验目的

菌藻地衣类作为一类低等植物蔬菜，具有独特的营养价值，种植面积快速增长，因此研究和认知菌藻地衣类具有十分重要的意义。

本实验通过显微镜观察担子菌的初生菌丝、次生菌丝及锁状联合和藻类的细胞结构，通过徒手切片观察菌藻类产孢器官的微观结构，使学生熟悉菌藻地衣类的类型和形态特征，学会利用分类知识对其进行简单的形态鉴别。

二、实验材料和仪器用具

（一）实验材料和试剂

1. 实验材料　　平菇、香菇、杏鲍菇、双孢蘑菇、草菇、金针菇、黑木耳、毛木耳、金耳、银耳、猴头菇、灵芝、蜜环菌、羊肚菌等常见食用菌的子实体或菌丝体，采集的野生菌的子实体或菌丝体的新鲜标本，蜜环菌的菌索、茯苓、猪苓的菌核、虫草的子座等保存标本，海带、紫菜、石耳等形态完整的产品，每组每种实验材料各 2～3 份。

2. 培养基和试剂　　新鲜的马铃薯或萝卜、染色剂（石炭酸复红或美蓝等）、75%酒精脱脂棉瓶，每组 1 套。

（二）设备和用具

酒精灯、镊子、接种针、无菌水滴瓶、火柴、载玻片、盖玻片、刀片、培养皿、光学显微镜（100～600×），每组 1 套。

三、实验原理

食用菌是一类高等真菌，包括担子菌和子囊菌中具有大型子实体、易为肉眼所识别的菌类。

拓展知识

食用菌由菌丝体和子实体两部分构成，子实体多种多样的形态和颜色特征是辨识和区分食用菌种类的主要依据。菌丝体也有形态和颜色的差异，还有分化的菌核、菌索和子座等特化结构，也是食用菌辨识的重要依据。

食用菌的菌丝有初生菌丝和次生菌丝之分，通常担子菌的初生菌丝是单核无锁状联合的菌丝，由初生菌丝交配产生的次生双核菌丝具有锁状联合。由于初生菌丝和次生菌丝生长习性、结实特性和育种意义不同，因而有效区分初生菌丝和次生菌丝很有必要。

担子菌和子囊菌在其有性生殖过程中可分别产生担子或子囊，其上着生担孢子和子囊孢子。担子、担孢子与子囊、子囊孢子是食用菌识别和分类的重要依据。

海带是藻类蔬菜的代表，在成熟的海带叶片的两侧有微微高出带片表面的深褐色斑块，为孢子囊区域，是海带的繁殖器官。

四、实验内容和方法步骤

本实验在实验室分组进行，每标准班分为 6 组，每组 4～6 人，观察各种菌藻地衣类蔬菜不同时期的形态特征和产品形态与结构。

（一）营养体形态特征观察

1. 宏观形态观察　　肉眼观察平菇、香菇、杏鲍菇、草菇、金针菇、木耳、银耳、蘑菇、海带、紫菜和石耳等菌藻地衣类的菌种生长的菌落、生长状态及颜色、是否产生无性孢子等。观察其特殊分化组织，包括蘑菇菌柄基部的菌丝束，蜜环菌的菌索、茯苓、猪苓的菌核、虫草等子囊菌的子座、海带的假根等。

2. 显微形态观察　　取一载玻片，滴无菌水 1 滴于载玻片中央，用接种针挑取少许气生菌丝或组织切片于水滴中，盖上盖玻片。然后将水浸片置于显微镜的载物台上，先用 10× 低倍物镜观察整体特征，然后转换到 40× 物镜下仔细观察细胞特征，注意辨认担子菌双核菌丝的锁状联合。

（二）繁殖体形态特征观察

1. 宏观形态观察　　肉眼观察各种类型菌藻地衣类的外部形态特征，比较各种繁殖体的主要区别，食用菌特别关注菌盖、菌柄、菌褶（或菌孔、菌刺）、菌环、菌托的特征，并根据这些特征对其进行分类。观察海带的孢子囊区域。

2. 显微形态观察　　将平菇或香菇的菌盖沿菌褶方向切取 0.5cm 的小条，然后将菌盖正对刀口，进行徒手切片。木耳、海带、石耳等质地软的材料可将其夹在脆质的马铃薯或萝卜片中进行切片。横切组织的若干薄片漂浮于培养皿的水中，用接种针挑取薄的一片制作水浸片，显微镜观察担子菌的担子及担孢子的形态特征，海带和石耳的孢子囊结构。对于羊肚菌的子囊及子囊孢子、草菇的厚垣孢子、银耳的芽孢子，可用标本片观察。

（三）注意事项

（1）使用酒精灯应注意酒精失火，试验台上准备一条湿毛巾以备灭火。

（2）正确使用显微镜，防止物镜镜头被污染和损坏。

五、作业和思考题

（一）实验报告和作业

（1）绘制一种食用菌子实体的形态图，并标明各部分的名称。

（2）比较担子菌单核菌丝和双核菌丝的异同点。

（3）列表说明所观察各种类型的菌藻地衣类的形态特征，菌类包括菌盖、菌褶、菌柄、菌环和菌托的形态、质地和颜色。藻类和地衣类包括叶片、柄部和固着器等。

（二）思考题

（1）学习菌类锁状联合的相关知识，并考虑怎样通过普通光学显微镜观察锁状联合，区分平菇、香菇和木耳的单核菌丝和双核菌丝。

（2）怎样利用食用菌的单核菌株和双核菌株进行食用菌有性杂交育种？

（3）怎样进行海带的人工养殖？

（本实验由王晓峰主笔编写）

第Ⅱ部分 蔬菜栽培技艺类实验

实验Ⅱ-01 蔬菜种子播前浸种催芽和化学处理技术

一、实验目的

蔬菜播种前浸种催芽，可促进种子发芽迅速、出苗整齐并提高幼胚和秧苗的抗逆性。本实验通过不同蔬菜种子不同浸种和催芽处理技术操作，观测处理种子发芽情况，使学生熟悉蔬菜种子浸种催芽的操作方法和技术，深刻理解不同浸种催芽方法的作用和原理，掌握不同蔬菜种子浸种催芽的特性。

二、实验材料和仪器用具

（一）材料和试剂

1. 实验材料　不同蔬菜种子，全班共用。

（1）喜凉蔬菜：萝卜、大白菜、甘蓝、茼蒿等，至少2种蔬菜，每种蔬菜种子250g。

（2）喜温蔬菜：番茄、茄子、辣椒、黄瓜等，至少2种蔬菜，每种蔬菜种子250g。

（3）耐热蔬菜：中国南瓜、西瓜、苦瓜、丝瓜等，至少2种蔬菜，每种蔬菜种子600g。

2. 实验试剂　100mg/kg GA_3 水溶液1000mL，全班共用。

（二）仪器和用具

1. 仪器设备　培养箱3个、电子天平3个、恒温水浴锅6个，全班共用；

2. 实验用具　每组需瓷盘2个，500mL烧杯6个，250mL烧杯9个，尼龙纱袋（15cm×20cm）14个，毛巾2条，玻璃棒2根。

三、实验原理

拓展知识

浸种是保证种子在有利于吸水的条件下，在短时间内吸足从种子萌动到出苗所需的全部水量的主要措施，对于种皮较厚或具角质层、吸水困难或较慢的蔬菜种子更具有实际意义。热水烫种和温汤浸种可杀灭附着在种子表面及潜在种子内部的病菌，浸种水温和浸泡时间是重要因素，因蔬菜种类不同而不同。热水烫种仅用于种皮厚且不易吸水的种子，如冬瓜、丝瓜、苦瓜、西瓜、蛇瓜。普通浸种时间因种类而异：茄果类、黄瓜、南瓜、甜瓜、丝瓜、冬瓜、西葫芦8～12h，西瓜、苦瓜、芹菜、胡萝卜、菠菜24h，莴苣7～8h，白菜类、萝卜4～5h，豆类1～2h。

催芽是保证种子在吸足水分后，促使种子中的养分迅速分解运转，供给幼胚生长，出苗迅速、整齐的重要措施。适宜的温度、氧气、空气相对湿度是重要条件。催芽所需时间因种类而异：白菜类、黄瓜12h，莴苣16h，甜瓜、丝瓜17～20h，番茄48～55h，冬瓜72h，茄子、辣椒80h。

蔬菜种子化学处理主要有微量元素浸种、生长调节剂浸种、渗调处理等方法，以调节种子发芽和幼苗生长。微量元素浸种常用硼酸、硫酸锰、硫酸锌、钼酸铵等，使用浓度为500～1000 mg/kg。生长调节剂浸种常用赤霉素、细胞分裂素等，使用浓度为100～500mg/kg。种子渗透调节处理，就是用高渗溶液浸泡种子，使种子缓慢吸水，以达到对种子受损伤的细胞膜进行修复的效果，尤其适用于较陈的种子。

四、实验内容和方法步骤

本实验在实验室分组进行，每标准班分为 6 组，每组 4~6 人，完成以下种子浸种催芽处理，并统计结果。

（一）实验处理

1. 热水烫种　　准备 4 个 500mL 烧杯，2 个加入 300mL 清水，加热至 75℃；取丝瓜、苦瓜或西瓜种子中 2 种蔬菜种子各 200 粒放入烧杯水中，迅速将水和种子倒入另一个空烧杯，两个烧杯热水和种子来回倾倒，最初几次动作要快，一直倾倒至水温降到 55℃时，将烧杯放入 55℃恒温水浴锅，改用玻璃棒不停搅拌，7~8min 后取出烧杯，自然降温至室温并继续浸种。

2. 温汤浸种　　取 250mL 烧杯 4 个，各加水 150mL，加热至 55℃（可置于水浴锅中）。取喜凉蔬菜种子和喜温蔬菜（茄子等）种子各 2 种，每种 5g，分别放入烧杯水中，把烧杯放入 55℃恒温水浴锅，用玻璃棒不停搅动，持续 15min。然后取出烧杯，自然降温至室温并继续浸种。

3. 化学浸种　　取 250mL 烧杯 1 个，各加 100mg/kg GA_3 水溶液 100mL。取茄子种子 5g，放入烧杯中进行浸种。

4. 普通浸种　　取 500mL 烧杯 2 个，各加室温水 300mL；取丝瓜、苦瓜或西瓜种子中 2 种蔬菜种子各 200 粒，分别放入盛水的 500mL 烧杯中浸种。取 250mL 烧杯 4 个，各加室温水 150mL；取茄子等 2 种喜温蔬菜种子各 5g，萝卜、大白菜等 2 种喜凉蔬菜种子各 5g，分别放入 4 个烧杯，进行普通室温浸种。

5. 催芽　　取瓷盘 1 套，去湿毛巾 2 条，在瓷盘底部平铺 1 条。将上述浸种催芽处理的种子分别装入尼龙纱袋，加标签注明种类名称、样品编号、日期等，甩去种子表面水分，散开袋内种子，将袋子放在瓷盘内湿毛巾上，然后再盖上另一条湿毛巾，放入培养箱催芽。耐热和喜温蔬菜温度设置 30℃，喜冷凉蔬菜设置 22℃。催芽期间每日淘洗种子 1 次，并甩去种子表面水分后继续催芽。

（二）结果观测

催芽期间每日结合淘洗种子，统计 1 次种子发芽情况，将发芽种子（露白）挑选出来并计数，一直统计到各处理的种子不再发芽为止，记录各处理的种子总数。

根据统计结果，计算各处理种子的发芽率和发芽势。

（三）注意事项

（1）浸种和催芽时，须根据种子在发芽过程中的生理、生化活动规律提供相应的环境条件，才能出芽整齐和苗壮。浸种的水温、水量及浸种的时间要严格控制，浸种的水温过高、时间过长会影响种子的发芽率。

（2）催芽过程中每天要换气和清洗种子。将催芽盘置于催芽室外 30min 换气；用清水漂洗除去种子表面黏液。

（3）各种蔬菜浸种时间可参考程智慧主编、科学出版社出版的《蔬菜栽培学总论》（第二版），或由实验指导教师提出统一规定。

五、作业和思考题

（一）实验报告和作业

（1）总结不同浸种催芽方法操作的技术要点。

（2）根据统计的种子发芽率和发芽势结果，比较分析不同种类蔬菜不同浸种方法的效果。

（二）思考题

（1）种子渗透调节处理有何作用？

（2）催芽期间为何要淘洗种子？

（本实验由张宏和程智慧主笔编写）

实验Ⅱ-02　瓜类蔬菜休眠新种子播前破除休眠技术

一、实验目的

多数瓜类蔬菜种子都有不同程度的休眠期，如葫芦休眠期在 6 个月以上，云南黑籽南瓜新种子的发芽率一般只有 40%，三倍体西瓜种子不破壳时萌发率极低。休眠期较长的瓜类新种子直接播种常会出现田间出苗参差不齐，出苗率低等问题。本实验通过瓜类休眠新种子播前破除休眠处理，使学生了解新种子休眠的主要原因，熟悉打破种子休眠常用方法和原理，掌握打破种子休眠的技术。

二、实验材料和仪器用具

（一）材料和试剂

1. 实验材料　　新采收的粒大饱满的黄瓜、葫芦、黑籽南瓜或三倍体西瓜的种子，各 1000～1500 粒，全班共用。

2. 实验试剂　　30% H_2O_2，200mg/L 赤霉素溶液，全班共用。

（二）仪器和用具

1. 实验仪器　　电子天平 1 台，全班共用。

2. 实验用具　　每组需 100mL 烧杯 18 个，500mL 烧杯 3 个，温度计 1 支，玻璃棒 1 支，种盘 9 个，镊子 2 把，锋利小刀 2 把。锉刀、纱布、毛巾若干。

三、实验原理

种子休眠是指具有生活力的种子在适宜的环境条件（温度、光照、湿度和氧气）下仍然不能萌发的特性，不同种子休眠的机制可能不同。打破种子休眠，就是针对种子休眠的机制，采用物理处理、化学处理或温度处理等方法来结束种子休眠的过程，从而促进种子萌发。常见的打破瓜类种子休眠的几种方法及其原理如下所示。

拓展知识

1. 磕籽可有效破除种壳的障碍　　有的瓜类种子，如西瓜种皮厚而坚韧致密，形成的机械阻力大，使种胚无法突破种皮，影响透水透气，导致种子被迫处于休眠状态，通过机械破壳等处理能很好克服种壳障碍，增加种子的透气性，促进种子萌发。温汤浸种或热水烫种也可以使种皮疏松，增加种皮透气性。

2. H_2O_2 解除发芽抑制物的抑制作用　　一些种子的种皮中含有种子萌发抑制物，主要包括脱落酸、醛类和酚类等，这也是导致种子休眠的一个重要原因。化学试剂中 H_2O_2、KNO_3 和 NaCl 等可以有效解除抑制物对种子的抑制作用，有效打破此类休眠。

3. 赤霉素调节种子内源激素平衡　　对于大多数种子而言，休眠与萌发是激素平衡的调节过程，主要包括赤霉素、脱落酸与细胞分裂素之间的平衡。Khan 等也曾提出种子休眠与萌发的三因子学说，其中脱落酸是萌发抑制剂，而赤霉素和细胞分裂素起促进萌发作用。因此根据此关系，可以通过外源赤霉素或细胞分裂素处理调节种子内源激素平衡，有效打破种子休眠，提高发芽率。

四、实验内容和方法步骤

本实验在实验室分组进行，每标准班分为 6 组，每组 4～6 人，进行种子处理和破除休眠处理，并催芽观察不同处理的效果。

（一）种子处理

每组取 3 种供实验瓜类种子各 240 粒，分别放入 3 个 500mL 烧杯中进行温汤浸种预处理。温汤浸种温度 50℃，时间 15min。

（二）破除休眠处理

每组取预处理过的 3 种蔬菜种子，分别进行以下 3 种处理，每处理 20 粒种子，以未处理的种子为对照，实验重复 3 次。

1. 磕籽　　取预处理后的 3 种蔬菜种子，分别用镊子后部紧捏种子顶端，捏开口之后，用镊子轻轻撬开种皮，慢慢去除。

2. H_2O_2 处理　　取预处理后的 3 种蔬菜种子分别放入 100mL 烧杯中，加入 30% H_2O_2 淹没种子，浸泡 10min 后用清水冲洗干净。

3. 赤霉素处理　　取预处理后的 3 种蔬菜种子分别放入 100mL 烧杯中，加入 200mg/L 赤霉素溶液淹没种子，浸泡 30min 后用清水冲洗干净。

（三）催芽统计

将 3 种蔬菜不同处理后的种子和对照分别均匀排放在湿纱布中，置于种盘上（每个材料的处理组和对照组置于一个种盘），之后将种盘放入 30℃恒温箱催芽，每天定时检查温度、水分及通气情况，以种子胚根为 1mm 时为发芽标准。黄瓜、西瓜种子、葫芦及黑籽南瓜种子在第 2 天统计发芽势。

（四）注意事项

（1）浸种结束后要用清水冲洗种皮表面的黏性物质，避免在催芽中引起种子霉烂。

（2）H_2O_2 是强氧化剂，在使用中应佩戴手套，避免直接与皮肤接触。

五、作业和思考题

（一）实验报告和作业

（1）统计 3 种处理 3 种蔬菜种子的发芽势，对比分析 3 种破除休眠方式的效果和优缺点。

（2）除实验操作的 3 种措施外，还可采取哪些措施破除新种子的休眠？

（二）思考题

（1）瓜类新种子的休眠是否由遗传因素控制？育种中怎么避免选育休眠品种？

（2）生产中，休眠期也有有利的方面。结合所学知识，分析通过哪些措施可以适当延长种子休眠期。

（本实验由杨路明主笔编写）

实验 Ⅱ-03　高温季节莴苣和芹菜播前浸种催芽技术

一、实验目的

在夏季高温条件下种子不易发芽是莴苣、芹菜等喜凉蔬菜生产面临的问题。本实验通过播前浸种和催芽处理等操作，使学生了解莴苣和芹菜种子的结构特点、发芽特性和发芽对温度的要求，掌握莴苣和芹菜种子在炎夏季节播种前浸种催芽的技术和原理。

二、实验材料和仪器用具

（一）材料和试剂

1. 材料　莴苣和芹菜未经加工的商品种子，每组各 1 袋，全班共用。

2. 试剂　100mg/L 赤霉素，每组 200mL。

（二）仪器和用具

1. 仪器　人工气候箱 2 个，全班共用。

2. 用具　每组学生 100mL 烧杯 12 个，100mm 培养皿及配套滤纸 24 套。

三、实验原理

莴苣和芹菜均是喜凉的蔬菜，其种子的发芽适宜温度范围是 5～25℃，在这个温度范围内，较高的温度可以促进发芽。但在 30℃高温条件下发芽受阻，不发芽或发芽缓慢。莴苣种子具有明显的高温休眠特性，在高温条件下种子的活力下降，种子内膜系统遭到破坏，导致种子膜透性增大，内含物外渗，产生一些抑制发芽的物质而使其发芽率低下。夏秋莴苣和芹菜播种时气温高，不利于种子萌发，甚至诱导种子二次休眠，常需进行低温发芽处理或用赤霉素等生长调节剂处理，以促进种子萌发和早出苗、出苗齐。

拓展知识

处于休眠状态的种子进行适宜的低温处理能够打破种皮不透性的障碍，促使种子内的新陈代谢速度加快，帮助种子顺利萌发；用赤霉素处理能够诱导产生水解酶，将种子内的大分子贮藏物质分解为小分子，为胚所用，促进胚后熟和种子萌发。

四、实验内容和方法步骤

本实验在实验室分组进行，每标准班分为 6 组，每组 4～6 人，分别完成不同浸种催芽处理，并观测比较不同处理的效果。

（一）浸种催芽处理

实验设 4 个浸种催芽处理：常温（30℃）水浸种，冷凉（15℃）催芽；常温（30℃）水浸种，常温（30℃）催芽；常温（30℃）赤霉素溶液浸种，常温（30℃）催芽；冷凉（15℃）赤霉素溶液浸种，常温（30℃）催芽。其中，以常温（30℃）水浸种、常温（30℃）催芽为对照，实验重复 3 次。

1. 浸种处理　　取芹菜和莴苣种子各 4 份，每份 200 粒。1 份用冷凉水浸种（在 15℃人工气候箱内进行），1 份用常温水浸种（在 30℃人工气候箱内进行），1 份用冷凉 100mg/L 赤霉素溶液浸种（在 15℃人工气候箱内进行），1 份用常温（30℃）100mg/L 赤霉素溶液浸种（在 30℃人工气候箱内进行）。莴苣种子浸种 6h，芹菜种子浸种 10h。

2. 催芽处理　　将 4 种浸种处理的芹菜和莴苣种子每种处理分为 2 份，每份 100 粒，分别均匀播种在 2 个培养皿滤纸发芽床上，一份置于冷凉（15℃人工气候箱）条件，另一份置于常温（30℃人工气候箱）条件，保持无光恒温培养催芽。

（二）实验观察统计

催芽期间，每天定时观察和管理，必要时补充水分，记录发芽种子粒数并拣出，最后计算发芽率和发芽势。

（三）注意事项

（1）通过湿润滤纸的方法补水。
（2）如果有种子发霉，应立即拣出，并用清水冲洗后置于原处。

五、作业和思考题

（一）实验报告和作业

（1）计算不同浸种催芽处理的芹菜种子发芽势和发芽率，分析不同处理方法的效果。
（2）计算不同浸种催芽处理的莴苣种子发芽势和发芽率，分析不同处理方法的效果。

（二）思考题

（1）结合生产实际，总结莴苣和芹菜高温季节浸种催芽的其他方法。
（2）比较莴苣和芹菜不同浸种催芽方法的优缺点。

（本实验由徐文娟和程智慧主笔编写）

实验Ⅱ-04　蔬菜电热温床的设计与电热线铺设技术

一、实验目的

电热温床是冬季进行喜温蔬菜育苗的重要设施，可有效减少低温胁迫风险，提高幼苗质量，缩短育苗时间。本实验通过电热温床设计和布设实训操作，使学生掌握电热温床设计原理和布设技术，熟悉有关计算方法和电气安全知识。

二、实验材料和仪器用具

1. 实验材料　　每组需控温仪、电热线、开关、插座、插头各 1 套，电线约 5m，小木（竹）棍（长约 15cm）20 根，电热温床铺设场地（长 25m、宽 2m）1 块，寒冷季节可在日光温室或大棚内进行，其他季节可在露地进行。

2. 实验用具　　每组需钳子、螺丝刀、电笔各 1 套，铁锹 2 把。

三、实验原理

电热温床是利用电流通过电阻大的导体把电能转变为热能，进行土壤加温。通过与农用控温仪相接，可实现床土温度自动加温控制。电热线因耗电量较大，不宜长期运行，常应用于冬季育苗的关键阶段。常规电热线工作电压为 220V，工作电流为 3～6A，功率 500～1500W，长度 30～170m。常规控温仪工作电压有 220V 和 380V，功率 1.0～7.5W。电热温床布线的功率密度与地区、使用季节、育苗对象等有关，通常设定为 80～140W/m²。

拓展知识

四、实验内容和方法步骤

本实验在教学实习基地分组进行，每标准班分为 6 组，每组 4～6 人，完成电热温床设计、建床铺线、控温仪和电路连接等实验操作。

（一）电热温床设计

1. 电热线总功率计算　　根据育苗规模决定苗床面积。电热线总功率＝苗床面积×功率密度。

2. 所需电热线根数计算　　所需电热线根数＝电热线总功率/每根电热线功率。

3. 电热线铺设行数计算　　电热线铺设行数＝（每根电热线长度×电热线根数−苗床宽度）/苗床长度。

为了操作方便，电热温床的宽度一般为 1.2m 左右。苗床长度＝所需苗床面积/苗床宽度。

4. 布线间距计算　　布线间距＝苗床宽度/行数。

注意，因为苗床热量散失的速度两边大于中间，因此，电热线铺设时，应在上述计算所得平均间距的基础上，中间略稀，两边略密。

（二）建床铺线

1. 建床　　电热温床一般安排在温室或大棚内应用，铺设前应整平土壤。为提高用电效率，隔热保温，温床下部可铺设稻草、稻壳、秸秆等作为隔热层。具体操作方法为：挖取 10～15cm 畦土，然后将畦底整平，先铺 3～5cm 厚隔热层，再填约 3cm 床土。

2. 铺设电热线　　根据以上计算所得的数据进行铺设。首先将苗床的两端按布线间距插上小木（竹）棍。由电热线的一端开始布线，铺设时电热线要拉直，相邻行之间的电热线不能交叉重叠，以免烧坏外面的绝缘层，造成漏电。电热线与外接导线的接头应用绝缘胶布裹牢，同时要注意把两根外接导线头留在床的一侧以便接控温仪，如图Ⅱ-04-1 所示。

（三）控温仪和电路连接

控温仪应串联于电路中。每台农用控温仪可控电热线根数取决于其型号额定功率，具体连接方法按照说明书进行。连接完毕后，将温度探头插入床土中。

电热线铺设完毕后，先通电测试，一边通电一边用手触摸电热线，若电热线变软发热，说明

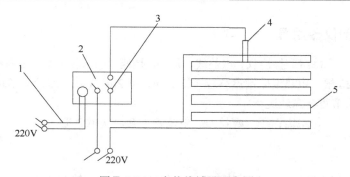

图 II-04-1　电热线铺设示意图

1. 外接线；2. 控温仪；3. 输出接线柱；4. 感温头；5. 地热线

工作正常，应立即切断电源，在电线热上再覆盖 3cm 床土后备用。如电热线不发热，说明线路不通，应检查线路，排除故障。

（四）注意事项

（1）每根电热线都有其自身的额定功率，一般出厂时就已标明。选择电热线规格时，应尽量使总功率能被每根电热线功率整除或接近整除。应避免在同一苗床中使用不同规格的电热线，这会导致计算和铺设变得复杂。

（2）电热线使用时只能并联，不能串联。每根电热线的功率是固定的，不得接长或剪短。

（3）土壤电热线必须埋入土中，不得在空气中通电试验和使用，否则会烧坏绝缘层。

（4）电热线不能交叉、重叠和打结，接头要用绝缘胶布包好，防止漏电伤人。

（5）为了方便接通电源，电热线铺设行数必须为偶数。如果计算所得行数的值不是偶数整数，应微调苗床长度，使计算所得行数为偶数整数。

五、作业和思考题

（一）实验报告和作业

（1）总结电热线铺设技术，绘制所作电热温床断面图，标明布线参数（电热线根数、功率、行数、行间距、每平方米瓦数），并绘制线路连接图。

（2）现有苗床长 20m，宽 1.2m，如功率密度设为 $100W/m^2$，需铺设长 80m（功率 600W）的电热线多少根？线间平均距离为多少？

（二）思考题

（1）为了保证用电安全，电热温床使用过程中还有哪些方面值得注意？

（2）除了电热温床，还有哪些措施可保证冬季低温季节开展正常育苗工作？

（本实验由缪旻珉主笔编写）

实验 II-05　蔬菜作物苗床播种技术

一、实验目的

蔬菜苗床播种技术是秧苗能否正常出土和生长健壮的关键，是争取农时、增多茬口、延长供应、增加产量及避免病虫和自然灾害的一项重要措施。本实验通过蔬菜苗床播种实际操作，使学生了解播种量与苗床面积的关系，掌握不同种类蔬菜的苗床播种技术和原理。

二、实验材料和仪器用具

（一）材料和场地

1. 实验材料　黄瓜和白菜种子，每组每种各 1 袋；黄瓜种子催芽至露白。
2. 实验场地　育苗地，每组 15m²。

（二）实验用具

每组需 72 孔穴盘 12 个，育苗基质（50L）1 袋；铁锨、钉齿耙各 2 把，喷壶 1 个。

三、实验原理

拓展知识

健壮的种苗是高产稳产的基础，精量播种是培育健壮秧苗和经济有效利用蔬菜种子的关键技术之一。不同蔬菜植物精量播种技术与播种期、播种方式、播种量及播种深度等有关。播种期主要依据生产计划和蔬菜种类确定；播种方式主要依据种子大小和育苗方式确定；播种量应根据蔬菜植物的种类、种子的质量、播种的方式、播种季节等确定；播种深度根据种子的大小、土壤质地、土壤湿度、温度及气候条件等综合因素确定。

四、实验内容和方法步骤

本实验在教学实习基地分组进行，每标准班分为 6 组，每组 4～6 人，完成苗床播种准备、播种量计算、撒播和穴播等操作。

（一）实验操作

1. 苗床播种准备　将育苗地整细耙平，分为两块，一块作撒播苗床，另一块作穴盘苗床。将育苗基质装入穴盘（高度为深度的八分满），摆放在穴盘苗床内。

2. 需种量和苗床面积计算　需种量和苗床面积按照以下公式计算。

需种量(g)＝[单位面积需苗数/每克种子粒数]×种子使用价值×安全系数×栽培面积　　（27）

式中，种子使用价值＝种子发芽率(%)×种子净度(%)；安全系数为 1.5～2.0。

苗床面积（m²）＝[需种量（g）×每克种子粒数×单籽面积]/10000　　　　（28）

式中，单籽面积为每粒种子平均占苗床面积，通常取 3～4cm²；每株营养面积，茄果类、黄瓜、西瓜等为 10cm×10cm。

3. 苗床撒播　将白菜种子（因籽粒细小，可拌和细沙或草木灰）均匀地撒到浇透底水的苗床上，播后均匀覆细土，厚度以埋住种子为度。

4. 苗床穴播　穴盘浇透水，待水下渗后，在每穴孔中央播黄瓜种子 1 粒，胚根朝下，播后覆盖基质 1.5～2.0cm，轻轻镇压。

（二）注意事项

（1）低温季节选择晴暖天气的上午播种。
（2）低温季节宜采用湿播，即先浇透底水，等水渗后再播，最后覆土。
（3）覆土厚度应根据种子大小、床土质地及环境条件而定。盖土过厚，不易出苗或出苗弱；

盖土过薄，易造成戴帽出土。

五、作业和思考题

（一）实验报告和作业

（1）请计算 1000 m^2 生产田需要的莴苣种子量和需要的苗床播种面积。

（2）总结实验操作，比较苗床撒播和穴播的优缺点。

（二）思考题

（1）育苗场地选择需要注意哪些条件？

（2）对苗床土壤的选择有何要求？

（本实验由徐文娟主笔编写）

实验Ⅱ-06   蔬菜作物穴盘育苗技术

一、实验目的

穴盘育苗已成为生产中蔬菜育苗的主流技术。本实验通过蔬菜穴盘育苗技术操作，使学生熟悉穴盘育苗技术的工艺流程及其与传统育苗技术流程的区别，了解穴盘育苗的设施设备，掌握穴盘育苗技术和原理。

本实验可依据条件，进行工厂化育苗或者传统育苗操作。

二、实验材料和仪器用具

（一）实验材料

番茄种子 10 000 粒，黄瓜种子 5000 粒，全班共用。

（二）仪器和用具

1. 工厂化育苗　　滚筒式或针式自动播种流水线 1 套，催芽室和育苗温室（棚）各 1 个，72 孔穴盘 60 个，育苗基质 300L，全班共用。

2. 传统育苗　　恒温培养箱 1 个，光照培养箱 2 个或育苗温室（棚）1 个，育苗基质 80L，全班共用。

每组需镊子 2 个、刮板 2 个、喷壶 1 个、记号笔 1 个、72 孔穴盘 10 个、培养皿 2 个，滤纸或卫生纸若干。

三、实验原理

拓展知识

穴盘育苗是一种以泥炭、蛭石、珍珠岩等轻量材料为主要育苗基质，以不同规格的穴盘为育苗容器，以机械操作完成基质拌和、装填、压穴、播种、覆盖、镇压和浇水等一系列操作，然后在催芽室完成催芽，在温室等设施内完成苗的培养管理，一次性培育成苗的现代化育苗技术体系。穴盘育苗可以将生物技术、环境调控技术、精量化肥水管理技术、信息技术等贯穿在种苗的生产过程当中，摆脱自然条件的束缚和地域的限制，实现种苗的规模化生产与商品化供应。穴盘育苗往往采用 1 穴 1 粒或者 1 穴多粒播种，成苗时 1 穴 1 株。秧苗根系和基质紧密地缠绕在一起，形成一个根坨。定植时根系不易受损，缓苗快速。由于穴盘营养面积有限，要根据秧苗大小和育苗时期选择合适的穴盘，如春季栽培需要大苗可以选择 50 孔或者 72 孔穴盘，而需要 5 叶 1 心的辣椒苗可以用 128 孔穴盘。大葱苗子细长，可以按 1 穴 4 粒种子播种。

四、实验内容和方法步骤

本实验在教学实习基地分组进行，每标准班分为 6 组，每组 4～6 人，根据实验条件，完成不同工厂化方式穴盘育苗或传统方式穴盘育苗操作。

（一）工厂化方式穴盘育苗

1. 苗盘消毒　　新穴盘无须消毒，使用过的旧穴盘可用高锰酸钾 1000 倍液浸泡 10min 进行消毒处理，将穴盘捞出后用清水冲洗干净，晾干后备用。

2. 机械播种　　熟悉所用的播种智能控制台。依据所用种子大小及穴盘规格，调整相关播种参数。按照自动播种流水线的操作技术规范或说明，依次完成填料、打孔、播种、覆盖、浇水等播种流程，每穴播种 1 粒种子。每组学生分别播种番茄和黄瓜各 10 盘。

3. 催芽　　播种完成并做好标记后，放进催芽室催芽。催芽室温度 28℃，相对湿度保持在 90%左右。

4. 绿化培养成苗　　播种后观察出苗情况，待每个种类大部分种子出苗时，将穴盘移至育苗温室（棚），见光绿化并继续培养成苗。育苗温室白天温度 28℃，夜晚 18℃，基质水分保持最大持水量的 65%左右。

（二）传统方式穴盘育苗

1. 催芽　　将番茄和黄瓜种子在 28℃恒温培养箱中催芽，待胚根露出后播种。

2. 基质装盘　　将基质倒入大盆中，加水拌匀，以抓在手里能成团掉到地上后能散开为宜（相对含水量在 60%～70%为宜）。将基质装满育苗盘，用刮板从穴盘的一方刮向另一方，保证四角和盘边的孔穴全部装满基质，同时使各个格室清晰可见，切忌用力压紧，以免破坏基质的物理性状，造成基质中空气和可吸收水的含量减少。

3. 播种　　将装好基质的盘垂直码放在一起，4～5 盘 1 摞，上面放 1 只空盘，两手平放在盘上均匀下压，压至穴深为 1～1.5 cm。将萌动的种子用镊子点在压好穴的盘中，黄瓜每穴 1 粒，番茄每穴 5 粒，然后用基质覆盖，上面再轻撒一层蛭石，浇透水。每组播种黄瓜 6 盘、番茄 4 盘。

4. 培养（分苗）成苗　　将播好的苗盘放入人工气候箱或育苗温室（棚），出苗阶段温度控制在 28℃，出苗后白天温度 25～28℃，夜间 16～18℃，光照强度 20 000～30 000lx，基质水分控制在最大持水量的 65%，将黄瓜培养直至成苗。番茄在 2 片真叶期进行分苗，每穴 1 苗，缓苗期间注意保湿、适当遮阴和提高温度；缓苗后进入正常管理，直至成苗。

（三）注意事项

（1）如果购买的种子为包衣种子，进行传统育苗时，不需要进行温汤浸种，可直接催芽；如果是非包衣种子，应进行温汤浸种后再催芽。催芽时注意水分适宜，种子充分吸胀后，只留少许用于蒸发的水分，多余水分应去掉，保证有充足的氧气供应。

（2）在育苗棚中的秧苗出苗后，阴雨天日照不足且湿度高时不宜浇水；浇水以正午前为主，下午 3 时后绝不可灌水，以免夜间潮湿徒长；穴盘边缘苗株易失水，可适当进行人工补水。

五、作业和思考题

（一）实验报告和作业

（1）简述实验操作的番茄和黄瓜穴盘育苗流程。

（2）比较说明工厂化方式穴盘育苗程序与传统方式穴盘育苗程序的异同点。

（二）思考题

（1）工厂化方式穴盘育苗时，常出现空穴的问题，你认为应该从哪些方面去解决？

（2）你认为番茄和黄瓜在冬春季育苗时，合适的苗龄应该是多少？秧苗的质量与苗龄有何关系？

（本实验由杨路明主笔编写）

实验Ⅱ-07　蔬菜作物嫁接育苗技术

一、实验目的

嫁接育苗是蔬菜栽培中克服连作障碍和生物与非生物逆境胁迫的重要技术。本实验通过瓜类及茄果类蔬菜常用嫁接育苗技术操作，使学生熟悉蔬菜嫁接的目的和应用，掌握嫁接技术及其原理和嫁接苗管理技术。

二、实验材料和仪器用具

（一）实验材料

瓜类（黄瓜、西瓜）和茄果类（茄子、番茄）各选 1 种，每小组需接穗苗（瓜类 2 片子叶微展，茄果类 2～3 片真叶）各 100 株，砧木苗（瓜类 2 片子叶展平、茄果类 5～6 片真叶）各 100 株。

（二）实验用具

每组需双面刀片 5 个、嫁接针 5 个、酒精棉 1 瓶、嫁接夹 100 个、喷壶 1 个等。

三、实验原理

拓展知识

嫁接是利用植物组织受伤后具有愈伤再生能力这一特性，将接穗和砧木二者切面紧密结合在一起，使其形成愈伤组织，愈伤组织进一步分化，形成输导组织，上下连通砧木和接穗，使二者结合为一个新的植物体进行共生生长。不同植物嫁接成功率首先取决于嫁接亲和力和共生亲和力。嫁接亲和力决定其产生共同愈伤组织的能力，与嫁接砧木与接穗的亲缘关系密切相关。嫁接技术和嫁接后管理也都影响嫁接成活率。

蔬菜嫁接技术就是把栽培品种的接穗嫁接到砧木上，使二者愈合成一个新的植物体。在砧木比接穗略粗时，采用插接法和劈接法嫁接；在砧木与接穗粗细程度一致时，采用靠接法嫁接。砧木的亲和性、抗病性、抗逆性要强，利用砧木根系的吸收特性及抗土传病害等能力，增强嫁接蔬菜植株的抗病性、抗逆性，从而达到增产的目的。

四、实验内容和方法步骤

本实验在实验室或教学实习基地分组进行，每标准班分为 6 组，每组 4～6 人，完成不同嫁接方法操作，并参与嫁接后管理。

嫁接操作基本程序：处理砧木→处理接穗→接合砧木与接穗→移至苗床内喷雾补水。每小组采用插接法、劈接法和靠接法嫁接瓜类蔬菜 100 株，采用插接法和劈接法嫁接茄果类蔬菜 100 株，注意不同嫁接方法中砧木和接穗的处理技术的差别。

（一）插接法

西瓜和黄瓜在砧木苗 2 片子叶展平，接穗 2 片子叶微展开时嫁接。先用刀片去掉砧木的生长点，然后用嫁接针从顶部生长点处向下斜插 6～7mm 深孔，再用刀片在接穗子叶下 5mm 处，以 30°角削成楔形，随即将接穗插入砧木的孔内，两者要紧密吻合，尽量保证接穗子叶与砧木子叶呈十字交叉形，插入的深度以接穗切口与砧木插孔相平为宜（图Ⅱ-07-1）。

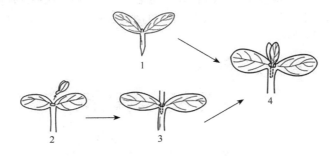

图Ⅱ-07-1 瓜类插接

1.接穗削成楔形；2.砧木去除生长点；3.用嫁接针向下斜插 6～7mm 的孔；4.插接穗

茄子和番茄在砧木 5～6 片真叶，接穗 2～3 片真叶时嫁接。先将砧木留 1 片真叶横切去头，再从砧木横断面中央用嫁接针向下直插 6～7mm 深孔。然后用刀片在接穗子生长点下方 2～3 片真叶处以 30°角削成楔形，随即将接穗插入砧木孔内（图Ⅱ-07-2）。

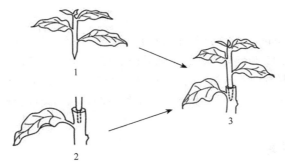

图Ⅱ-07-2 茄果类插接

1.接穗削成楔形；2.用嫁接针向下直插 6～7mm 的孔；3.插接穗

（二）劈接法

西瓜和黄瓜在砧木和接穗 2 片子叶展平时嫁接。先用刀片去掉砧木的生长点，从生长点处垂直纵切，其中一侧未切透，深度 1～1.5cm；再在接穗子叶下 5mm 处以 30°角削成楔形；最后把接穗插入到砧木切口中，用嫁接夹固定（图Ⅱ-07-3）。

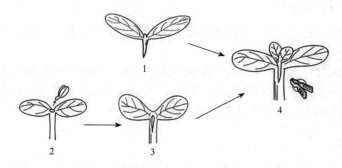

图Ⅱ-07-3　瓜类劈接

1.接穗削成楔形；2.砧木去除生长点；3.砧木垂直纵切 1～1.5cm 深，其中一侧未切透；4.接合固定

茄子和番茄在砧木 5～6 片真叶，接穗 2～3 片真叶时嫁接。先将砧木保留 1～2 片真叶平切去头，从切口中央处纵切，深度 1～1.5cm；在接穗生长点下方留 2～3 片真叶将茎的两面向下斜削 1cm 长的切口（楔形）；最后把切好的接穗顺切口插到砧木中，使接穗与砧木表皮有一侧对齐，再用嫁接夹夹好（图Ⅱ-07-4）。

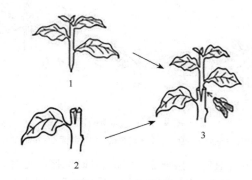

图Ⅱ-07-4　茄果类劈接

1.接穗削成楔形；2.砧木垂直纵切 1～1.5cm 深；3.接合固定

（三）靠接法

西瓜和黄瓜在接穗和砧木的 2 片子叶均展平时嫁接。先用刀片去掉砧木的生长点，再在砧木子叶下 0.5cm 处向下呈 45°角斜切，深达胚轴横径 1/2 左右处（不超过 2/3），切口长 0.7～1cm。再将接穗从苗床中带根拔起，在子叶下方 1.5cm 处向上呈 45°角斜切一刀，深达胚轴横径 3/5～2/3 处，切口长 0.7～1.0cm。注意不要切伤子叶。最后将两者的切口部分相互吻合，用嫁接夹夹住（图Ⅱ-07-5）。

（四）嫁接后的管理

嫁接完成后，立即将嫁接苗摆放到设施内保温、保湿、遮阴。夏秋季注意嫁接苗床遮阴、防雨和降温。

（1）嫁接后 1～3d，苗床密闭不通风，保持日温 26～28℃，夜温 18～22℃，空气相对湿度在 95% 以上，全天遮阴。

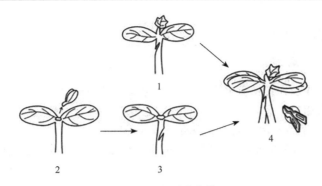

图 II-07-5　瓜类靠接

1.接穗子叶下方 1.5cm 处向上呈 45°角斜切；2.去除砧木生长点；3.砧木子叶下 0.5cm 处向下呈 45°角斜切；4.接合固定

（2）嫁接后 4～6d，控制日温 25℃，夜温 16～18℃，空气相对湿度 90%左右，全天遮阴。

（3）嫁接后 7～10d，保持空气相对湿度 85%左右，逐渐去除遮阴物。可通风，通风量以不使嫁接苗叶片萎蔫为准。

（4）嫁接后 10～15d 可进行常规管理。去除砧木腋芽，靠接者需断根，成活后的嫁接苗可进行低温锻炼。

（五）注意事项

（1）为防止病原微生物侵染，嫁接过程中需用 75%酒精对用具和手进行消毒。

（2）嫁接苗成活后应适时去除接口固定物，以免影响根茎的生长发育。

（3）靠接法接穗苗的子叶要略高于砧木苗子叶。接穗苗的根用土埋入砧木苗旁，保持两者根距 1～2cm，成活后断茎去根。

五、作业和思考题

（一）实验报告和作业

（1）简述嫁接苗嫁接技术及管理要点，统计不同嫁接方法的嫁接苗成活率，并分析原因。

（2）简述插接法和靠接法的优缺点。

（二）思考题

（1）你认为蔬菜嫁接砧木选择的原则和条件有哪些？

（2）影响嫁接成活的因素有哪些？

（本实验由郑阳霞主笔编写）

实验 II-08　蔬菜分苗与苗期管理技术

一、实验目的

分苗是将过密的蔬菜幼苗移植他处继续培养的过程，有助于控制幼苗徒长、培育壮苗。本实验通过番茄和甘蓝分苗技术操作，使学生进一步了解蔬菜分苗的作用，掌握分苗技术方法及其原理，深刻理解蔬菜壮苗培育的重要意义。

二、实验材料和仪器用具

（一）实验材料和场地

1. 蔬菜幼苗　　生长在育苗盘中的 2～3 片真叶大小的番茄幼苗和 1～2 片真叶的甘蓝幼苗，苗间距小于 2 cm。每组各 1 盘。

2. 育苗基质　　蔬菜专用商品育苗基质，每组 25L。

3. 分苗棚　　2m² 左右的塑料小拱棚，高度不超过 1m，每组 2 个，番茄和甘蓝分苗棚各 1 个。

（二）实验用具

1. 穴盘　　72 孔塑料穴盘，每组 10 个。

2. 其他　　每组需温度计和湿度计各 1 支，遮阳网 5m² 左右，洒水壶 1 个，挖孔器 1 个（可用铅笔笔杆、圆珠笔笔杆代替）。

三、实验原理

拓展知识

　　蔬菜育苗过程中如果苗床面积过小、幼苗过密，造成单株幼苗营养面积小，幼苗之间互相遮阴，容易导致幼苗营养不良，受光不足，造成幼苗徒长和生长发育不良。利用蔬菜幼苗根系的再生特性，在花芽分化之前，对过密幼苗进行分苗，扩大营养面积，使幼苗充分受光，并可控制幼苗徒长，培育健壮幼苗。分苗后，由于幼苗根系受到创伤，需要较高的温度和湿度，并保持弱光条件，有利于减少叶片蒸腾，促进缓苗。

四、实验内容和方法步骤

　　本实验在教学实习基地分组进行，每标准班分为 6 组，每组 4～6 人，完成分苗和分苗后管理操作。

（一）分苗前准备

1. 基质装盘与浇水　　先用洒水壶向商品育苗基质中洒水少许，拌匀，保持基质湿润。将湿润基质均匀装填到 72 孔穴盘内，略微压实，保证每个穴孔装满基质，然后用洒水壶浇透基质，待基质表面无明显积水时分苗。

2. 育苗盘浇水　　向番茄和甘蓝苗盘适量浇水，保持基质湿润。

（二）分苗

1. 挖苗　　从育苗盘中小心挖取蔬菜幼苗（番茄、甘蓝），选取壮苗，淘汰病苗、弱苗和虫咬苗。

2. 挖孔和移植　　用挖孔器在每个穴孔挖深 1.5 cm 左右的栽植孔，孔径 1.0 cm。在拔出挖孔器的同时，将从育苗盘中挖取的蔬菜（番茄、甘蓝）幼苗根系放入栽植孔内，并立即用周围基质填满孔隙，固定幼苗。

3. 浇水　　移植完毕，用洒水壶浇水湿润基质。

4. 移盘　　将分苗穴盘转移至塑料拱棚，并密闭拱棚，覆盖遮阳网，进入分苗后管理阶段。

（三）分苗后管理

1. 温度管理　　分苗后 1～2d，密闭拱棚，番茄苗棚气温保持 25～28℃，甘蓝苗棚气温保持 20～23℃；3～5d，番茄苗棚气温降低至 23～25℃，甘蓝苗棚气温降至 18～20℃；6d 以后番茄苗棚最低温度降低至 18℃，最高温度不超过 25℃，甘蓝苗棚最低温度降至 10℃，最高温度不超过 20℃。

2. 水分管理　分苗后 1～2d，应在苗棚内地表浇水，保持棚内空气湿度 90%～95%；3～5d，空气湿度降低至 85%～90%；6d 以后空气湿度降低至 75%～80%。

3. 光照管理　分苗后 1～2d，遮阳网覆盖，避免幼苗见直射光；3～5d，视天气情况早晚撤去遮阳网，使幼苗见直射光，正午光照强时覆盖遮阳网遮光；6d 以后撤去遮阳网，全天见光。

4. 炼苗　定植前 3～5d，番茄幼苗和甘蓝幼苗分别生长至 5～6 片真叶时，逐渐加大放风量，苗棚最低温度分别逐渐降低到 15℃和 8℃左右，提高幼苗抗性。

（四）注意事项

（1）挖苗时注意尽量少伤根，保持根系多带基质。

（2）分苗拱棚的温度不可长时间保持高温，特别是夜间温度不可过高，以防幼苗徒长。分苗成活并开始生长时，番茄幼苗夜间温度不超过 18℃，甘蓝幼苗不超过 10℃。

（3）从分苗 3d 后开始，要及时降低拱棚内湿度，并早晚见光。

五、作业和思考题

（一）实验报告和作业

（1）详细记录番茄和甘蓝分苗的步骤和苗期管理的温度、湿度、光照强度等环境条件。
（2）分苗一周后，统计番茄幼苗和甘蓝幼苗的成活率。

（二）思考题

（1）分苗后拱棚为什么要遮光和保湿？
（2）影响番茄幼苗徒长的因素有哪些？

（本实验由孙云锦主笔编写）

实验 Ⅱ-09　蔬菜作物扦插和分株繁殖技术

一、实验目的

扦插和分株繁殖是蔬菜无性繁殖的主要方法，具有成苗迅速、能保持母株的优良性状和特性、缩短育苗期、投产快等特点。本实验通过蔬菜扦插繁殖和分株繁殖技术操作，使学生了解不同种类蔬菜的生长习性和无性繁殖特性，掌握扦插和分株繁殖的技术和原理。

二、实验材料和仪器用具

（一）实验材料

番茄茎段或侧枝、空心菜、叶用甘薯的茎蔓等作为扦插实验材料，每组 1～2 种蔬菜，每种插条 150 枝；韭菜、黄花菜的母株丛作为分株繁殖材料，每组 1～2 种蔬菜，每种蔬菜分株苗 150 株。

（二）实验用具

剪刀、铁锹、小铲子、喷壶等。

拓展知识

三、实验原理

扦插繁殖的原理就是利用蔬菜一定部位的器官组织容易产生不定根的特点，取这些部位，在适宜的环境条件下，促使其发根生芽，进行育苗繁殖。常见的扦插繁殖材料有茎段、侧枝、根段，也可以用叶扦插。扦插方法有水扦插法和基质扦插法。水扦插法操作简单，但不如基质扦插法易管理。作为扦插用的基质，要求质地疏松、透气性和保水性好，不易造成扦插材料腐烂。常用的基质有蛭石、珍珠岩或沙与菜园土 1∶1 混合。可用育苗盘（箱）或育苗床上填充培养基质，扦插前用 100 倍福尔马林喷洒消毒，然后扦插。

分株繁殖利用根或茎基部不定芽可抽生生活力强的萌蘖条，形成多次分蘖的特性，在适宜条件下很快形成稠密的株丛，再将其从母体上切割下来用于繁殖。分株适宜的时间，春季在 4 月初至 6 月底左右，秋季在 8 月上旬至 12 月底。

四、实验内容和方法步骤

本实验在教学实习基地分组进行，每标准班分为 6 组，每组 4～6 人，完成扦插育苗和分株繁殖实验技术操作。

（一）实验操作

1. 扦插繁殖　　每组选择 1～2 种蔬菜，每种完成 150 个插条的扦插繁殖技术操作。

（1）扦插材料准备：以番茄的茎段或侧枝，以空心菜、叶用甘薯的茎蔓等准备为插条。插条长度以 8～12cm 为宜，插条切口要平滑，并在室内自然干燥愈合后再进行扦插，以减少扦插中的腐烂，并增加发根数和根长度。

（2）扦插方法：扦插宜在傍晚或阴天进行，育苗床扦插按 10cm×10cm 的株行距进行，扦插深度 3～5cm。扦插结束后浇透水，做好温度的管理，白天 22～30℃，夜间 12～18℃。以后根据天气状况，做好苗床的管理工作，只要叶片有水珠不发生萎蔫，尽量减少喷水量，有利于根系的生长。

2. 分株繁殖　　每组选择 1～2 种蔬菜，每种完成 150 个分株的繁殖技术操作。

分株前先用铁锹将繁殖母株丛掘起，用剪刀剪齐根须，放置数天，用手将株丛掰开，每个分株应有短缩茎（鳞茎盘或根茎）和须根。将分株按行距 22cm、株距 12cm 栽植于苗圃或大田，栽后每天用喷壶浇水 1 次，连续浇 2～3 次，促使活棵。

（二）注意事项

1. 选择优良的母本和插条　　作为插条的母本，要求必须具备优良、健壮、无病虫危害的条件，生长衰老的植株不宜作为插条母本。在同一植株上，插条要选择中上部、向阳充实的枝条，且节间较短、芽头饱满。

2. 注意分株时间　　酷寒或酷热不宜分株，避免寒害或脱水死亡；分株前减少灌水，方便分株作业；分株宜在傍晚进行，茎叶水分、养分消耗减缓。

五、作业和思考题

（一）实验报告和作业

（1）比较扦插繁殖和分株繁殖的优缺点。

（2）分析总结影响扦插成活率的因素。

（二）思考题

（1）影响扦插繁殖和分株繁殖成活率的主要因素有哪些？

（2）扦插繁殖和分株繁殖后应采取哪些管理技术以提高成活率？

（本实验由徐文娟和程智慧主笔编写）

实验Ⅱ-10　蔬菜作物整地作畦技术

一、实验目的

土壤整地作畦是菜田作业的重要内容之一。蔬菜在种植前整地作畦能够改进土壤的团粒结构，改善土壤温度与通气性能，提高土壤蓄水、保墒、抗旱排涝等能力；有利于土壤微生物的活动，加速有机肥料的分解和被吸收，提高土壤肥力；同时可以清除杂草和消灭病菌、虫卵等，有利于病虫害防治等；并且便于灌溉与排水，为作物出苗、根系生长创造良好的土壤条件。

本实验通过蔬菜整地和不同作畦技术操作，使学生了解菜田整地和不同地区、不同种类蔬菜栽培畦的形式和规格要求，掌握整地作畦的基本技术要领，明确整地作畦与蔬菜播种或定植及水肥管理等技术的关系。

二、实验材料和仪器用具

（一）实验材料

每班需面积约 1500m^2、犁耕过的菜田 1 块，墒情适宜整地作畦。

（二）实验用具

每组需尺子 2～3 把、线若干、铁锹 2～3 把、钉齿耙 2～3 把。

三、实验原理

（一）整地的技术原理

菜田整地一般是指作物播种或定植之前，在耕翻过的土地上进行的一系列土壤耕作措施的总称，主要包括平地、耙地（圆盘耙、钉齿耙等）、耢地等。整地的目的是创造良好的土壤耕层构造和表面状态，提高土壤肥力，为播种和作物生长、田间管理提供良好条件。平地是将栽培地面整平，以便浇水等作业。耙地是对翻耕后的地用各种耙地机具进行的土地作业，一般耙深 4～10cm。耙地有破碎土块、疏松表土、保水、提高地温、平整地面、掩埋肥料和根茬、灭草等作用。耢地是中国北方旱区在耙地后或与其结合进行的作业，多用柳条、荆条、木框等制成耢（耱）拖擦地面，能形成干土覆盖层，起到减少土壤表面蒸发和平地、碎土、轻度镇压等作用。菜田整地一般主要进行平地和耙地。

（二）作畦的技术原理

作畦就是用作畦机、犁、锹、铲等机具，将整平耙细的田地，用土埂、沟、垄、走道等分隔成适宜的作物种植小区。作畦有利于灌溉和排水。蔬菜栽培畦的形式，视当地气候条件、土壤条

拓展知识

件及作物种类而异。畦的方向由于季节不同而不同，如冬春季西北风较多，为了避免冷风对作物的危害，畦的方向以东西走向为好；夏秋季节东南风较多，建成南北延长的畦可有利于降温，避免高温对作物的危害。

畦的形式可分为不作畦、平畦、高畦和垄。

1. 不作畦   地面平整后未筑任何畦埂、畦沟，作物种植带的地面与带间通道的地面相平（图Ⅱ-10-1）。适宜雨量均匀、不需灌溉、排水良好的雨养农业地区，或采用喷灌、滴灌、渗灌等灌溉方式的地块，土地利用率高，节约人力。

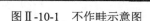

图Ⅱ-10-1   不作畦示意图

2. 平畦   按照一定距离在地面上筑起平行的小畦埂，蔬菜种植在低于畦埂的畦面上。畦面一般宽 1.2～1.5m，长 6～10m（图Ⅱ-10-2）。平畦保水性好，一般在地下水位低、风势较强、土层深厚、排水良好的地区采用。

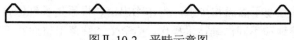

图Ⅱ-10-2   平畦示意图

3. 高畦   地面平整后，按照一定距离在地面上挖平行的排水沟，蔬菜种植在高于畦沟的畦面上，高畦一般高 16～20cm，畦面宽 1.0～1.5m 或 2.5～3.0m，畦长 6～10m（图Ⅱ-10-3）。高畦具有便于排水、提高土温、加厚耕层等作用。一般雨水较多、地下水位高，地势低洼地区多采用高畦。

图Ⅱ-10-3   高畦示意图

4. 垄   类似较窄的高畦，顶部拱圆或脊形，一般高 15～30cm，底部宽 60～70cm，垄距 60～80cm（图Ⅱ-10-4）。垄加厚了耕作层，适于栽培深根性作物。

图Ⅱ-10-4   垄示意图

四、实验内容和方法步骤

本实验在教学实习基地分组进行，每标准班分为 6 组，每组 4～6 人，借助农机具和工具完成不同作畦实验操作。

（一）整地技术操作

学生先观察犁耕过、待整地作畦的田块，记录地面和土壤特征；再由农机员操作耙地机具进行耙地，学生比较并记录耙地后田块的地面和土壤特征；然后，每组学生划分约 250m² 地块，用铁锹和钉齿耙平整土地，并记录平整后的地面和土壤特征。

（二）作畦技术操作

每组在平整的地块上，使用铁锹和耙子，分别制作毛宽 1.2m、毛长 7～10m 的平畦和高畦，以及毛宽 50cm 的垄。

1. 平畦制作　用尺子按畦的规格量好距离，按畦长拉线，人工踩线，使线印在地面上，在线印的左右取土培在线印上，做成畦埂，使畦埂高出畦面 20cm。畦的两端做成同样的畦埂，畦内用钉齿耙整平。

2. 高畦制作　按畦规格拉线印，用铁锹沿畦长线印开沟，将取出的土均匀铺在畦面上，使畦面高出地面 20cm 左右。

3. 垄的制作　先用尺子量好垄宽和沟宽，用铁锹和钉齿耙铲土和抱土起垄，垄高 30cm。

（三）注意事项

（1）平整土地时，要将作物残茬、杂草及其他杂物拣出。
（2）操作过程中注意正确使用工具，保证安全。

五、作业和思考题

（一）实验报告和作业

（1）根据实验操作，总结菜田整地作畦的主要内容和技术要点。
（2）分析各种畦的特点，总结适合当地应用的畦的类型和规格。

（二）思考题

（1）露地栽培和不同类型设施栽培中分别怎样作畦？畦的方向是怎样的？
（2）不同作物对畦的类型有没有要求？

（本实验由王梦怡和程智慧主笔编写）

实验 II-11　蔬菜地膜覆盖栽培技术

一、实验目的

地膜覆盖是一种常见简易覆盖栽培技术，具有保温、保湿、改善土壤理化性质、促进蔬菜生长发育、提高产量和质量等作用。该技术使用得当的话还可抑制杂草，提高蔬菜抗逆性，在蔬菜和农作物生产中普遍应用。

本实验通过典型蔬菜不同形式地膜覆盖技术操作，使学生熟悉地膜的种类和应用、地膜覆盖的形式和效应，掌握地膜覆盖技术及地膜覆盖的栽培管理技术。

二、实验材料和仪器用具

（一）实验材料

1. 菜田　按照地膜覆盖要求，已完成整地作畦的菜田，包括平畦、高畦、高垄、沟畦等。每组学生每种畦不少于 5 畦。

2. 地膜　普通 PE 透明地膜，宽度与畦的规格相适应。

（二）实验用具

铁丝或细竹竿、剪刀、铁锹，每组 1 套。

三、实验原理

拓展知识

　　地膜是一种薄型农用塑料薄膜，一般厚度 0.01～0.02mm。地膜种类主要有普通地膜，其基本原料为聚乙烯（PE），根据添加成分的不同，还有不同的专用地膜。如添加除草剂可做成除草膜，添加生物降解母粒可做成可降解地膜。地膜有不同颜色、幅宽、厚度的产品，以无色透明地膜最为普遍，也有黑色地膜、银灰地膜、其他颜色地膜，以及黑白条幅相间、黑银条幅相间等地膜；有与农业生产中各种习惯作畦宽度匹配的幅宽，并可根据用户要求定制。地膜覆盖方式有平畦覆盖、高畦覆盖、高垄覆盖、沟畦覆盖等。

　　无色透明地膜覆盖，由于可透过太阳光辐射，所以具有显著的土壤增温效果；又由于塑料薄膜的气密性，地膜覆盖对土壤有显著的保湿效果，并可降低空气湿度。覆盖地膜后减少了土壤雨水侵蚀和土壤耕作，加之保温保湿作用有利于土壤微生物活动等，因而可以改善土壤理化性质，实现增温、保肥、保水的效果。无色透明地膜覆盖由于地表贴近薄膜的炙烤作用和黑色地膜遮光抑制杂草光合作用，因而有抑制杂草生长的作用，覆盖除草膜则抑草作用更显著。覆盖黑色地膜，由于遮挡太阳辐射，可以降低土壤温度。由于地膜覆盖的综合效应，可以促进作物生长，减少病虫害发生，提高作物产量和质量。

　　在蔬菜生产中，地膜覆盖要达到其效果，覆膜技术必须规范。如按生产目的正确选择适宜地膜，根据新的国家标准，农用地膜厚度最低不得低于 0.010mm，一般每覆盖 1hm² 菜田约需地膜53kg；按畦的形式和幅宽正确选择地膜宽度；按覆膜对土壤的要求，要精细整地作畦，尤其是畦（垄）面土壤细碎、平整；按照覆膜技术要求，要将地膜与地面贴紧，周边压紧实等。

四、实验内容和方法步骤

　　本实验在教学实习基地分组进行，每标准班分为 6 组，每组 4～6 人，完成不同栽培畦的地膜覆盖操作。

　　（一）园地准备

　　一般在本实验之前应完成园地准备和整地作畦工作，并注意地膜覆盖整地作畦的以下要求。
　　1. 施足基肥　　基肥施用量占全生长期的 70%～80%，以有机肥为主，化肥以复合肥、钙镁磷最好。耕翻时撒施基肥，通过翻、耙使之与耕层土壤混合，然后作畦。
　　2. 精细整地　　无论是哪种作畦形式，都必须精细整地，规范作畦。
　　3. 保证底墒　　如果土壤墒情不好，特别是春旱年份，在覆膜前一定要灌水，保证底墒。

　　（二）覆盖地膜

　　人工覆膜时，一般可 3 人一组协作完成，一人铺展地膜，其余两人分别在畦两侧培土把地膜边缘压上。地膜要拉紧、铺正，并与垄面紧密接触，压紧封死。
　　1. 平畦覆盖　　在畦面上紧贴地面覆盖地膜，地膜应比畦面稍宽，将地膜两边在两边畦垄下用土压实。
　　2. 高畦覆盖　　在高畦面上紧贴地面覆盖地膜，地膜两边分别延伸到畦沟并用土压实。
　　3. 高垄覆盖　　在高垄面上紧贴地面覆盖地膜，地膜两边分别延伸到垄沟下并用土压实。
　　4. 沟畦覆盖　　沟畦覆盖俗称天膜，即把栽培畦做成沟，在沟内栽苗或播种，然后覆盖地膜，将地膜拉紧展开，两边在沟垄上用土压实。定植后覆地膜的，可先用铁丝或细竹竿根据幼苗高度支起拱架，再覆膜压土。

（三）地膜覆盖田间管理

1. 检查地膜　　前期经常检查地膜，如地膜有破洞、翘边现象，要及时用土压实。

2. 经常浇水　　生长后期或高温期应及时浇水，采用小水勤浇。

3. 剔除杂草　　膜下如果有杂草应及早拔出，以免产生草荒。

（四）注意事项

（1）在旱沙地、贫瘠土地、重黏质土地上，不宜采用地膜覆盖栽培。

（2）覆盖地膜时，地膜要拉紧、铺正，并与垄面紧密接触，压紧封死。

（3）应重施基肥，注意追肥，开花结果期进行根外追肥，叶面喷 0.1%～0.2%尿素溶液或 0.2%～0.3%的磷酸二氢钾溶液。

（4）前期经常检查，及时清理地膜表面泥土污染。

五、作业和思考题

（一）实验报告和作业

（1）根据实验实际操作，绘制不同形式地膜覆盖示意图。

（2）请总结不同形式地膜覆盖操作要点。

（二）思考题

（1）地膜覆盖前为什么要精细整地？

（2）地膜覆盖后，田间管理为什么要小水勤浇？

（3）废弃的地膜应怎样处理？

（本实验由李灵芝和程智慧主笔编写）

实验 Ⅱ-12　蔬菜作物定植技术

一、实验目的

定植是蔬菜作物田间栽培管理的开端，定植技术不仅决定缓苗快慢，而且影响以后的生长发育。本实验通过不同蔬菜的定植操作，使学生掌握不同蔬菜定植的程序和技术，深入理解不同地区、不同季节、不同土壤、不同苗龄、不同大小和状态秧苗的蔬菜定植技术要求和原理。

二、实验材料和仪器用具

（一）实验材料

1. 田地　　每组需 4～6 个长 5m、宽 1m 的空白栽培畦。

2. 果菜类幼苗　　番茄、黄瓜、茄子、辣椒等，2～3 种典型果菜幼苗。要求穴盘育苗，幼苗质量达到商品质量标准，每组每种蔬菜 1 穴盘。

3. 其他蔬菜幼苗　　如结球甘蓝、大白菜、花椰菜、芹菜、莴苣、韭菜、大葱等，有 2～3 种典型蔬菜。要求穴盘育苗，质量达到商品质量标准，每组每种蔬菜 1 穴盘（土壤育苗的准备相应数量苗)。

（二）实验用具

镢头、平耙、开沟器、定植铲、剪刀等，每组 1 套。

三、实验原理

拓展知识

定植是指把蔬菜成龄苗从苗床移植到栽培田的过程。生产中常苗移栽的蔬菜有茄果类、瓜类、葱蒜类和结球芸薹类中的大白菜、结球甘蓝、花椰菜等。

定植技术主要包括定植前的准备、定植时间、定植密度、定植深度和覆土要求、定植后的管理等。定植时间主要根据当地气候条件和作物种类来确定，应避开逆境天气和避免灾害的影响，如早春应注意晚霜的影响，宜选晴天上午定植；夏秋季节宜选阴天或下午傍晚定植。定植密度因蔬菜的种类、品种、土壤肥力、栽培方式、管理水平及气候条件的不同而异，一般果菜类行距70～75cm，株距 35～45cm。定植深度与定植时间、地下水位高低和蔬菜种类有关，一般以子叶以下，畦面与土坨面相平为宜；早春定植时采用暗水定植，应适当浅定植；夏秋定植采用明水定植，应适当深定植。定植后覆土要细致，避免大坷垃覆盖。定植后应注意水分和土壤表层耕作（中耕）管理。

四、实验内容和方法步骤

本实验在教学实习基地分组进行，每标准班分为 6 组，每组 4～6 人，在每畦完成定植 1 种蔬菜的操作。

（一）果菜类定植技术

1. 备苗　　穴盘苗可用运苗架子车从育苗场所带穴盘运苗到定植地。

2. 定植　　在定植畦用镢头按行距开沟，或用定植铲按株行距挖定植穴。

将穴盘苗运到田间，按大小分类分区散苗，使每畦苗尽量整齐一致。取苗时，一手捏住幼苗的茎，一手在穴盘的底部向上顶一下即可取出幼苗。

暗水定植的，先在定植沟或穴内少量浇水，然后把苗放到定植穴中间，之后覆土压实。番茄、茄子、辣椒等可适当深栽，覆土在苗坨以上 2cm 为宜；黄瓜则要浅栽，以苗坨与畦面相平为宜。

3. 浇水　　明水定植的，定植后立即浇水。

（二）叶菜类定植技术

1. 备苗　　穴盘苗的带穴盘运苗到定植地。土壤育苗的起苗时不要伤根，注意保持土坨完整，防止散坨；运苗时把幼苗码起来。

2. 定植　　定植前的散苗及挖苗技术同果菜类的定植技术。大葱定植时，先开深20～30cm 的定植沟，再按10cm 距离摆放葱苗，最好覆土，埋土深度不能超过从苗出叶口。韭菜定植前用剪刀修整根系和植株，保留 4cm 长根，10cm 左右地上部，然后每 10 株左右为 1 撮，挖穴定植。芹菜每穴定植1～3 株。

3. 浇水　　定植覆土后及时浇水。

（三）注意事项

（1）各种蔬菜的定植时间，原则是把产品旺盛生长时期安排在最适的季节里；不同季节的定植要注意天气的情况。

（2）叶菜类定植畦较宽，定植时要蹲在畦里以倒进方式定植。

（3）叶菜类一般定植密度较大，定植时注意土地的平整性。

五、作业和思考题

（一）实验报告和作业

（1）根据实验中定植蔬菜的具体操作过程，总结有关蔬菜的定植技术要点。

（2）育苗移栽在蔬菜生产中有何意义？

（二）思考题

（1）哪些蔬菜不需要育苗移栽？

（2）结合当地蔬菜生产情况，说明主要蔬菜种类的定植时间。

（3）根据自己定制蔬菜的操作体会，你认为如何实现定制作业机械化？

（本实验由王梦怡主笔编写）

实验 II-13　菜田土壤施肥技术

一、实验目的

施肥是蔬菜生产的重要栽培管理技术，关系到作物生长发育、肥料利用率和菜田生态环境安全。本实验通过典型蔬菜土壤施肥不同方法的实际操作，使学生了解不同蔬菜作物的需肥特点，掌握根据蔬菜作物的生长发育特性、土壤和肥料种类，确定施肥方法的技能和原理；并能应用所学土壤与植物营养学知识，提出具体蔬菜科学施肥方案。

二、实验材料和仪器用具

（一）实验材料

1. 蔬菜材料　田间生长期不同种类的蔬菜。叶菜类蔬菜以大白菜为代表，根茎类蔬菜以萝卜为代表，果菜类蔬菜以番茄为代表。

2. 实验肥料　全班需复合肥、尿素各 1 袋（50kg），冲施肥 1 袋（40kg）。

（二）实验场地和用具

1. 实验场地　上述每种蔬菜面积不小于 $1000m^2$，全班共用。

2. 实验用具　水桶、花洒、锄头、卷尺、游标卡尺等，每组学生 1 套。

三、实验原理

施肥是提供植物生长所需矿物质营养的主要措施，也是维持土壤地力的基本途径。由于菜地的复种指数高，蔬菜的生物产量和经济产量高，地力消耗大，因此施肥成为蔬菜优质高产的关键措施之一。土壤施肥后，各种营养元素首先被土壤吸附，有的肥料还必须在土壤中经过一个转化过程，然后通过离子交换或扩散作用被作物根系吸收，通过根、茎的维管束，运输到叶片等器官和生长部位。土壤施肥以土壤肥力和供肥能力为基础，以蔬菜作物的营养特性、需肥规律为依据，

拓展知识

结合蔬菜的产量水平确定肥料的种类和特性、施肥方式和方法、施肥量等。

（一）肥料的种类和特性

肥料按化学结构和构成可分为有机肥料和无机肥料。有机肥料有的以各种动物、植物残体或者代谢物组成，如人畜粪便、动物残体等，也包括饼肥、堆肥、绿肥、沼肥等，还有添加有益微生物的生物有机肥或微生物肥料。有机肥中不仅含有植物所需的大量元素、微量元素，还含有丰富的有机养分。施有机肥可以增加和更新土壤有机质、促进微生物繁殖、改善土壤的理化性质和生物活性，增强土壤的保肥供肥能力和缓冲能力，为土壤微生物活动提供能量和养料，促进微生物活动，加速有机质的分解，产生的活性物质等能促进作物的生长、提高产量和品质。但有机肥的养分含量比较低，而且释放缓慢。有机肥是目前有机蔬菜和绿色食品蔬菜生产的主要肥料。

无机肥料即化肥，是指用化学合成方法生产的肥料，主要包括氮肥、磷肥、钾肥、复合（混）肥等。氮肥按氮的形态有铵态氮肥、硝态氮肥、铵态硝态氮肥、酰胺态氮肥。铵态氮肥包括碳酸氢铵、硫酸铵、氯化铵、氨水、液氨等；硝态氮肥包括硝酸铵、硝酸钠、硝酸钙等；铵态硝态氮肥有硝酸铵、硝酸铵钙、硫硝酸铵；酰胺态氮肥即尿素，是固体氮中含氮最高的肥料。氮肥一般溶解性好，肥料利用率高。磷肥有过磷酸钙、重过磷酸钙、钙镁磷肥、磷矿粉等，一般溶解性较差，肥料利用率低。钾肥主要有氯化钾、硫酸钾等，一般溶解性较好，肥料利用率较高。复合（混）肥是复合肥料和混合肥料的统称，一般指含有氮、磷、钾 3 要素中 2 种和 2 种以上养分标明量的肥料。这类肥料可以节约包装和运输成本，还能减少施肥的次数，还可以根据当地土壤和作物需肥的特性设计养分配方，从而生产专用型的肥料。化肥一般成分单纯，有效成分含量高，肥效快。

缓释肥料或控释肥料，又称缓效肥料，有难溶于水的化合物，如磷酸镁铵等；包膜或涂层肥料，如包硫尿素等；载体缓释肥料，即肥料养分与天然或合成物质呈物理或化学结合的肥料。目前以缓释氮肥较多，按化学性质可分合成有机氮肥、包膜肥料、缓溶性无机肥料、天然有机质为基体的各种氨化肥料，其中最主要的类型是合成有机氮肥和包膜肥料。缓释肥料是指通过各种调控机制使其养分最初缓慢释放，延长作物对其有效养分吸收利用的有效期，使其养分按照设定的释放率和释放期缓慢或控制释放的肥料。缓释肥料具有提高化肥利用率、减少使用量与施肥次数、降低生产成本、减少环境污染、提高农作物产品品质等优点，突出特点是其释放率和释放期与作物生长规律有机结合，从而使肥料养分有效利用率提高 30% 以上。控释肥料是在传统肥料外层包一层特殊的膜，根据作物养分需求，控释养分释放速度和释放量，使养分释放曲线与作物需求相一致，其突出特点是按照作物生长规律曲线同步供给有效养分，从而使肥料养分有效利用率得到大幅度提高，在确保作物生长的前提下，与同浓度肥料相比，肥效利用率可提高 30% 以上，可使传统化肥的用量大大减少。由于缓效肥料具有减少施肥量、节约化肥生产原料、提高肥料利用率、减少生态环境污染等优点，已成为肥料产业的发展方向。

（二）施肥方式和方法

菜田施肥方式有土壤施肥和根外追肥。土壤施肥是菜田施肥的主要方式，适用于各种肥料。按施肥时期分为基肥（在作物播种或定植前施肥）和追肥（在作物生长期间施肥）。土壤施肥方法有撒施、条施、环施、穴施、随水冲施、肥水一体化施肥等，不同施肥方法适用的作物对象、肥料种类和施肥时期不同。

1. 撒施　　属表土施肥，是将肥料均匀撒布在土壤表面的施肥方法，主要满足作物苗期根系分布较浅时的需要。一般未栽种作物的农田施用基肥时，或大田密植作物追肥常用此法。撒施结合土壤耕作措施，可增加土壤与化肥混合的均匀度，有利于作物根系的伸展和早期的吸收。但是，在土壤水分不足，地面干燥或作物种植密度低，又无其他措施使化肥与土壤混合，撒施的肥料易被雨水或灌溉水冲走，导致挥发损失，也易被地表杂草幼苗吸收。

2. 条施　是将肥料成条施用于作物行间土壤的方法。条施比撒施肥料集中，有利于将肥料施到作物根系层，并可与灌溉撒施相结合，更易达到深施的目的。在多数情况下，条施的多开沟后施入并覆土，有利于提高肥效。在干旱条件或干旱季节，条施结合灌水效果更好。

3. 环施　是以作物主茎为圆心，将肥料作环状施用，多用于多年生木本作物。这些作物密度低，间隔远。一般环施多开环状沟后施入并覆土，以提高肥效。

4. 穴施　是一种比条施更能使化肥集中施用的方法，一般是在作物主要根系范围内挖穴，一般深度 5～10cm，施肥后覆土。为避免伤害作物根系，穴施一般施用的化肥较少，并与作物根系保持适当的位置和深度，施肥后覆土前结合灌水，化肥施用的效果更好。

5. 随水冲施　是将定量肥料溶解于水中，随浇水一起施入菜田土壤的施肥方法，在设施蔬菜栽培中应用普遍。随水冲施具有省工、省时、省力、均匀、安全、方便的优点，缺点是不适于水溶性差的和挥发性强的肥料；且随大水冲施时，肥料利用率低。

6. 肥水一体化施肥　指施肥与灌溉融为一体的农业新技术，借助压力系统（或地形自然落差），将可溶性固体或液体肥料，按土壤养分含量和作物种类的需肥规律和特点，配兑成的肥液与灌溉水一起，通过可控管道系统供水、供肥，使水肥相融后，通过管道和滴头形成滴灌，均匀、定时、定量浸润作物根系发育生长区域，使主要根系土壤始终保持疏松和适宜的含水量；同时根据不同的作物的需肥特点，土壤环境和养分含量状况，作物不同生长期需水，需肥规律情况进行不同生育期的需求设计，把水分、养分定时定量，按比例直接提供给作物。肥水一体化施肥在设施蔬菜栽培中应用普遍。

四、实验内容和方法步骤

本实验在教学实习基地分组进行，每标准班分为 6 组，每组 4～6 人，完成不同种类蔬菜进行常规化肥、多种土壤施肥的技术操作。

（一）不同种类蔬菜土壤施肥技术

每组学生在以下蔬菜上，根据作物生长时期和施肥需要，选择性实施撒施、条施、环施、穴施、随水冲施等化肥常规追肥的技术操作。

1. 叶菜类蔬菜——大白菜　大白菜需氮量较多，应少量多次，逐步增加肥料浓度；生长盛期在施用氮肥的同时，还需增施磷、钾肥。进入莲座期和包心前的两次施肥是丰产的关键。若后期磷、钾肥不足，往往不易结球。切忌把化肥撒在心叶里，以免造成烧苗，最好每次追肥能结合浇水进行。

2. 根菜类蔬菜——萝卜　萝卜前期要多施氮肥，促使形成肥大的绿叶；生长中后期（肉质根生长期）需磷、钾肥较多，可多施氯化钾、硫酸钾、磷酸二氢钾、多元复合肥等。否则易使地上部分徒长，根茎细小，产量下降，品质变劣。

3. 果菜类蔬菜——番茄　茄果类蔬菜在生长前期，主要以生长枝叶和培育壮苗为主，可以按常规施肥；但到了生长的中后期，是开花结果的重要时期，这个时候就要及时补充磷、钾肥，用含量高的磷、钾肥进行追施，同时用硼肥进行根外追施。根外施肥通俗地说就是往叶面喷施，既能促进多开花、多结果，还能防止落花落果，同时还能让秧苗长势健壮，轻轻松松就能增加产量和质量。

（二）施肥效果观察

每种作物土壤追肥均保留适当面积（株数）的不施肥小区作为全班施肥实验的对照区，施肥前各组观察记录蔬菜作物生长发育的形态特征。在施肥后约 1 周，再对比观察各种施肥处理与对照蔬菜作物生长发育的形态差异。

（三）注意事项

（1）注意每种作物的合理使用量，避免过量施肥，造成烧根、烧苗、土地板结等问题。
（2）一般苗期需要较多氮肥，花期需要较多磷肥，成熟期需要较多钾肥，注意元素配施。
（3）注意根据蔬菜生长发育状态及时施肥。
（4）注意根据天气情况调整施肥。

五、作业和思考题

（一）实验报告和作业

（1）比较分析不同蔬菜不同土壤施肥方法的蔬菜植株在施肥前后的生长发育变化，并比较不同追肥处理与对照（不施肥）蔬菜生长发育的差异，完成实验报告。
（2）总结分析不同土壤施肥方法的技术要点。

（二）思考题

（1）施肥位置和深度与蔬菜生长有什么关系？
（2）结合自己施肥操作的实际体会，请思考如何轻简化菜田施肥技术。

（本实验由钟凤林和程智慧主笔编写）

实验 II-14 蔬菜根外施肥技术

一、实验目的

根外施肥是一种成本低、见效快、方法简单、易于推广的辅助施肥方法，是在农业生产中补充和调节植物营养的有效措施。本实验通过对蔬菜根外施肥技术的操作，使学生了解蔬菜作物根外施肥适宜的时期，以及施肥种类、浓度和用量，掌握根外施肥技术，深刻理解根外施肥对蔬菜生长发育的影响和原理。

二、实验材料和仪器用具

1. 实验材料　大棚或温室内生长的果菜类蔬菜，如结果盛期的番茄、茄子、辣椒、黄瓜等果菜植株，不少于 2 种，每小组每种果菜各不少于 90 株。

2. 实验用具　不同水溶性叶面肥料，如尿素、磷酸二氢钾、硫酸钾、黄腐酸钾、氨基酸叶面肥等，至少 2 种，每组每种 1kg（或 1 瓶）；水桶、喷雾器，每组 2 个；天平（0.01g），每组 1 个。

三、实验原理

根外施肥有叶面施肥、茎秆吊瓶施肥等方式方法，将肥料施于植物叶面或茎秆内，是一种辅

拓展知识

助性的施肥措施，以叶面施肥应用普遍。营养元素施用于作物叶片表面，叶片表面的气孔是叶面肥进入叶片的主要通道；叶片表面的角质层由一种带有羟基和羧基的长碳链脂肪酸聚合物组成，这种聚合物的分子间隙及分子上的羟基、羧基亲水基团也可以让水溶液渗透进入叶内。化肥中的尿素类物质对表皮细胞的角质层有软化作用，可以加速其他营养物质的渗入，所以尿素成为叶面肥重要的组成成分。

根外施肥肥料用量少，肥效快，是一种辅助性的施肥措施。对氮、磷、钾大量元素来说，作物生长后期，根系吸收力弱，可以及时补充养分吸收的不足。对微量元素，根外施肥效果更好。但根外施肥并不能替代土壤施肥，气候状况对叶面施肥的效果影响很大；根外施肥也必须选用水溶性好的肥料或生物性物质，以低浓度溶液供作物。

根据蔬菜作物生长的需求，确定叶面施肥的肥料种类，以保证提高蔬菜叶面施肥的效果。肉质根和根茎块的蔬菜（胡萝卜、马铃薯等）应选择含钾丰富的肥料；嫩果荚、果、豆粒的蔬菜（黄瓜、茄子、菜豆等）应多注重含磷、硼丰富肥料的施用；叶球、叶丛、幼嫩茎叶的蔬菜（菠菜、白菜等）应注意选用含氮丰富的叶面肥；葱、蒜类的蔬菜喷施的叶面肥中不宜含氯离子过多。

在喷施蔬菜叶面肥时，要考虑施用浓度，肥液浓度过高容易产生肥害，浓度适宜才会有好的追肥效果。常用肥料喷施的适宜浓度一般为尿素 0.4%～1.5%、磷酸二氢钾 0.3%～0.5%、硼砂 0.1%～0.3%、过磷酸钙 2.0%～5.0%。芹菜、甘蓝、菠菜、白菜、空心菜、韭菜等叶菜类蔬菜，生长发育周期内需氮肥量大，喷施尿素、硫酸铵等化肥为主。胡萝卜、马铃薯、大蒜、大葱等根茎、鳞茎类蔬菜，生长发育周期内对磷、钾肥的需求量较多。冬季棚室内生产蔬菜时，易引起蔬菜微量元素的缺乏，可以适当补充施用微肥，如钙、硼、铁、锰等。

四、实验内容和方法步骤

本实验在教学实习基地分组进行，每标准班分为 6 组，每组 4～6 人，在不同果菜上实施不同叶面肥根外施肥实验操作，并比较观察施肥效果。

（一）实验操作

1. 配制肥液　　按小组进行，每组配制 0.4% 的尿素＋0.3% 的磷酸二氢钾溶液，不少于 2L；其他叶面肥按照产品说明浓度配制肥液，不少于 2L。

2. 叶面喷施　　选择长势一致的番茄、茄子、辣椒、黄瓜等果菜植株，在叶片正面和背面分别均匀喷洒不同叶面肥，喷施量以充分湿润叶面为度，处理和对照各 10 株，以喷水为对照，实验 3 次重复。

（二）效果观察

喷后植株统一按常规管理，并标记选定部位的叶片、茎和果实（小组自定选取）。10d 后观测植株生长情况，调查株高、茎粗、叶片长、叶片宽、果实长、果实粗和单果重，并拍摄处理前后的照片。

（三）注意事项

1. 选择适宜的浓度　　浓度过低时施肥效果不好，浓度过高易引起肥害。

2. 根据天气情况选择适宜时间　　一般应选择下午 4 时后或傍晚喷，雨天和雨前不宜进行，早晨有露水时不宜喷，高温强光照时不宜喷。

3. 喷肥雾滴要细小，喷匀　　注意喷洒在功能叶片正面和背面。

4. 混配时注意肥料特性　避免化学反应产生不良影响或降低肥效，如过磷酸钙与硫酸锌或硫酸铵不宜混配。

五、作业和思考题

（一）实验报告和作业

（1）比较实验各处理的植株有关生长指标，结合植株生长图片，说明叶面喷肥的效果。
（2）通过实验操作，总结说明蔬菜根外施肥应注意的问题。

（二）思考题

（1）说明根部施肥和根外施肥的优缺点。
（2）蔬菜生长的中后期出现老叶的叶脉间失绿变黄时，应注意哪些肥料的施用？

（本实验由孟晶晶主笔编写）

实验Ⅱ-15　设施蔬菜二氧化碳施肥技术

一、实验目的

设施蔬菜在晴天上午光合作用旺盛时期常会出现 CO_2 亏缺现象，增加 CO_2 浓度是蔬菜高产、优质的重要措施。本实验通过化学反应法增加设施内 CO_2 浓度的技术实训，使学生了解设施蔬菜生产中设施密闭环境 CO_2 浓度变化特点，熟悉不同蔬菜的 CO_2 补偿点、饱和点和最适浓度，掌握化学反应法 CO_2 施肥技术和基本原理。

二、实验材料和仪器用具

（一）材料和试剂

1. 实验材料　黄瓜、番茄等果菜类生产温室或塑料大棚 3 栋，每 2 组学生 1 栋温室或大棚。

2. 实验试剂　农业用碳酸氢铵（NH_4HCO_3）肥料，氮含量≥17.1%；浓硫酸（98%）。

（二）仪器和用具

1. 仪器　红外线 CO_2 分析仪或环境 CO_2 记录仪 1 台，温室娃娃 1 台，全班共用。

2. 用具　每组需 20 L 塑料桶 6 个，卷尺、游标卡尺各 1 把。

三、实验原理

（一）设施内增施 CO_2 的原理

拓展知识

不同蔬菜的 CO_2 补偿点、饱和点和最适浓度不同，C4 植物的 CO_2 补偿点接近 0，C3 植物的 CO_2 补偿点为 30～90μL/L；多数蔬菜的 CO_2 饱和点为 1000～2000μL/L，最适 CO_2 浓度一般为 600～1000μL/L。而空气中 CO_2 浓度一般为 350μL/L 左右，明显低于蔬菜 CO_2 饱和点。在相对密闭的设施内，白天 CO_2 浓度比外界还要低。日出后蔬菜进行旺盛的光合作用，会使 CO_2 浓度急剧降低，造成 CO_2 亏缺。因此，设施内需要增施 CO_2 以保持适宜浓度。

（二）碳酸氢铵和硫酸化学反应法原理

利用酸与碳酸盐反应生成碳酸，碳酸不稳定，可分解为水和 CO_2 的原理，增加设施内 CO_2 浓度。反应式为 $2NH_4HCO_3+H_2SO_4=(NH_4)_2SO_4+2H_2O+2CO_2\uparrow$。

四、实验内容和方法步骤

本实验在教学实习基地分组进行，每标准班分为 6 组，每组 4～6 人，完成 2 种设施果菜 CO_2 施肥操作实验，并观测比较效果。

（一）确定所用试剂的量

以设施内 CO_2 现有浓度为 $350\mu L/L$，单个设施面积为 $667m^2$，设施平均高度为 4m，设施内 CO_2 增施目标浓度为 $1000\mu L/L$，参照以下公式计算 CO_2 施放量。

$$C=r\times S\times H\times(C_2-C_1)\times10 \tag{29}$$

式中，C 为每天 CO_2 施放量；r 为常数，$r=1977g/L$；S 为大棚面积；H 为大棚平均高度；C_1 为施放时棚室内 CO_2 的浓度；C_2 为要求大棚内 CO_2 目标浓度。再根据化学反应式计算需要的碳酸氢铵和硫酸数量。

（二）稀释浓硫酸

按要求取适量 H_2SO_4，按硫酸：水＝1：4 的比例进行稀释。稀释时一定要将 H_2SO_4 慢慢倒入水中，且边倒边搅拌。

（三）布设反应点

按照设施内每 $20m^2$ 设一施放点，计算需要的施放点数。按照施放点数要求准备反应容器（塑料桶），将稀释后的硫酸分装于各塑料桶中，并吊挂在离地面 1.2m 的高度。将需要的碳酸氢铵按反应容器等分，分别加入到盛稀硫酸的反应容器中，使 H_2SO_4 和 NH_4HCO_3 发生反应生成 CO_2。

（四）浓度监测

施放前和施放后每 0.5h 用红外线 CO_2 分析仪测定一次环境 CO_2 浓度。

（五）效果观测

在 CO_2 施肥后 7～10d，以同样设施栽培的同种蔬菜为对照，观测 CO_2 施肥效果。

（六）注意事项

（1）实验应选晴天上午进行。一般在光照强度达到 5000lx 时，光合强度增加使室内 CO_2 浓度下降，为开始施用 CO_2 的适宜时间；或在日出后 1h 施用。停止施用 CO_2 的时间依温度管理而定，一般在换气前 30min 停止施用。上午同化 CO_2 能力强，可多施或浓度大一些；下午同化能力弱，可少施或不施。

（2）施放次数受棚温的影响，超过 32℃停止施放，停放 0.5h 后进行放风。

五、作业和思考题

（一）实验报告和作业

（1）简述设施蔬菜生产中果菜类蔬菜 CO_2 化学反应法施肥的关键技术要点。
（2）调查当地设施蔬菜 CO_2 施肥方法，归纳并比较不同 CO_2 施肥方法的优缺点。

（二）思考题

（1）设施蔬菜生产中 CO_2 的肥源有哪些？
（2）设施蔬菜生产中 CO_2 施肥不当会产生哪些影响？

（本实验由高艳明主笔编写）

实验Ⅱ-16　蔬菜侵染性病害病原显微诊断技术

一、实验目的

　　侵染性病害是蔬菜生产面临的主要有害生物威胁，掌握侵染性病害病原显微诊断技术对准确制订病害防治方案，保障蔬菜健康安全生产具有重要意义。本实验通过蔬菜典型侵染性病害病原显微诊断的实际操作，使学生学习病害标本采集方法和注意事项，了解典型病害的症状，掌握典型病害病原显微鉴定技术。

二、实验材料和仪器用具

（一）实验材料

　　1. 蔬菜和病原材料　　蔬菜田间病害症状挂图、蔬菜病害症状的新鲜样本或采集制作保存的病害标本。蔬菜病害症状样本以当地菜田常见病害为主，事先采集整理后备用，如霜霉病、白粉病、灰霉病等。

　　亦可根据当地蔬菜生产常见病害，确定至少 3 种目标病害，每小组到田间采集至少 3 种蔬菜病害新鲜标本，每种病害 3 份。

　　2. 辅助材料　　新鲜胡萝卜肉质直根或马铃薯块茎，每组 1 份。

（二）仪器和用具

　　1. 实验仪器　　生物显微镜，每组 1 台。
　　2. 实验用具　　剪刀、方瓷盘、手持放大镜、酒精灯、载玻片、盖玻片、切片用刀片、浅玻皿、挑针、移置环、毛笔、擦镜纸、吸水纸、纱布、蒸馏水、乳酚油等，每组 1 套。

三、实验原理

　　侵染性病害是由病原物侵染引起。由于不同病原物可能产生相似的症状，因此仅通过发病症状诊断病害种类不是绝对可靠的。对病害的准确诊断要在症状鉴定的基础上，再进行病原鉴定。

　　不同病原物由于分类地位的不同，具有不同的形态特征。通常，真菌较大，细菌较小，病毒更小。在病原物的生活史中，有的时期个性形态特征更明显。如真菌的孢子囊、孢子囊梗、孢子、菌丝等，可以通过显微观察识别其形态特征。

　　病征是在蔬菜受病组织生长出来的病原菌，也是病害鉴定的主要依据。

拓展知识

四、实验内容和方法步骤

本实验在实验室分组进行，每组 2～3 人，完成蔬菜侵染性病害病原显微诊断。

（一）实验操作（以利用田间采集的病株观察为例）

1. 干标本样观察　　将事先采集整理好的病原物样本置于方瓷盘中。若病原物特征明显，可直接用剪刀取下部分样本置于浅玻皿中，用手持放大镜观察病症表面，初步确定病原物生长部位后，再用挑针、移置环或毛笔挑取病原物置于载玻片中央的水滴上上镜观察。先在生物显微镜低倍物镜下（4×）观察菌丝体和子实体的有无，再在高倍物镜下（10×以上）确定形态特征，根据观察结果绘图。

2. 新鲜样本观察　　根据在寄主蔬菜上的病症特点可采用徒手切片法制作临时玻片，显微观察菌丝体和子实体形态结构，鉴定病原菌。

（1）选取材料并作适当的修整，左手食指和拇指捏住材料，中指顶住材料下端，使材料上端突出于手指以上 2～3 mm。右手握稳刀片，从左向右后方斜向切。

（2）用臂力均匀地沿刀口后部起拉向前方，连续切割 4～5 片后，用毛笔蘸水轻轻沿刀口取下，放入盛有水的浅玻皿中。对于过于柔软或较薄的材料，夹在"夹持物"中进行切片更为方便。新鲜胡萝卜和马铃薯块都可作"夹持物"。

（3）切割一定数量的薄片后，用移置环在浅玻皿中选取合用的材料薄片，放在载玻片的水滴中，在生物显微镜低倍物镜下（4×）观察菌丝体和子实体的有无，进一步在高倍物镜下（10×）镜检菌丝体和子实体特征。观察并绘图。

（4）镜检合格者置于酒精灯上将水烘干，并摆正材料，加一滴乳酚油，放在展片台略加热。镜检无气泡，小心加盖玻片，用吸水纸吸除多余的浮载剂，贴好标签，待干燥适宜时可封固制成永久玻片。

（二）注意事项

（1）在病株上观察时，注意观察不同发病器官上的病害症状表现。

（2）徒手切片注意刀口必须与材料面垂直，否则所得切面不正。切片时双手不应紧靠身体，要活动自如。在此过程中，左手握着的材料不要放下，否则再切时难按原位置拿材料；切片过程中，必须常用毛笔蘸水湿润材料，以免材料干涸不便切割。

五、作业和思考题

（一）实验报告和作业

（1）根据实验显微观察结果，绘图表示所检蔬菜病害的病原物特征，并写出鉴定的依据。

（2）根据鉴定结果，阐明所检病害的发病条件。

（二）思考题

（1）根据植株发病部位、症状及病程特点，如何阻断田间病害传播？

（2）如何根据病害特点制订综合防治措施？

（本实验由林辰壹主笔编写）

实验Ⅱ-17　蔬菜病虫害化学防控技术

一、实验目的

蔬菜病虫害一般采用农业防治、物理防治、生态防治、生物防治与化学防治等防治方法，常因地制宜地将这些方法协调综合、灵活运用，以达到安全、经济、有效地把各种病虫的危害控制在经济阈限之下。化学农药是综合防治技术的重要组成部分，利用农药的化学性质，将有害生物种群或群体密度压低到经济损失允许水平以下，具有收效迅速、方法简便、急救性强且不受地域性和季节性限制的特点。了解蔬菜主要病虫害侵染和危害特点、病虫害发生发展规律、化学农药的类型、剂型、使用方法和药械等，是有效实施化学防治的基础。本实验通过蔬菜病虫害的化学防治实践，使学生熟悉化学药剂的类型和剂型、蔬菜病虫害防治可以使用的化学药剂种类、化学防治适宜的施药时期、药械和使用方法，掌握化学防治技术。

二、实验材料和仪器用具

（一）实验材料

1. 蔬菜材料　教学实习基地田间生长的各种蔬菜，包括常见果菜类、叶菜类、根茎菜类等种类，有常见病虫害发生。

2. 农药材料　蔬菜病虫害防治常用化学农药，包括杀菌剂、杀虫剂的各种剂型，每组1套。

（二）药械和用具

1. 药械　常见喷雾器、喷粉机、烟雾机等，每组1套。

2. 用具　剪刀、配药容器等，每组1套；防护服，每人1套。

三、实验原理

拓展知识

蔬菜生产中经常会出现病虫害，影响蔬菜生长发育，降低蔬菜产量和商品性。因此，合理的蔬菜病虫害防治技术十分重要。化学防治在病虫害防治中具有收效迅速、方法简便、急救性强的特点，且不受地域性和季节性限制，在病虫害综合防治中占有重要地位。

化学防治是利用农药的化学性质，将有害生物种群或群体密度压低到经济损失允许水平以下。农药的性质表现在4个方面：①对有害生物的杀伤作用，是化学防治速效性的物质基础。②对有害生物生长发育的抑制或调节作用。有些农药能干扰或阻断生命活动中某一生理过程，使之丧失为害或繁殖的能力。③对有害生物行为的调节作用。④增强作物抵抗有害生物的能力。包括改变作物的组织结构或生长情况，以及影响作物代谢过程。

化学药剂按防治对象分类，有杀菌剂、杀虫剂等。按剂型分类，化学药剂主要有以下4类：水分散粉粒剂、悬浮剂、可湿性粉剂、微乳剂、水乳剂、乳油等，都可用水配制，用喷雾器施药；粉尘剂，主要用喷粉器施药；颗粒剂，直接在田间撒施；熏蒸剂，包括烟雾剂和气雾剂等，可用烟雾机或气雾机在设施内施药熏蒸。

详细信息可以查阅中国农药信息网，网站上动态更新各种病害及药剂、用量和使用方法。

四、实验内容和方法步骤

本实验在教学实习基地不同蔬菜田间分组进行，每标准班分为6组，每组4~6人，调查主要病虫害种类，根据实际情况选择不同剂型的化学农药和相应的施药机械进行防治。

（一）田间主要病虫害种类的确定

在田间仔细观察，参考表Ⅱ-17-1 调查各种蔬菜上主要病虫害的种类和危害情况。根据实际危害情况和各种病虫害的化学防治阈值，确定化学防治的病虫害种类。

表Ⅱ-17-1 蔬菜常见30种病害识别

病害名称	危害症状
根结线虫病	①根上有根结；②叶片中午萎蔫；③植株矮小
黑霉病	①浅褐色不规则病斑；②病斑变薄下陷，后逐渐长出黑霉
灰霉病	①沿叶脉间呈"V"形向内扩展，灰褐色；②边有深浅相间的纹状线，病健交界分明；③低温高湿型病害
疮痂病	①浸状斑点，后变蜡黄色；②呈圆锥状疮痂，另一面则向内凹陷，圆锥形、木栓化的瘤状突起；③病斑聚集
软腐病	①晴天萎蔫，早晚正常；②湿腐，有臭味；③最后根、茎、叶腐烂
绵腐病	①伤口附近水渍状；②果实棉絮状厚密菌丝体；③果实腐烂
病毒病	①叶皱缩，凹凸不平；②叶片褪绿黄化；③沿叶脉变色
立枯病	①白天萎蔫，夜间恢复；②呈灰褐色病斑；③干枯死亡，不倒伏
炭疽病	①叶片上呈现圆形、椭圆形红褐色小斑点；②有时边缘有黄晕，最后病斑转为黑褐色，并产生轮纹状排列的小黑点；③后期病斑穿孔，病斑多时融合成片导致叶片干枯
溃疡病	①浓黄色油渍状圆斑；②病部中央破裂，木栓化；③病斑多为近圆形，常有轮纹或螺纹状，周围有一暗褐色油腻状外圈和黄色晕环
果实轮纹病	①水渍状的暗褐色小斑点；②外缘有明显的淡色水渍圈；③烂果有酸腐气味，有时渗出褐色黏液
霜霉病	①病势由下而上逐渐蔓延；②正面出现多角形褪绿斑；③潮湿时背面出现紫灰色霉层
白粉病	①在叶片上开始产生黄色小点，而后扩大发展成圆形或椭圆形病斑；②表面生有白色粉状霉层；③一般地，下部叶片比上部叶片多，叶片背面比正面多
叶霉病	①叶片发病初期，叶面出现椭圆形或不规则淡黄色褪绿病斑；②叶背面初生白霉层，而后霉层变为灰褐色至黑褐色绒毛状灰色霉层；③全叶干枯卷曲
蔓枯病	①叶片病斑有小黑点；②蔓上病斑椭圆形；③有琥珀色的树脂胶状物
斑点病	①水渍状病斑；②病斑周围淡绿色晕环；③病斑上有不明显的小黑点
猝倒病	①苗期胚茎水渍状；②干枯呈线状；③幼苗猝倒
菌核病	①残花部水渍状腐烂；②白色菌丝最后变成黑色菌核；③不萎蔫，萎凋枯死
晚疫病	①茎部病斑呈暗褐色，叶片染病多从下部叶片开始，形成暗绿色、水渍状、边缘不明显的病斑；②叶背病健交界处出现白霉，干燥时病部干枯，脆而易破；③叶片上病斑多从叶尖或叶缘开始发生，形状不规则，无轮纹，稍凹陷，有明显的白色霉状物
早疫病	①茎基部生暗褐色病斑，稍陷，有轮纹；②高湿时黑色霉层幼苗的茎基部生暗褐色病斑，稍陷，有轮纹；③成株期发病一般从下部叶片向上部发展；④病部有（同心）轮纹
细菌性缘枯病	①水渍状病斑；②叶缘呈"V"形；③周围有晕圈
黑心病	①果皮由青绿色变成暗绿色；②失去光泽；③果实重量减轻
细菌性青枯病	①茎部皮层剥开木质部呈褐色；②初期个别枝条的叶片或一张叶片的局部呈现萎垂；③挤压有脓状物
细菌性角斑病	①叶背水渍状斑；②浇水后有菌脓；③叶脉为界，逐渐扩大，呈不规则的多角形，色赤褐，周围往往有黄色晕环，后期长出黑色霉状小点
黑星病	①叶片有星纹状病斑；②果实有褐色胶状物；③畸形瓜

续表

病害名称	危害症状
青枯病	①整个地上部均枯萎；②阴天和早晚有所恢复，如同健株；③呈青枯症状
白绢病	①有菌核；②基部腐烂；③茎叶萎蔫枯死
枯萎病	①子叶变黄；②茎基部黄褐色；③高湿白色霉状物
锈病	①锈菌一般只引起局部侵染；②受害部位可因孢子积集而产生不同颜色的小疱点或疱状、杯状、毛状物；③在枝干上引起肿瘤、粗皮、丛枝、曲枝等症状
褐斑病	①从下部叶片开始发病，逐渐向上部蔓延，初期为圆形或椭圆形，紫褐色，后期为褐斑病；②黑色病斑，直径为5～10mm，界限分明

（二）主要病虫害防治药剂和药械的选择

根据调查确定的化学防治的目标病虫害种类，参考表Ⅱ-17-2 选择防治药剂。最好针对不同病虫害特点选择使用不同剂型的化学农药，参考表Ⅱ-17-3 和表Ⅱ-17-4 确定单施或混施及重点防治部位和施药方法等方案，并根据药剂的剂型选择施药机械。

表Ⅱ-17-2 防治蔬菜病害的化学农药分类

杀菌剂类别	化学农药名称
保护（触杀）性	代森锰锌、百菌清、丙森锌、硫和铜制剂（如波尔多液、氢氧化铜、碱式硫酸铜、碱式氯化铜、氧化亚铜）等。其中，代森锰锌、百菌清、丙森锌为广谱性
内吸性	多菌灵、甲基硫菌灵、甲霜灵、三唑酮、烯唑醇、苯咪甲环唑、丙环唑、嘧菌酯、醚菌酯、霜霉威、烯酰吗啉、霜脲氰、嘧霉胺等。其中，甲基硫菌灵为广谱性，在植物体内转变为多菌灵，对斑点、粉锈、毛霉有效，对霜疫类病害无效

表Ⅱ-17-3 蔬菜常见病害的化学防治措施

病害	防治措施	适用作物
霜疫类病（霜霉、晚疫、白锈、疫霉根类等）	化学预防：代森锰锌/百菌清+多抗霉素/武夷菌素+腐植酸/红糖；初期配方：甲霜锰锌/双炔酰菌胺/烯酰锰锌/霜脲锰锌/霜霉威盐酸盐）+乙蒜素+多抗霉素/武夷菌素+腐植酸/红糖；中期配方：氟菌霜霉威（银发利）/吡唑嘧菌酯/恶酮·霜脲氰（抑快净）/丙酰胺霜霉威（普力克）+氯溴异氰尿酸+多抗霉素/武夷菌素+腐植酸/红糖	叶菜类、茄果类、瓜类、豆类、葱蒜类
	番茄筋腐病：预防用拿敌稳（肟菌戊唑醇）+腐植酸/红糖；治疗用银法利（氟菌霜霉威）+抑快净（恶酮·霜脲氰）+腐植酸/红糖	
细菌性病（软腐、青枯、斑点病等）	预防配方：中生菌素+褐藻酸钠+钙肥；治疗配方：噻菌铜/硫酸链霉素/新植霉素/可杀得+叶枯唑+氯溴异氰尿酸/乙蒜素+腐植酸/红糖+钙肥	叶菜类、茄果类、瓜类、豆类
生长点萎缩病	病毒病（高温、干旱、虫害期、土壤缺锌）：预防配方为低聚糖素/宁南霉素+腐植酸/白糖+锌铜硅钼营养；初期配方为盐酸吗啉胍/吗胍乙酸铜/辛菌胺醋酸盐+氯溴异氰尿酸+腐植酸/白糖+锌铜硅钼营养	叶菜类、茄果类、瓜类、豆类、葱蒜类
	缺硼（生长点萎缩、叶脉皱曲、空秆）：治疗配方为腐植酸+硼肥+植物酶激活剂	
	缺钙（新叶皱缩、干枯、干烧缘）：治疗配方为腐植酸+钙肥+植物酶激活剂	
	叶秆皱缩类药害类（特别是2,4-D和三唑类药害）：初期措施为先用大量水喷淋，然后喷施腐植酸+植物酶激活剂；中期措施为浇水、施肥，配合叶面喷施腐植酸+植物酶激活剂	
病毒病（黄化、蕨叶、条斑等）	预防配方为低聚糖素/宁南霉素+腐植酸+白糖+锌铜硅钼营养；初期配方为盐酸吗啉胍/吗胍乙酸铜/辛菌胺醋酸盐+氯溴异氰尿酸+腐植酸/白糖+锌铜硅钼营养	茄果类、瓜类

续表

病害		防治措施	适用作物
根萎类病	枯黄萎病：预防配方为辣根素/乙酸铜/硫酸铜+腐植酸+EM/CM（可用哈茨木霉菌）；治疗配方为恶霉灵/甲霜恶霉灵+井冈霉素/嘧啶核苷/多抗霉素+生根肽+EM/CM		茄果类、瓜类、豆类
	青枯病：预防配方为辣根素/乙酸铜/硫酸铜+腐植酸+EM/CM；治疗配方为硫酸链霉素/中生菌素/可杀得/噻菌铜+生根肽+EM/CM		
	疫霉根腐病：预防配方为辣根素/乙酸铜/硫酸铜+腐植酸+EM/CM；治疗配方为恶霜锰锌（杀毒矾，对霜霉、腐霉、白锈科真菌有良好效果）/丙酰胺霜霉威（普力克）+恶霉灵+甲托+生根肽+EM/CM		
	茎基腐病：预防配方为辣根素/乙酸铜/硫酸铜+腐植酸+EM/CM；治疗配方为甲基托布津+恶霉灵+嘧啶核苷/多抗霉素+EM/CM		
	蔓枯病：预防配方为多菌灵/丙森锌+氨基寡糖素；治疗配方为甲托+福美双+异菌脲，或苯咪甲环唑+咪酰胺		
	立枯/猝倒病：预防配方为辣根素/多菌灵/丙森锌+EM/CM；治疗配方为甲基托布津+恶霉灵+甲霜锰锌/恶霜锰锌+哈茨木霉菌		
	根结线虫病：防治配方为阿维菌素/毒·辛/福气多+甲壳素+生根肽；化学预防用代森锰锌/百菌清+多抗霉素/武夷菌素+腐植酸/红糖		
毛霉类病（灰霉病、叶霉病、菌核病等）	初期配方为异菌脲/嘧霉胺/腐霉利+苯咪甲环唑+乙蒜素/氯溴异氰尿酸+多抗霉素/武夷菌素+腐植酸/红糖；中期配方为烟酰胺/嘧菌环胺+苯咪甲环唑+乙蒜素/氯溴异氰尿酸+多抗霉素/武夷菌素+腐植酸/红糖		叶菜类、茄果类、瓜类、豆类、葱蒜类
	叶霉病配方：苯咪甲环唑+多抗霉素+乙蒜素+腐植酸/红糖		
	煤霉病配方：异菌脲+苯咪甲环唑+乙蒜素		
	菌核病：预防配方为乙酸铜/硫酸铜+腐植酸+EM/CM；治疗配方为异菌脲/嘧霉胺/腐霉利/菌核净+乙蒜素+多抗霉素		
生理性病（高温或低温伤害、缺素等）	防治配方：碧护+腐植酸/红糖（喷施）+微生物菌肥（根施）；若是缺素症，上述配方+所缺营养元素即可		所有作物
点斑类病（褐斑、炭疽、黑星、叶斑、早疫等）	预防配方为多抗霉素/武夷菌素+褐藻酸钠；治疗配方为唑类药+乙蒜素+多抗霉素/武夷菌素+腐植酸/红糖		叶菜类、茄果类、瓜类、豆类、葱蒜类
	疤斑病：预防配方为代森锰锌/多菌灵/甲托/百菌清+褐藻酸钠；治疗配方为三唑类（苯咪甲环唑、丙环唑、氟硅唑、戊唑醇）/咪唑类（咪鲜胺、氟菌唑）/甲氧基丙烯酸酯类（醚菌酯、吡唑醚菌酯）/二甲酰亚胺类（异菌脲）+春雷霉素+乙蒜素+腐植酸/红糖		

表 II-17-4　蔬菜主要虫害及化学防治措施

虫害	防控用药
小虫类（蚜虫、蓟马、白粉虱、飞虱等）	桉油精/阿克泰/吡虫啉/啶虫脒/烯啶虫胺/苦参碱/藜芦碱/印楝素/多杀菌素（对鳞翅目、双翅目、缨翅目高效，对刺吸式害虫及螨虫无效）；防治蓟马用阿克泰+多杀菌素
地下害虫类（蝼蛄、蛴螬、金针虫、地老虎、韭蛆等）	昆虫病原线虫/毒死蜱/辛硫磷
螨虫类（红蜘蛛、白蜘蛛等）	阿维菌素/哒螨灵/唑螨酯
大虫类（菜青虫、卷叶虫、甲壳虫等）	核型多角体病毒/苏云金芽孢杆菌/阿维菌素/甲维盐/氯虫苯甲酰胺（对鳞翅目高效）/氟虫双酰胺/多杀菌素（菜青虫）；防治叶甲用甲维盐+多杀菌素；防治鳞翅害虫用氯虫苯甲酰胺/甲维盐+多杀菌素
线虫类（根结线虫等）	噻唑磷
软体动物类（蜗牛、蛞蝓等）	四聚乙醛

（三）主要病虫害化学防治操作方法

按照农药使用说明和药械使用说明，以及化学农药安全使用操作规范，进行施药防治。

（四）注意事项

（1）几种农药混用时，应注意每种农药的化学性质，避免化学反应降低药效。
（2）化学农药都是有毒性的药剂，实验中应注意加强防护，安全操作。
（3）唑类药在瓜类、豆类苗期用量减半，茄果类开花坐果前慎用。

五、作业和思考题

（一）实验报告和作业

（1）总结田间病虫害种类调查结果、针对主要病虫害选择的化学农药，以及农药单配或混配防治方案，说明选择依据。
（2）总结不同药械（农药剂型）防治病虫害的优点和不足。

（二）思考题

（1）简述番茄主要的病害及化学防治措施。
（2）简述黄瓜的主要虫害及其化学防治措施。
（3）简述真菌性病害和细菌性病害的区别。

（本实验由李灵芝和程智慧主笔编写）

实验Ⅱ-18　蔬菜病虫害物理和生物防控技术

一、实验目的

病虫害是蔬菜生产面临的主要威胁，采用物理和生物手段防治病虫害，是减少化学农药使用和保障蔬菜产品安全的重要技术途径。本实验通过采用物理和生物手段防治病虫害的实际操作，使学生加深了解常见蔬菜害虫、昆虫天敌的种类及其分类特征，识别常见的蔬菜害虫、昆虫天敌；了解各类病害的发病特性和识别鉴定症状特征与防治技术，掌握蔬菜病虫害物理和生物防控技术，为蔬菜的安全生产提供技术支撑。

二、实验材料和仪器用具

（一）实验材料

1. 植物材料　选择设施或露地的瓜类、茄果类、豆类、结球芸薹类、肉质直根类、薯芋类、绿叶嫩茎类、多年生蔬菜等3～5类蔬菜的生产田，每种蔬菜田间群体应不少于1000m²，全班共用。

2. 病虫害实物、标本或绘本　蔬菜主要害虫、昆虫天敌的实物、标本或绘本，全班共用。

3. 防病虫害材料　杀虫灯1盏，诱虫纸或诱虫板10～15张，蚜茧蜂等天敌昆虫，全班共用。

（二）仪器和用具

1. 仪器设备　体视显微镜3～5台，人工气候箱1台，摇床1台，全班共用。

2. 实验用具　1000mL移液器3把，血球记数板3～5个，解剖针6～8个，全班共用。

三、实验原理

农业生产中长期使用化学农药会造成土壤板结、重金属及农药残留超标，直接影响人们的身心健康。与化学农药相比，生物农药可自然降解，没有农药残留，也不污染环境；选择性强，对人畜没有影响；高效，而且不会产生抗药性；能诱发害虫患病，达到防治害虫的目的。

拓展知识

物理防治就是利用各种物理因素及机械设备或工具防治病虫害，具有简单方便、经济有效、毒副作用少的优点。近代物理学的发展，以及其在植保应用上毒副作用少、无残留的突出优点，开辟了物理机械防治法在无公害蔬菜生产上的广阔前景。

（一）物理防控技术

1. 灯光诱杀害虫　利用有的害虫对一定的声光具有趋性的原理防治害虫。如安装频振式杀虫灯引诱成虫扑灯，主要诱杀的有小菜蛾、甜菜夜蛾、斜纹夜蛾、小地老虎、金龟子等害虫。

2. 色板诱杀害虫　利用有的害虫对一定颜色趋性的原理防治害虫。悬挂黄色粘板诱杀白粉虱、斑潜蝇、蚜虫和黄曲条跳甲；蓝板诱杀蓟马等。

3. 食物诱杀害虫　利用害虫的趋化性原理防治害虫。如用糖醋液可诱杀地老虎、黏虫、金龟子等害虫的成虫。

4. 防虫网隔离害虫　利用屏障阻隔的原理防虫。如用防虫网覆盖可防止菜青虫、小菜蛾、斑潜蝇、蚜虫及夜蛾等害虫的危害；切断害虫的传毒途径，有利于减轻病毒的危害。

5. 高温消毒　利用高温消毒的原理防控有害生物。如在播种前对种子进行除杂处理和消毒处理；用温汤浸种和晒种的方法来杀灭种子表面的病菌；苗床用日晒、土壤蒸汽等热力消毒等。

（二）生物防控技术

1. 天敌防虫　利用生物间相生相克和昆虫食物链关系原理，以对蔬菜无害的天敌昆虫控制害虫或病害。在农事活动中，保护和利用好天敌，可有效控制温室害虫的种群数量，减少农药使用次数，提高蔬菜安全性，减少环境污染。捕食性天敌有赤眼蜂、瓢虫、捕食螨等；寄生性天敌有蚜茧蜂、赤眼蜂、土蜂、线虫、小蜂等。利用天敌防虫，如利用食蚜蝇和七星瓢虫防治蚜虫，利用草青蛉防治红蜘蛛等。

2. 性诱剂引诱防虫　利用性信息素诱惑的原理防虫。昆虫性诱剂通过诱芯释放人工合成的性信息素化合物，并缓释至田间，引诱雄蛾至诱捕器，并用物理法杀死雄蛾，最终达到控制害虫繁殖的防治目的。

3. 生物农药防虫　利用生物间相生相克原理和无害生物产物或其代谢产物防控有害生物。如利用活体微生物农药进行植物病害的防治，主要有细菌杀菌剂、真菌杀菌剂、线虫制剂等；利用昆虫病原微生物进行防治，主要有白僵菌、绿僵菌等病原真菌的利用，各种多角体病毒的利用，苏云金杆菌、短隐杆菌细菌性杀虫剂防治鳞翅目、鞘翅目、直翅目、双翅目、膜翅目害虫等。

4. 微生物菌肥防病虫　利用可以做成肥料的微生物及其制剂抑杀有害生物或控制有害生物的原理防治有害生物。如在苗床及育苗期喷施微生物菌肥，可减少苗期病虫害；在施基肥及生长期施用微生物菌肥，可有效减少土壤病害、烂根及疫病等发生。

四、实验内容和方法步骤

本实验在教学实习基地不同蔬菜田间分组进行，每标准班分为 6 组，每组 4～6 人，分组完成蔬菜病虫害物理和生物防控技术实验操作。

（一）田间调查和布设防治措施

1. 田间调查　　田间调查并识别常见蔬菜害虫、天敌昆虫的种类及其分类特征，常见细菌、真菌和病毒病的发病特征和病情。

2. 布设物理防治　　在设施或露地栽培的蔬菜作物田，因地制宜地安排物理防控措施。以黄板诱杀蚜虫、蓝板诱杀蓟马、诱虫灯诱杀鳞翅目等害虫为代表。可以设置单位面积不同密度的诱虫板和杀虫灯处理。

3. 布设生物防治　　在设施或露地栽培的蔬菜作物田，因地制宜地安排生物防控措施。以天敌防虫为代表，以无防治为对照，可以设置单位面积不同密度蚜茧蜂防蚜处理。

（二）防治效果调查

1. 物理防治效果　　调查比较同一作物田间单位面积不同密度诱虫板和杀虫灯处理诱杀害虫的效果，并与未防治田块比较蔬菜作物受害情况；调查比较其他物理措施的防治效果。

2. 生物防治效果　　调查比较同一作物田间单位面积不同密度蚜茧蜂处理的天敌数量、残留蚜虫数量，计算防蚜效果，并与未防治田块比较蔬菜作物受害情况；调查比较其他生物措施的防治效果。

（三）注意事项

（1）物理和生物措施防治病虫害实验，处理的小区面积要较大。
（2）不同防治措施的田间小区之间需做好有效的隔离防护。

五、作业和思考题

（一）实验报告和作业

（1）总结分析不同物理措施防治病虫害的效果。
（2）总结分析不同生物措施防治病虫害的效果。

（二）思考题

（1）目前物理防治和生物防治的主要局限性有哪些？
（2）生物防治和物理防治会向哪方面发展？

（本实验由蔡兴奎和程智慧主笔编写）

实验Ⅱ-19　茄果类蔬菜整枝技术

一、实验目的

茄果类蔬菜分枝性强，连续开花连续结果，整枝是生产中调整株型和结果的重要技术。本实验针对茄果类不同种类蔬菜的分枝习性和生长发育特点，通过整枝技术操作，使学生进一步熟悉茄果类蔬菜的分枝结果习性，掌握不同的整枝方法和技术，深刻认识整枝对茄果类蔬菜优质高效栽培的意义，以及整枝与其形态特征、生长势、种植密度、生产目的等的关系和原理。

二、实验材料和仪器用具

1. 实验材料　　田间生长进入结果期的番茄、茄子、辣椒等蔬菜群体。
2. 实验用具　　修枝剪、小推车、绑蔓夹等辅助工具。

三、实验原理

拓展知识

整枝是根据蔬菜作物生长发育特性，结合栽植密度和生产目的等，通过除去部分枝（蔓）以调整株体营养生长和生殖生长的相互关系（一般为抑制营养生长促进生殖生长），同时将留下的枝（蔓）引到适当位置以改善植株群体的空间结构和环境（通风透光、降低湿度、提高地表温度），进而提高空间利用率的一项植株调整技术。整枝的过程也是及时清除病虫危害严重株体、枝蔓、叶片、果实的过程，因此，其还有利于减少群体的病虫危害，促进优质高产的形成。茄果类蔬菜的整枝方式有单干整枝、一干半整枝、双干整枝、三干整枝、四干整枝、连续换头整枝等。

整枝的原理涉及到植物器官生长相关、营养生长与生殖生长相关、源与库的关系、顶端优势等。

四、实验内容和方法步骤

本实验在教学实习基地分组进行，每标准班分为 15 组，每组 2 人，完成茄果类不同蔬菜整枝实验操作。

（一）实验内容

1. 番茄整枝　　最常用单干整枝和双干整枝。单干整枝是在一个栽培周期内，只留 1 个主干结果，将所有侧枝都陆续打掉的整枝方式。可根据栽培目的将主干在留够一定果穗数后摘心，该整枝方式适用于高密度栽培，是设施栽培的主要整枝方式。双干整枝是在一个栽培周期内，将植株除留主干（主蔓）外再选留第一花穗下的第一侧枝，而把其他侧枝都陆续打掉的整枝方式，亦可根据栽培实际对主蔓和侧蔓摘心，其适合较低密度栽培。

不管哪种整枝方式，在确定整枝方式后，后期的植株调整管理是一样的。本实验进行单干整枝和双干整枝操作，包括摘除侧枝、老叶、病叶、生长发育不良的果实和烂果。

2. 茄子整枝　　设施栽培常用双干整枝，即在对茄形成后剪去两个向外的侧枝，保留两个向上的枝干，打掉其他所有侧枝。本实验操作双干整枝技术，根据植株生长情况，同时进行摘老叶、病叶、病果和摘心（留 5～8 个果）等操作。

3. 辣椒整枝　　露地栽培和一般辣椒品种通常只摘除植株基杈、老叶、病叶，大型辣椒（尤其是彩色甜椒）设施栽培时常进行整枝，多采用双干整枝，即在门椒以上留两干，其余侧枝芽全部摘除。本实验操作双干整枝，并根据植株生长情况进行摘除基杈、老叶、病叶、病果等操作。

（二）方法步骤

对每种蔬菜，在整枝前，先环视整株，明确整枝内容，然后进行操作，根据茎蔓生长发育和结果状态，去除侧枝，摘除老叶、病叶、病果等，并进行固蔓。

（三）注意事项

（1）摘除侧枝、老叶等宜在上午进行，摘除掉的老叶、病叶等要及时清理到种植田外。

（2）如果遇到感染病毒病等传染性病害的植株，在用剪刀剪除侧枝、老叶、病叶等后，对其进行酒精消毒处理，避免传播病害；也可用"推杈"或"掰杈"手法去侧枝。

五、作业和思考题

（一）作业

（1）比较番茄、茄子、辣椒3种蔬菜整枝的区别。
（2）请分析说明茄果类蔬菜整枝的作用和原理。

（二）思考题

（1）在茄果类蔬菜作物的整枝中，侧枝摘除的适宜长度是多少？为什么？
（2）在茄果类蔬菜栽培中，如果不整枝，会出现什么样的结果？

（本实验由关志华主笔编写）

实验Ⅱ-20　番茄保花保果和疏花疏果技术

一、实验目的

番茄落花现象普遍，有时幼果也脱落。保花保果和疏花疏果对番茄早熟、丰产和优质生产具有重要意义。生产中，除加强栽培管理外，利用植物生长调节剂进行蘸、涂或喷花，是防止落花落果的有效措施。及时疏去多余的花、畸形果和病果，是提升番茄品质、促进优质生产的关键技术。

本实验通过对番茄植株进行保花保果和疏花疏果处理，使学生掌握保花保果和疏花疏果技术，深刻理解利用植物生长调节剂进行保花保果的原理和疏花疏果对优质生产的意义。

二、实验材料和仪器用具

（一）实验材料

大果型和小果型结果期的番茄植株群体；浓度35mg/L的PCPA、蒸馏水等。

（二）实验用具

每组需剪刀2把、小喷壶2个、毛笔2支、吊牌1把、记号笔2支、游标卡尺1把。

三、实验原理

拓展知识

番茄生产中，常因温度、光照、水分、营养等环境条件不适，或受自身生长发育状态影响等，导致开花坐果不良，产生落花落果。要防止落花落果，从根本上须加强栽培管理，创造适宜生长发育的环境（温湿度、水肥、光照等），促进正常开花坐果。

番茄正常授粉受精后，种子的形成使子房内植物生长素增加，果实成为营养中心，吸引更多的养分流入，从而促进坐果和果实发育，故生产中在环境不适宜坐果的情况下，用生长素类植物生长调节剂处理可有效防止落花，促进结果。常用生长素为PCPA（对氯苯氧乙酸，又称防落素、番茄灵）和2,4-D（2,4-二氯苯氧乙酸），适宜浓度分别为25～50mg/L和10～20mg/L，前者可蘸花、喷花，后者可点花、涂花；环境温度较低时选浓度上限，温度较高时则用浓度下限。

当环境条件较适宜或进行保花保果处理后，坐果太多会因营养供应不足出现小果、弱果、畸形果，影响产量和品质。为确保果实大小一致、均匀整齐，进入开花坐果期后，可进行疏花疏果，以减少养分消耗，保证果穗均匀整齐，提高商品性。通常情况下，大果型番茄（200g 以上）每穗留果 3～4 个，中果型番茄（100～150g）留果 5～6 个，小果型番茄（10～20g）留果 15 个左右或不进行疏花疏果。具体留果数量也应根据植株长势、环境变化动态进行调整。

四、实验内容和方法步骤

本实验在实验教学基地分组进行，每标准班分为 6 组，每组 4～6 人，完成番茄保花保果和疏花疏果实验操作，并观测效果。

（一）保花保果处理

分别对开花结果期的普通番茄（T_1）和樱桃番茄（T_2）进行保花保果处理。将浓度 35mg/L 的 PCPA 溶液装入小喷壶，当每个花序开放 3～4 朵花时，左手托住花序，右手持喷壶对花序均匀喷药，以喷湿花朵为度，避免药液喷到嫩叶上，处理后分别挂牌标记；同时，用装有蒸馏水的小喷壶分别对普通番茄和樱桃番茄进行喷花处理，并挂牌标记为对照 CK_1 和 CK_2。每处理喷 10～20 个花序，重复 3 次。

（二）疏花疏果处理

分别对开花结果期的普通番茄（T_3）和樱桃番茄（T_4）进行疏花疏果处理。处理时，若花序尚未坐果则进行疏花处理，疏掉畸形花和开放较晚的小花、弱花；若花序已坐果则进行疏果处理，疏除最后的小果、裂果、畸形果，留发育好的果实。普通番茄每穗留果 3～4 个，樱桃番茄每穗留果 15 个左右。以不疏花疏果的普通番茄和樱桃番茄为对照 CK_3 和 CK_4。每处理 10～20 个花序，重复 3 次。

（三）处理效果观察统计

处理 2～4 周后，分别调查各处理花序的坐果率、畸形果率、果实大小及果实的整齐度。其中，单个花序的坐果率=该花序坐果数/该花序总花数，畸形果率=畸形果数/坐果数。果实大小用游标卡尺测果实纵横径衡量，果实整齐度用果实大小的变异系数进行评判。

五、作业和思考题

（一）实验报告和作业

（1）依据保花保果处理花序的坐果率和畸形果率，分析 PCPA 处理对番茄保花保果的效果。

（2）依据疏花疏果处理花序的坐果率、畸形果率、果实大小及其整齐度，分析疏花疏果对番茄产量和商品性的影响。

（二）思考题

（1）使用植物生长调节剂进行保花保果处理，对番茄优质高效生产有何影响？生产中如何有效避免同一花序的重复处理？

（2）普通番茄（大果型）和樱桃番茄（小果型）的疏花疏果有何不同？后者是否有必要进行疏花疏果作业？

（本实验由潘玉朋主笔编写）

实验Ⅱ-21　瓜类和豆类蔬菜茎蔓与花果管理技术

一、实验目的

茎蔓与花果管理是瓜类和豆类蔬菜一项细致的管理工作。合理调整茎蔓结构和花果，可以充分利用土壤和生态环境，从而达到高产优质的目的。本实验通过瓜类和豆类蔬菜茎蔓与花果管理的实际操作，使学生熟悉瓜类和豆类蔬菜植株生长与开花结果习性，掌握主要种类茎蔓与花果管理技术和原理。

二、实验材料和仪器用具

（一）实验材料

设施栽培的吊蔓西瓜，设施或露地栽培的薄皮甜瓜等瓜类作物2种，每种作物成株期群体不少于300株。

露地或设施支架栽培的菜豆或豇豆等豆类作物1种，作物成株期群体不少于$200m^2$。

（二）实验用具

吊蔓绳300根、竹竿300根、固蔓夹300个，全班共用；剪刀，每组1把。

三、实验原理

（一）茎蔓管理原理

拓展知识

瓜类和豆类蔬菜茎蔓管理包括整枝、打杈、摘心、摘叶、支架、绑蔓或吊蔓、固蔓、落蔓、压蔓、绑蔓、曲蔓等，是利用植物器官间的生长相关、源库关系、顶端优势等基本原理，调节茎蔓生长和物质运输等，构建合理结果株型结构和空间分布结构，以获得优质高产。

整枝就是保留适当结果枝，摘除植株部分枝叶、侧芽等，以保证植株健壮生长发育，抑制营养生长过旺。支架或吊蔓是借助支架或吊蔓绳和固蔓夹支撑茎蔓；落蔓、曲蔓、压蔓等是将植株藤蔓保持适当的空间姿态，使茎蔓往上定向生长，受光良好，或在地面固定以合理分布和抗风，并可提高土地利用率。摘心、摘叶等，则是根据有效生长季节计划留果，在一定节位摘除结果枝顶芽，摘除病、残、老叶，减少无效营养消耗，使植株营养集中供应预留的果实，提高商品率。

（二）花果管理原理

瓜类和豆类蔬菜花果管理包括授粉、疏花疏果、计划留果、吊果、垫瓜、翻瓜等，其基本原理就是利用授粉受精调控植物生长中心，利用生殖生长与营养生长的关系及源库关系调节生长平衡，促进坐果；利用植物与环境间的关系原理，使果实均匀受光，形成形状和皮色等外观质量高的产品。

四、实验内容和方法步骤

本实验在教学实习基地分组进行，每标准班分为6组，每组4~6人，完成瓜类和豆类蔬菜茎蔓与花果管理技术实验操作。

（一）西瓜茎蔓和花果管理

1. 整枝　　整枝依品种结果习性、栽培方式等不同采用不同方式。如设施吊蔓西瓜常用单蔓或双蔓的整枝方式。

单蔓整枝：只保留主蔓结瓜，当主蔓长约 50cm 或 4～5 片真叶时去除所有侧蔓。

双蔓整枝：除保留主蔓外，在基部选留 1 条健壮的侧蔓与主蔓平行生长，去除其余侧蔓。

2. 吊蔓　　在 5 片真叶期茎蔓开始伸长时进行吊蔓。将吊蔓绳一端绑在设施吊蔓绳架上，另一端连固蔓夹固定在茎蔓基部，使茎蔓沿绳向上攀爬生长。

3. 摘心　　待主蔓结果以后，摘除植株的顶芽。

（二）甜瓜茎蔓和花果管理

甜瓜以侧蔓结瓜为主，整枝方式可根据不同的品种来确定。甜瓜整枝工作一般是前紧后松，坐果前要经常摘心打杈，坐果后管理相对比较宽松。

1. 整枝　　有子蔓双蔓、3 蔓和 4 蔓整枝。双蔓整枝的，当幼苗长至 4～5 片真叶时对主蔓摘心，选取 2 根健壮子蔓；3 蔓整枝的，每株留 3 条有效子蔓，各结 1 个瓜；4 蔓整枝的，当幼苗 6～7 片真叶时对主蔓摘心，留 4 条子蔓生长结瓜。

2. 摘心　　在幼苗 2～3 片真叶或 4～5 片真叶时，把秧苗的生长点连同小叶一起摘除。主蔓 4 片真叶摘心，子蔓 3 片真叶摘心，孙蔓 5 片叶摘心，孙蔓摘心后长出的腋芽全部抹除。

3. 留瓜　　一般坐果节位在 10～15 片叶间。当甜瓜长到核桃大时，选留 1～2 个瓜型周正的瓜，去除多余的幼瓜。

（三）豆类蔬菜茎蔓和花荚管理

1. 搭架理蔓　　一般在主蔓长至 20～30cm 时搭架引蔓。架材长 2.2～2.5m，搭成"人"字架；设施内吊绳引蔓的，吊绳上方固定在横杆上，下方系在藤蔓基部。将藤蔓引向支架，使蔓顶紧靠支架。

2. 整枝　　开花前打掉第一花序以下的侧枝，中部侧枝长 40cm 左右摘心，主蔓 2.5～3m 时打顶摘心。

3. 落蔓和去老叶　　主蔓接近架顶时进行落蔓，落蔓前要及时去除下部老蔓和病叶、黄萎叶。

（四）注意事项

（1）吊蔓过程中要注意用绳子去绕枝蔓，而不是用枝蔓绕绳子，这样可以保护植株的生长点不被折断。

（2）去除的老叶、病叶要及时清除出去，防止病菌传染。

（3）打杈、摘心、摘除病叶一般选择晴天上午进行；落蔓要在打杈、摘心工作完成后，伤口愈合了再进行，防止落蔓后伤口感染病虫害。

五、作业和思考题

（一）实验报告和作业

（1）绘制一种瓜类蔬菜结果及分枝模式图。

（2）简述甜瓜摘心的技术要点和意义。

（3）简述菜豆落花落荚的原因及防控方法。

（二）思考题

（1）分析整枝技术对露地栽培和设施栽培西瓜的重要性。

（2）分析植株调整对设施甜瓜丰产的意义。

（本实验由杨路明主笔编写）

实验Ⅱ-22　设施果菜吊蔓落蔓技术

一、实验目的

吊蔓、落蔓是设施果菜栽培中利用设施骨架和吊蔓绳调整植株生长和分布的管理技术之一，随着果菜茎蔓生长，及时吊蔓可以使茎蔓合理整齐分布；当茎蔓过高不便农艺操作时，又要及时降落茎蔓。本实验旨在通过设施果菜吊蔓和落蔓技术操作，使学生了解设施果菜茎蔓生长特点，掌握吊蔓、绕蔓、落蔓和盘蔓等植株管理技术要点和要求，深刻理解茎蔓分布与设施果菜生产力及农艺操作的关系和原理。

二、实验材料和仪器用具

（一）实验材料

设施栽培的开花坐果期和结果期的黄瓜和番茄植株，每组每种蔬菜80～120株。

（二）实验工具

每组需吊蔓绳或尼龙绳80～120根，固蔓夹80～120个，剪刀1把。

三、实验原理

拓展知识

瓜类、豆类和茄果类的多数果菜，茎呈蔓性或半蔓性，不能直立生长，需要依靠外界支撑才能攀缘向上；相比于匍匐生长，直立生长可增加栽植密度，提高土地利用率，改善通风透光条件，减少病虫害，防止果实接触地面烂果，从而提高产量和品质。

对于无限生长型的蔬菜来说，当其结果部位高于人采摘等操作高度时，需要对其进行落蔓，一方面可便于人的操作；另一方面可改善通风透光条件，给植株提供了继续生长的空间，促进坐果；同时，在落蔓时曲蔓、盘蔓，还可调节植株的生长和开花结果。

四、实验内容和方法步骤

本实验在教学实习基地分组进行，每标准班分为6组，每组4～6人，每人完成2种果菜各20株的吊蔓、落蔓技术操作。

（一）吊蔓

1. 拉绳吊蔓　每株苗1根吊蔓绳，上端系在预先铺搭好的铁丝吊蔓架上。吊蔓时，拉紧吊绳下端，打开夹子，将吊绳和植株生长点以下第2节处的茎放入固蔓夹的中间和头部圆口固定，以后随着植株的生长进行向上引蔓，间隔5～6节上移固蔓夹。

2. 吊蔓时间　黄瓜一般在5～7片叶、龙头向下弯时进行吊蔓；番茄茎的木质化程度稍高，一般到植株生长至30～40cm时进行吊蔓。

（二）落蔓

落蔓前先将植株下部的病叶和衰老叶摘除，并控制浇水。落蔓时将植株基部茎蔓顺着自然弯曲的方向盘绕下落，防止茎蔓拉伤甚至折断，瓜蔓要落到垄上，每次落蔓高度在50～60cm，落蔓后基部叶片与垄面距离在10cm以上。一般落蔓后植株的垂直高度保持在1.3～1.4m。

（三）注意事项

（1）阴雨（雪）天不宜吊蔓和落蔓，且吊蔓和落蔓前后3d内不要浇水，以免空气湿度过大引发病害。吊蔓和落蔓宜在晴天下午进行，此时茎蔓含水量少，操作时不易折断茎蔓。

（2）落蔓要使叶片均匀分布，保持合理采光位置，维持最佳叶片系数，提高光合效率。

（3）如果田间有感染病毒病的植株，则应先对健康植株进行操作，然后再处理病株，以防把病株的带病毒汁液传到健康植株上。对带病植株进行操作后要用肥皂水洗手。

五、作业和思考题

（一）实习报告和作业

（1）拍照或录视频记录2种果菜吊蔓和落蔓操作过程。

（2）比较黄瓜和番茄的吊蔓与落蔓技术的异同点。

（二）思考题

（1）分析吊蔓和落蔓对日光温室果菜丰产的重要性。

（2）结合所学知识，分析蔬菜植株调整的理论基础和现实意义。

（本实验由肖雪梅主笔编写）

实验Ⅱ-23　果菜支架和固蔓技术

一、实验目的

果菜支架和固蔓技术以农艺物理调节手段调整植株的生长、发育和结果，从而促进产品器官的形成。本实验通过果菜类蔬菜引蔓、绑蔓、搭架的实际操作，使学生掌握果菜支架固蔓技术要点及注意事项，深刻理解其技术原理。

二、实验材料和仪器用具

（一）实验材料

6片真叶以上黄瓜植株；蔓长30cm以上番茄植株；蔓长60cm以上的爬地西瓜或南瓜等果菜植株。每种蔬菜材料每组各40～60株，露地或设施栽培。

（二）实验用具

每组需竹竿、木棍或商品架材 100 根，尼龙绳或绑蔓绳 1 捆，剪刀 1 把。

三、实验原理

（一）支架

拓展知识

对于不能直立的蔓生性蔬菜，人工搭建支撑架，供蔬菜作物攀缘和将蔬菜茎秆绑缚其上，保持良好的生长和受光姿态，有利于植物直立生长，增加栽植密度，改善通风透光条件，减少病虫害，防止果实接触地面后烂果，从而提高产量和品质。支架形式因蔬菜种类和栽培环境而不同，主要有单杆架、人字架、篱笆架、四角架等。支架材料常为竹竿、荆条、树枝等，可就地取材；也有商品架材。

1. 单杆架　　架型简单，用架材少，但稳定性和牢固性差，主要用于植株较矮小和产品较小的蔬菜，如豆类、辣椒、茄子和有限生长型番茄。

2. 人字架　　架高 170～200cm，畦的两端还可另用竹竿斜插支撑加固，稳定性较好，但通风透光性较差。

3. 篱笆架　　通风透光性好，但挡风面大，遇大风容易造成全畦植株倒伏。

4. 四角架　　架型坚固，不易倒架，常用于番茄、菜豆、黄瓜等，但通风透光性较差。

（二）绑蔓

绑蔓是将茎蔓固定在支架上，使植株排列整齐，受光均匀，并可通过绑蔓部位和松紧程度调节植株生长，使生长势均衡，结果部位比较一致，管理方便。

（三）压蔓

压蔓是爬地栽培的瓜类蔬菜固定茎蔓的方法，常有明压和暗压、轻压和重压之分。明压是指用土块把瓜蔓压在畦面；暗压是在蔓的走向下面划一浅沟，沟深 6cm 左右，将茎蔓埋入沟中，培土，压紧，叶柄和叶片留在外面。轻压和重压是对茎蔓压力大小之分，因而产生的效果也不太一样。压蔓可以固定蔓，防止风刮秧蔓造成植株损伤，使植株排列整齐，茎叶分布均匀，充分利用光照，调节植株生长和坐瓜，促使压蔓节位产生不定根，扩大根系吸收面积。

四、实验内容和方法步骤

本实验在教学实习基地分组进行，每标准班分为 6 组，每组 4～6 人，完成果菜支架、绑蔓和压蔓等茎蔓管理技术操作实验。

（一）实验操作

1. 支架　　每组根据不同果菜和植株生长习性，分别实施 4 种支架方式的支架操作。

2. 绑蔓　　在果菜生长期间，绑蔓分次进行。番茄在每穗果下各绑 1 次，每道绑在穗果下第 1 片叶的下部。瓜类根据卷须的攀缘情况，可每隔 3～4 节绑 1 次蔓。绑蔓宜用"8"字形绕环绑蔓法。每组分别实施番茄和瓜类绑蔓 10 株以上。

3. 压蔓　　在西瓜或南瓜上进行压蔓。南瓜在蔓长 40～50cm 时开始压蔓，其后间隔 4～5 节压第 2 道，这样压蔓 3～4 道即可。西瓜在植株具 6～7 片真叶，开始由直立状态转向匍匐生长时在根际压土，帮助其卧倒，并使所有植株的瓜蔓向同一方向伸长，以后间隔 4～5 片叶子压一下，共压 2～3 次。结果节位前后 2～3 节不能压，以免影响瓜的发育。一般瓜前压 2 道，瓜后压 2～3 道。侧蔓不留瓜时也参照主蔓节数进行压蔓，一般压 3～4 道。每组实施瓜类压蔓 10 株以上。

（二）注意事项

（1）植株生长势强的茎蔓应弯曲上架，绑得紧一些，以抑制生长；植株生长势弱的，应直立上架，绑得松些，促其生长。这样抑强扶弱，使群体生长点高度一致。

（2）绑蔓最好在下午进行，以免茎蔓折断。不要碰伤植株和果实，将果实盖在叶下，避免日灼；调节绑蔓松紧适度，给主茎逐渐加粗留有余地；当植株摘心封顶后，上部应绑得紧一些，以防因果实增多而使茎蔓下坠。

五、作业和思考题

（一）实验报告和作业

（1）对比实验操作的蔬菜支架方式和固蔓技术，并分析其优缺点。

（2）结合对当地主要果菜支架和固蔓技术的调查总结，谈谈你对果菜支架和固蔓技术改进的建议。

（二）思考题

（1）需要支架或固蔓的蔬菜种类有哪些？

（2）如何通过绑蔓和压蔓等技术调节植株的生长与开花坐果？

（本实验由高艳明主笔编写）

实验Ⅱ-24　蔬菜产品整形塑形技术

一、实验目的

蔬菜产品整形塑形，可以提高蔬菜产品外观品质，增强市场竞争力，创造稀、奇、特等多样化产品，满足观赏和休闲消费需求。通过本实验操作，使学生熟悉蔬菜产品整形塑形的概念和常用方法，掌握整形塑形操作的技能和原理。

二、实验材料和仪器用具

（一）实验材料和试剂

1. 蔬菜材料　选择试验田结果期的西瓜、黄瓜、番茄等作物，其中黄瓜用于弯瓜拉直实验，西瓜、番茄等用于果实塑形实验，每组需黄瓜 200 株，西瓜和番茄各 10～15 株。

2. 实验试剂　30mg/L 赤霉素（GA$_3$）、黄瓜顺直王。

（二）实验用具

不同形状的模具（可自行设计）、量筒、标签、塑料袋、剪刀、绳子、手持喷雾器和毛笔等，每组 1 套。

三、实验原理

拓展知识

每种蔬菜产品受遗传性决定而有其固有形状，但在生长发育过程中如遇到机械阻隔或化学调节，则其产品形状也会发生变化，如果给其适当形状的模具，如心形、三角形、方形、葫芦形、元宝形等，产品就可按照模具的形状生长，从而形成各种各样外形的产品。

有些蔬菜如黄瓜、丝瓜等常因为其果实中植物激素分布不均匀，造成果实弯曲，可通过重力作用来把它拉直，也可使用外源生长调节剂进行处理，调节内部激素分布，使产品变直，提高产品外观品质。如低浓度的 GA_3 可使细胞伸长，加速生长，在细胞伸长过程中促进核酸与蛋白质的合成。生产中常用的黄瓜顺直王等植物生长调节剂，具有促进生长发育、协调营养平衡、增加产量、防治畸形及抗逆性等作用。

四、实验内容和方法步骤

本实验在教学实习基地不同蔬菜田间分组进行，每标准班分为 6 组，每组 4～6 人，实施蔬菜产品整形塑形处理和技术操作，并观测实验效果。

（一）弯瓜拉直技术

1. 重力拉直处理　　每组选黄瓜 10 株，每株选取 2～3 个弯曲幼果，当瓜条直径达 1～2cm 时，取塑料袋，装入泥土，用细绳将泥土袋拴在弯曲的黄瓜下部（泥土袋重量以不拉坏黄瓜为宜），最后使泥土袋从瓜条上自然掉下。以未处理的为对照，3 次重复。

2. 激素处理拉直技术　　用赤霉素及生产上常用的商业产品处理。

（1）GA_3 处理：将第一个黄瓜去掉，在第 2 朵雌花以后的瓜条长至 10cm 时，将浓度 30mg/L 的 GA_3 溶液用毛笔涂抹于弯瓜的内曲面，每组选取 10～15 株，每株处理 2 个瓜。对照涂抹相同量的清水，3 次重复。

（2）黄瓜顺直王处理：将黄瓜顺直王配制成 1000 倍液，放入手持喷雾器内，在黄瓜苗期、初果期和结果中期各喷 1 次，喷施均匀，以果面出现液滴为度，每组处理 10～15 株。对照喷施相同量的清水，3 次重复。

（二）果实塑形技术

当西瓜、番茄等蔬菜进入结果期后，在果实长到略小于模具大小时，每组各选取 10～15 株，根据不同蔬菜果实产品大小选择适宜的模具，形状根据需要设定。

具体操作步骤：首先将果实放在模具中合适的位置，将模具固定在田间或植株上。心形或星形模具的末端有一个小洞，用细绳穿过这个洞（图Ⅱ-24-1）。选择一个正在发育的果实，用模具套住，系绳子那端挨着植株，将绳子拴在植株或支架上。套模具后，按照常规栽培进行水肥和环境管理。当果实形状达到想要的形状和大小且成熟时，及时采收，仔细拆下模具，即可获得塑形的蔬菜产品。

（三）果实整形塑形效果观测

采收时观察重力拉直、GA_3、黄瓜顺直王和套模具等处理的果实形状并拍照，分别统计对照和处理的弯曲瓜数、顺直瓜数，计算弯曲瓜比例。

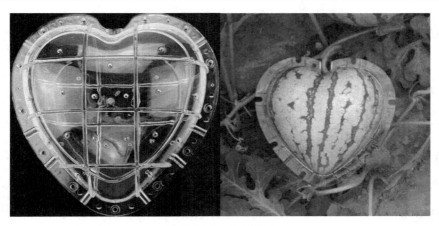

图Ⅱ-24-1 心形模具

（四）注意事项

（1）蔬菜果实在套模具时，要根据该品种果实大小选择适宜的模具。安装和拆卸模具时要轻拿轻放，防止碰伤影响外观品质。

（2）喷施激素时尽量在阴天或晴天下午阳光不强时喷施，防止浓度过大产生畸形果。

五、作业和思考题

（一）实验报告和作业

（1）根据实验观测数据和实际操作，比较黄瓜重力拉直和激素处理拉直的效果，并分析其优缺点。

（2）总结说明对西瓜、番茄等蔬菜果实塑形技术的建议。

（二）思考题

（1）蔬菜果实套模具后品质有哪些变化？

（2）请分析蔬菜产品整形塑形发展的前景。

（本实验由耿广东主笔编写）

实验Ⅱ-25　蔬菜作物蹲苗技术

一、实验目的

蹲苗是蔬菜生产中调控地上部与地下部、营养生长与生殖生长、同化器官与贮藏器官相关性的有效栽培措施，对蔬菜作物的优质高产栽培具有重要作用。

本实验通过几种主要蔬菜的蹲苗实践操作，使学生掌握蔬菜作物蹲苗的方法和技术要点，深刻理解蹲苗的原理及其在蔬菜生产中的意义。

二、实验材料和仪器用具

（一）实验材料

教学实习基地种植的、定植后坐果期的茄果类（番茄、辣椒和茄子等）、瓜类（黄瓜、西葫芦、甜瓜等），以及产品器官形成前的结球芸薹类（大白菜、结球甘蓝、菜花等）蔬菜作物群体，选择 3~5 种。

（二）实验用具

每组需锄头、电子秤、游标卡尺、直尺、比色卡、标牌、记号笔等，各 2 把/个/支。

三、实验原理

拓展知识

蔬菜作物的各部分或各器官的生长存在着统一和竞争的相关关系，如地上部与地下部、营养生长与生殖生长、同化器官与贮藏器官之间的相关性，处理好蔬菜作物各部分的生长相关，促进产品器官的形成，是蔬菜栽培的重要任务之一。蔬菜生长相关性，可通过一系列的栽培措施（如包括植株调整及肥水和环境调控在内的物理调控措施，或应用外源植物生长调节剂的化学调控等）进行直接或间接的调控，其中以控水和中耕保墒为主要技术措施的蹲苗技术，是生产中调控蔬菜生长相关性的有效措施。

蹲苗过程中，通过适当的控水和合理的中耕保墒，可以适当降低土壤含水量，控制根系的吸收能力，从而达到控制营养器官（如茎叶、枝条、莲座叶等）的生长，促进产品器官（花、果实、叶球、营养贮藏器官等）形成的目的。由于蹲苗减少了蔬菜作物无机养分和水分的吸收量，使作物的代谢过程受到抑制，从而抑制细胞分裂，阻碍新器官的形成和生长，有利于生长转折（如由营养生长阶段转到生殖生长阶段，或转到营养生长与生殖生长并进阶段，或转到营养产品器官形成阶段）。简而言之，蹲苗就是通过"控"的手段，达到"促"的目的。

四、实验内容和方法步骤

本实验在教学实习基地分组进行，每标准班分为 6 组，每组 4~6 人，完成蔬菜作物蹲苗技术的实验处理操作，并观测后效。

（一）茄果类蔬菜蹲苗

以设施栽培番茄为例，在第 1 花序果实迅速膨大生长前（即第 1 花序始花时），进行控水蹲苗，未覆盖地膜者可进行适当中耕（用锄头进行）。以不蹲苗作为对照。当蹲苗处理的第 1 花序果实核桃大（开始迅速膨大生长时）、第 2 花序果实蚕豆大、第 3 花序刚开花时，结束蹲苗。蹲苗和对照分别处理 30~50 株植株，3 次重复。

蹲苗处理结束后，每处理选取 10~20 株，分别观测株高（直尺测定）、茎粗（游标卡尺测定）、叶色（比色卡比对）、落花落果率、地上和地下部分生物量（电子秤称量）。产品成熟时，每处理选 20 株，收获并记录果数和产量（电子秤称量）。

（二）瓜类蔬菜蹲苗

以设施栽培黄瓜为例，在根瓜坐瓜前（即第 1 朵雌花现蕾时）进行控水蹲苗，未覆盖地膜时进行适当中耕。以不蹲苗作为对照。当蹲苗处理的根瓜坐住并迅速膨大时，结束蹲苗。蹲苗和对照分别处理 30～50 株植株，3 次重复。

蹲苗处理结束后，每处理选取 10～20 株，分别观测株高、茎粗、叶色、化瓜率、地上和地下部分生物量。产品成熟时，每处理选 20 株，收获前 20 节位的果实并记录果数和产量。

（三）结球芸薹类蔬菜蹲苗

以露地秋播大白菜为例，在心叶开始卷曲抱合前（即莲座期的中后期），进行控水中耕蹲苗。以不蹲苗作为对照。当蹲苗处理植株叶片变厚、叶色变深，略有皱纹，中午稍有萎蔫，早晚恢复正常，特别是心叶也呈绿色并开始抱合时，结束蹲苗。蹲苗和对照分别处理 30～50 株植株，3 次重复。

蹲苗处理结束后，每处理选取 10～20 株，观测叶色、地上和地下部分生物量。到收获期，每处理选取 20 株，记录单株产量。

五、作业和思考题

（一）实验报告和作业

（1）结合实验处理测定指标，分析蹲苗对番茄生长发育的调控作用。
（2）结合实验处理测定指标，分析蹲苗对黄瓜生长发育的调控作用。
（3）结合实验处理测定指标，分析蹲苗对大白菜生长发育的调控作用。

（二）思考题

（1）蔬菜作物为什么要蹲苗？哪些蔬菜作物需要蹲苗？蹲苗应注意哪些问题？
（2）蔬菜作物的蹲苗和炼苗有何异同？对蔬菜作物的正常生长发育各有何影响？
（3）在雨量充足难以进行蹲苗的地区或无土栽培等条件下，如何实现蔬菜生长相关的有效调控？

（本实验由潘玉朋主笔编写）

实验Ⅱ-26　蔬菜作物假植技术

一、实验目的

假植是生产应用较广的栽培技术，学习和掌握该技术在蔬菜栽培中有重要意义。本实验通过典型蔬菜的假植技术实践操作，使学生熟悉蔬菜假植技术流程，了解蔬菜假植过程中的生理学变化及环境条件影响，掌握蔬菜假植技术和原理。

二、实验材料和仪器用具

（一）实验材料

6～8 片真叶的辣椒苗，近采收期的芹菜植株，每组各 100 株。

（二）设施和用具

每组需塑料大棚或假植地 50m²，铁锹 1 把，小铲 3 把等。

三、实验原理

假植是把假植对象连根挖出，高密度栽植于棚室贮藏沟内的一种栽培技术。生产中蔬菜假植

拓展知识

有不同应用。

（1）幼苗假植贮藏：如茄果类、结球芸薹类等根系再生能力强的幼苗，育成后定植条件尚不适宜，可以通过假植技术短暂贮藏幼苗。

（2）产品假植：达到商品采收期或接近商品采收期的蔬菜，如花椰菜、芹菜、莴苣等，可通过假植技术，活体贮藏或补充生长促进产品器官充分成熟。

（3）假植栽培：某些蔬菜的产品器官，如春季新萌发的新茎叶，主要依靠上一年贮藏在植株茎秆或地下根茎内的养分转运形成，如香椿等。对于这类蔬菜，可通过假植将老株高密度排列于棚室内，创造适宜新枝叶萌发的环境条件，使其茎叶提前萌发，起到提高单位面积产量、提前上市的作用。另外，利用母体植株贮藏营养，通过假植生产芽苗软化蔬菜，如芽球菊苣、韭黄、蒜黄等，也可认为是一种假植。

对于不同目的，假植时采取的环境调控策略不同。对于以活体贮藏为主要目的的，假植时需要在维持植株基本生命活动和不受逆境伤害的基础上，尽可能降低温度和湿度，延缓其生命活动，最大限度地延长供应期；对于以补充生长为主要目的的蔬菜，需保持稍高温度，适当灌溉，并根据具体情况，进行土壤追肥或叶面追肥。另外，对于一二年生蔬菜，假植过程中应尽可能促进养分向产品器官运输；而对于多年生蔬菜，还要考虑不能对母体植株造成太大伤害，以保证来年持续高产。

四、实验内容和方法步骤

本实验在教学实习基地分组进行，每标准班分为 6 组，每组 4～6 人，完成假植技术实验操作。

（一）辣椒苗假植

1. 假植苗的准备 采用 128 孔穴盘育苗，将泥炭、珍珠岩、蛭石按 6：3：1 比例混合均匀配制基质。对辣椒种子进行温汤浸种后，用毛巾或纱布包裹置于 25℃发芽室内催芽，种子发芽后播种于穴盘中。待辣椒幼苗长至 6～7 片真叶时进行假植。

2. 苗床准备 假植前，准备假植苗床，整平后平铺一层无纺布，将育苗基质平铺在假植苗床上，平铺厚度 5～6cm，宽 1.2m。

3. 假植 假植前一天先给幼苗浇透水，将育苗盘上的待假植苗取出，按照 10cm×(7～10)cm 的规格移栽入苗床，然后浇透水。

4. 假植后管理 假植后保温、保湿，一般闭棚 2～3d，3d 后逐渐通风降湿，天气晴好 7d 左右即可缓苗。缓苗后追施肥料 3 次促进旺盛生长，苗期水分保持见干见湿，避免萎蔫和徒长。

（二）芹菜假植

1. 假植材料准备 待假植的芹菜，应在不遭霜冻的前提下尽量延迟收获。如气温降到-5℃以下，可直接带根收获入沟假植；气温偏高时，可带根收获后在背阴处贮存，待外界气温稳定在-3℃时再入沟假植。

2. 做假植沟 芹菜假植沟以南北向为好，一般深 1～1.5m，宽 1.4～1.6m。挖出的土放在沟沿上，踩成 10～15cm 高的垄。沟底要松土 10～15cm，并撒入适量的有机肥料，土、肥掺匀整平，待假植。

3. 假植 移栽芹菜时要小心，防止伤秆、伤根。去掉大块泥土，摘除发黄的叶子，剔除伤残病株。每墩 4～5 株，墩与墩之间留 5～10cm 的空隙。

4. 假植后管理 假植后立即浇水浸泡根部，以后视土壤干湿情况可再浇水 1～2 次，保持充分湿润。

整个假植期维持温度 0℃左右。严寒天可覆盖塑料薄膜或草席等保温。立春后注意通风换气、调温。

（三）注意事项

（1）蔬菜假植过程中，初期温度不宜太高。

（2）蔬菜假植过程中，湿度管理很关键。湿度过大时要放风排湿；湿度不足时要定期向植株喷水，防止失水萎蔫。

五、作业和思考题

（一）实验报告和作业

（1）总结辣椒苗的假植过程、出现的问题及解决措施。

（2）以芹菜假植为例，总结蔬菜产品假植技术。

（二）思考题

（1）蔬菜产品假植时，对假植材料（植株）有哪些要求？

（2）蔬菜假植过程中需要保持较高的湿度，但这也会增大病害发生的概率，你认为可以采取哪些措施防范？

（本实验由缪旻珉和程智慧主笔编写）

实验Ⅱ-27　大白菜和花椰菜束叶盖叶技术

一、实验目的

束叶是在秋冬大白菜和花椰菜等生产过程中，在生长周期结束而产品尚未充分成熟时，延长其田间生长期的一项技术措施，而花椰菜的折叶盖花球是保证花球洁白质优的技术措施。本实验通过大白菜和花椰菜的束叶、花椰菜盖叶技术操作，使学生掌握其技术要点和原理，深刻理解其作用及生产应用条件。

二、实验材料和仪器用具

（一）实验材料

教学实习基地或生产田生长的大白菜和花椰菜结球后期的植株，每组各 80～120 株。

（二）实验用具和设备

每组需塑料绳或草绳若干，水果刀 1 把，弹簧秤 1 个，中型塑料袋 18 个。

三、实验原理

束叶是秋大白菜栽培中的一项植株调整技术，常用谷草和绳子将外叶束住。束叶的主要作用是在保障叶球不受冻害的前提下进行补充生长，使叶球更紧实，提高商品性和产量。对于秋茬中晚熟花椰菜，如到了收获季节而花球尚未充分发育，也可以束叶保护花球，在免受冻害的情况下

拓展知识

进行补充生长，提高产品商品性和产量。

花椰菜叶片主要开张生长，花球常暴露在直射阳光下会变色发黄，尤其在夏秋季节强光条件下变色更深，不仅影响商品外观，也影响花球的鲜嫩品质。因此，在花椰菜花球收获前 5～10d，一般采用折叶或束叶的覆盖方法，避免阳光直射花球，保证花球洁白鲜嫩；还能减轻农药接触性污染，减少农药残留，提高花球的商品性。

四、实验内容和方法步骤

本实验在教学实习基地分组进行，每标准班分为 6 组，每组 4～6 人，完成大白菜和花椰菜束叶盖叶实验操作，并观测效果。

（一）实验处理

依据当地秋季露地播种大白菜和花椰菜的时间，选择主栽晚熟品种，以最适播期为对照，分别设延迟 7d 播期、延迟 14d 播期处理，进行大白菜和花椰菜播种育苗。每组每种蔬菜每处理育苗数，对照为 30～40 株，迟播的为 50～60 株。育苗结束后分别将不同批次的大白菜和花椰菜同时定植到田间，做好标记，常规管理。在叶球和花球形成后期进行田间束叶和盖叶实验操作。

（二）大白菜和花椰菜束叶

1. 不同播期大白菜和花椰菜产品形成观测　　结球大白菜收获前 10～15d，选择晴天的中午或下午，田间观察不同播期大白菜和花椰菜的生长情况。每组分别采收不同播期的大白菜、花椰菜典型植株 5 株，3 次重复。分别测量每株大白菜外叶数、叶球重和球叶数；分别测量每株花椰菜的叶片数和花球重。

2. 束叶操作　　到正常收获期，在两个延迟播种处理田间，分别进行大白菜或花椰菜的束叶处理。每组在田间选取生长整齐一致、产品尚未充分成熟的大白菜或花椰菜植株各 40 株并编号，其中 20 株作对照，20 株进行束叶。束叶即将莲座叶扶起，包住叶球或花球，用草绳或塑料绳在上部捆扎起来。

3. 束叶效果观测　　束叶 2 周后，同时取束叶和对照植株，观察大白菜叶球和花椰菜花球的生长和受冻情况，测定单个产品重，比较产品商品性（紧实度、外观等），评估束叶效果。

（三）花椰菜折叶盖花球

1. 折叶盖花球操作　　在正常播期的花椰菜花球直径达到碗口大小（8～10cm）时，每组田间选取生长整齐一致的植株 30 株并进行编号，以其中 15 株为对照（不折叶盖花球）；对另 15 株进行折叶盖花处理，选择靠近花球的 1 或 2 片无病害的叶片中脉轻轻弯折（即藕断丝连），搭盖在花球上，全面遮盖花球。

2. 效果观察　　到采收期，分别采收折叶盖花球处理和对照的单株花球，观察花球外观和商品性，并进行称重，评估折叶盖花球的效果。

（四）注意事项

（1）结球是大白菜生长发育的自然规律，一般不需要束叶，但晚熟品种如遇严寒，为了促进结球良好，延迟采收供应，可进行束叶。大白菜束叶后其外叶的光合效能会大大降低，因此一定要适时束叶，束叶过早影响光合作用，不利于叶球充实，甚至烂心；过晚则起不到束叶作用。通常在采收前 10～15d 进行。

（2）束叶应选晴天的中午或下午进行，此时叶面水分蒸腾旺盛，叶片质地比较柔软，不易因捆扎而折断。

（3）花椰菜在折叶覆盖时，要保持该叶片尚在生长成活状态，不能使主叶脉断离，更不能将外叶摘下来覆盖，否则会造成花椰菜基部积水，花球腐烂。

五、作业和思考题

（一）实验报告和作业

（1）绘制大白菜束叶示意图，总结操作技术要点和注意事项。

（2）绘制花椰菜折叶盖花示意图，总结操作技术要点和注意事项。

（3）依据测定数据，量化分析束叶和盖花技术对大白菜和花椰菜产量及品质的影响。

（二）思考题

（1）通过不同播期大白菜和花椰菜束叶处理，分析对产量和品质的影响。

（2）通过不同播期的花椰菜同时盖花，分析不同播期花椰菜折叶盖花对花球产量和品质的影响。

（本实验由李玉红主笔编写）

实验Ⅱ-28　大蒜人工播种技术

一、实验目的

大蒜为无性繁殖蔬菜，繁殖系数低，需种量大，播种费工费时，播种技术是影响大蒜生长发育和生产效益的重要环节。本实验通过大蒜田间人工播种技术操作，使学生熟悉大蒜繁殖方法、播种季节、播种要求，掌握播种技术和原理。

二、实验材料和仪器用具

（一）实验材料

不同类型品种的蒜头，如大瓣蒜和小瓣蒜，每组每种蒜各 80～120 头。

（二）实验用具

小盆（篮子）、铁锹、平耙、开沟器等，每组 1 套。

三、实验原理

大蒜播种技术包括播种时期、播种密度、播种方法等。

播种期与地区和季节有关，主要取决于土壤封冻和化冻日期。秋播区以越冬前幼苗长出 4～5 片真叶为宜，东北地区在 8 月下旬～9 月初播种，华北地区在 9 月下旬～10 月上旬播种，西北地区在 9 月播种，生长期 220～250d。春播区在土壤解冻时顶凌播种，东北地区在 4 月播种，华北地区在 2 月下旬～3 月初播种，西北地区在 3 月播种，生长期 90～110d。

拓展知识

大蒜喜耕层深厚、土质肥沃的壤土,用蒜瓣进行繁殖,萌发期和幼苗前期需要的养分来自母瓣。播种密度一般为株距 8~10cm,行距 16~20cm。播种深度与栽培方式有关,垄作适宜深度 3~4cm,畦作深度为 2~3cm。

大蒜一般采用点播方式播种,由于蒜瓣的腹背连线与对称互生叶面垂直,点播时将蒜瓣的腹背连线与行向平行一致,可使出苗后叶片向行间生长。常开沟播种点播,按行距开深 3cm 左右的浅沟,然后根据确立的株距将蒜瓣茎盘朝下按在沟里,按完后覆土 2~3cm,耙平镇压,再浇明水。平畦栽培也可撒播,把蒜种先撒到畦沟内,然后按 8cm 见方摆 1 瓣并按入土中深约 3cm,随即用邻畦的土再撒盖 10cm 厚。

春播多湿播,秋季多干播。规模化种植还可用播种机播种。

四、实验内容和方法步骤

本实验在教学实习基地分组进行,每标准班分为 6 组,每组 4~6 人,完成大蒜播种技术的实验操作。

1. 准备种蒜　　选择品质纯正、无病无伤的蒜头,掰下蒜瓣,淘汰发黄、发软、顶芽受伤和茎盘变黄及腐烂的蒜瓣,选择较大且整齐一致的蒜瓣作蒜种,去踵,并再按大小分级。

2. 播种　　将选好的蒜种放入小盆(篮子),采用干播法开沟点播,每组完成不同类型品种大蒜播种。先在畦内按行距(约 20cm)开深 3cm 左右的浅沟,然后依照蒜瓣的腹背连线与行向平行按株距(约 10cm)将蒜瓣茎盘朝下按在沟里,覆土 2~3cm,耙平后轻轻镇压,然后浇水。

3. 注意事项　　大蒜播种后由于根系生长较快,如果土壤过于干旱,容易把蒜瓣顶出地表,俗称"跳瓣"。因此播种后要注意浇水,保持土壤一定的湿度,防止跳瓣发生。

五、作业和思考题

(一)实验报告和作业

(1)根据实验操作,总结大蒜人工播种技术要点。

(2)大蒜的播种期为什么比较严格?

(二)思考题

(1)大蒜为何采用无性繁殖进行生产?可否用种子繁殖?

(2)了解当地大蒜主栽品种的特点,总结大蒜的播种期、播种方法和生产中容易出现的问题。

(本实验由王梦怡主笔编写)

实验Ⅱ-29　薯芋类蔬菜种薯催芽和切块繁殖技术

一、实验目的

薯芋类蔬菜主要用产品器官进行无性繁殖,种薯在播种前常需进行催芽和切块。本实验通过薯芋类种薯催芽和切块繁殖技术操作,使学生深入了解薯芋类蔬菜种薯的休眠特性、植物学器官结构,掌握种薯催芽主要方法及其原理,掌握种薯切块技术和原理,为薯芋类蔬菜繁殖提供理论和技术支撑。'

二、实验材料和仪器用具

（一）材料和试剂

1. 实验材料　马铃薯发芽的种薯 180kg，生姜完整的根状茎，山药完整的产品（带栽子）各 60kg；其他薯芋类产品适量。各实验材料全班共用。

2. 试剂和药剂　75%酒精或 0.1%高锰酸钾消毒液 1 瓶，二氯乙醇 1 瓶，二氯乙烷 1 瓶，四氯化碳 1 瓶，石灰粉或滑石粉 50kg，70%甲基托布津 2kg，72%农用链霉素 1kg，全班共用。

（二）仪器和用具

1. 仪器　密封性好的生长箱 1 台，全班共用。

2. 用具　每组需尼龙网袋 9 个，切刀 2 把，游标卡尺 1 把，塑料桶 3～5 个，橡皮手套和口罩若干。

三、实验原理

（一）种薯催芽原理

薯芋类蔬菜的块茎或块根在成熟收获后，一般有持续一定时期的休眠期，不同种类和配置的休眠期不同，如马铃薯的休眠期通常有 1～3 个月。一般随着品种生育期的增长，休眠期也增长。收获较早的块茎，在贮藏期间一般可自然通过休眠；但收获较晚或在低温条件下贮藏的，种植时尚未通过休眠（芽眼没有萌动）。即使解除了休眠期的块茎或块根，播种后发芽也比较慢，持续时间长。为了保障播种后出苗快且整齐均匀，生产中可进行打破休眠和种薯催芽处理，促使种薯上长出 2～3mm 长的健壮芽。

拓展知识

1. 保温催芽　在种植前一个月左右，将未发芽的种薯放置在 20～25℃的温度条件下，保持一定的湿度，促使种薯发芽。

2. 化学处理　主要是打破种薯休眠，促进快速整齐发芽。

（1）兰地特（Rindite）气体处理：兰地特气体是一种混合物，其配制比例为二氯乙醇：二氯乙烷：四氯化碳=7：3：1。选无伤口种薯，以免处理后腐烂。将薯块放在密闭的容器中，如带盖的塑料桶。按 1mL/kg 种薯，或 70mL/m³ 容积的用量，将药剂放入有棉球或纱布的器皿内，放进装有种薯的容器底部，装好后立即将容器盖上并用胶带密封。处理 36～48h 后将种薯放在 18～25℃条件下催芽直至发芽。

（2）赤霉素处理：打破马铃薯种薯休眠一般用浓度 15～30mg/L 赤霉素浸种 20～30min，晾干后在 18～25℃条件下催芽直至发芽。赤霉素浓度是打破休眠和催芽的关键。

（二）种薯切块技术原理

种薯切块技术的原理，一是将种薯（块茎）的顶端优势尽可能均匀地分配给每块种薯，使每块种薯上至少有 1 个健壮的芽，保障播种后出苗整齐、均匀，无缺苗；二是尽可能保持各切块大小均匀、重量适宜，保障最经济高效的繁殖系数和生产潜力，并保证每个芽生长有足够的营养。种薯切块种植，能促进块茎内外氧气交换，破除休眠，提早发芽出苗，而且节约种薯。

由于顶端优势的原因，种薯（块茎）顶端比基部的芽密度大，且芽萌发能力强。切块不合理可能导致播种后田间出苗参差不齐、大小不一。为了节约种薯用量，大于 50g 的马铃薯种薯需要进行切块处理，一般在催芽后播种前 2～3d 切块；如果斜切，通常可以使顶端优势芽更好和更多地分配到各切块。通常，种薯大小与植株生长和产量成正相关关系，但是种薯大，繁殖系数低，生产中种材投入大。适宜大小的切块通常需要经过生产试验确定，以实现最经济的繁殖系数和最高效生产潜力，如马铃薯切块一般以 30~40g 为宜。

四、实验内容和方法步骤

本实验在教学实习基地或实验室分组进行，每标准班分为 6 组，每组 4~6 人，完成薯芋类不同蔬菜种薯催芽和切块技术的实验操作，并观测效果。

（一）种薯催芽

每组进行 2 种实验处理，以未处理为对照，设置 3 次重复。催芽期间逐日统计发芽率，以50%薯块发芽为标准，计算各处理发芽需要的时间。

1. 适温催芽处理 称取未发芽的马铃薯薯块 1~2kg，用网袋装好，放置 25~28℃生长箱内黑暗培养催芽。

2. 兰地特气体催芽处理 称取未发芽的马铃薯薯块 1~2kg，装入网袋，用兰地特气体处理 36~48h，然后在 25℃条件下保温催芽。

（二）种薯切块

每组取以下 3 种蔬菜种材各约 10kg，按照切块技术要求进行切块操作。

1. 马铃薯种薯切块 个体较大的马铃薯种薯一般都切块繁殖。切块时应注意切块的方法、大小、消毒等技术。

（1）切块方法和大小：选择芽长 2mm 左右的薯块进行切块处理（Naz et al., 2018），马铃薯种薯是否切块依据种薯大小进行。重量 50g 以下的种薯可整薯播种；51~100g 的种薯，纵向一切两瓣（图Ⅱ-29-1 左）；100~150g 的种薯，采用纵斜切法，把种薯切成四瓣（图Ⅱ-29-1 中）；150g 以上的种薯，从尾部根据芽眼多少，依芽眼沿纵斜方向将种薯斜切成立体三角形的若干小块，每个薯块要有 2 个以上健全的芽眼（图Ⅱ-29-1 右）。切块时应充分利用顶端优势，使薯块尽量带顶芽。切块时应在靠近芽眼的地方下刀，以利发根。切块时应注意使伤口尽量小，而不要将种薯切成片状和楔状。一般单块重 30~40g，每个薯块要带 1 个以上健全的芽眼。

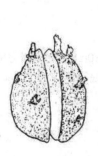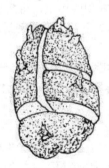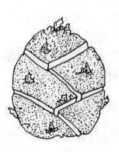

图Ⅱ-29-1 不同大小的种薯切块方式示意图

（2）切种时间：为了避免切块腐烂，一般在播种前 2~3d 切块。

（3）切刀消毒：种薯切块使用的刀具应用 75%的酒精或 0.1%的高锰酸钾水溶液消毒，做到一刀一蘸，每人两把刀轮流使用，当用一把刀切种时，另一把刀浸泡于消毒液中。原则上每切完一个种薯需换刀一次，防止切种过程中传播病害。生产中种薯量大，无法做到每个种薯均换刀，但发现病烂薯时要及时淘汰，并把切到病烂薯的切刀擦拭干净后再用酒精或高锰酸钾消毒，并换另一把刀。

（4）拌种处理：种薯切块后用药剂拌种，以防止切块腐烂。可用 70%甲基托布津 2kg 加 72%的农用链霉素 1kg 均匀拌入滑石粉 50kg 成为粉剂，每 50kg 种薯（切块）用 2kg 混合粉剂拌匀。要求切块后 30min 内进行拌种处理，播种前切块不可装袋或堆积过厚，以免种薯块发热引起烂种。

2. 山药种薯切块　　山药块茎可以切块，利用栽子和段子繁殖。长山药顶端较细、含有隐芽和连接地上茎蔓的部分为山药栽子，作繁殖材料的山药栽子一般长 30～40cm、重约 100g。山药块茎较粗的部分可切段作为繁殖材料，即山药段子。长山药块茎应横切，每个段子长 10～15cm、重约 100g；扁块种的块茎应纵切，每个段子重约 100g。

3. 生姜种姜掰块　　生姜整姜太大，作种时需要掰块，利用姜块繁殖。姜块大小以 50～75g 为宜，每个姜块上只留一个壮芽。

（三）注意事项

（1）打破休眠时，兰地特气体混合物挥发性极强，剧毒，处理时要戴橡皮手套和口罩。

（2）切块时注意剔除杂薯、病薯和纤细芽薯。

（3）注意切块大小适宜。切块过小，所带养分和水分少，影响幼苗生长，且抗旱性差，播种后易出现缺苗现象。

（4）切刀和手一定要消毒，避免因切块（掰块）增加病害传播和引起种薯块腐烂而导致缺苗。如马铃薯病毒病、晚疫病、青枯病、环腐病等，生姜的姜瘟病等，均可通过切刀和手传播。

五、作业和思考题

（一）实验报告和作业

（1）统计不同催芽处理后马铃薯薯块的发芽速率、出苗期及幼苗生长势，分析对产量和品质的影响。

（2）总结马铃薯、山药、生姜的块茎（根状茎）切块（掰块）繁殖技术和原理。

（二）思考题

（1）影响马铃薯茎块休眠的因素有哪些？

（2）长山药为什么不纵切成段子繁殖？

（3）在生产实践中如何实现机械化切种？有什么优缺点？

（本实验由蔡兴奎和程智慧主笔编写）

实验 Ⅱ-30　果菜采收时期和采收技术

一、实验目的

果菜类蔬菜有的以嫩果供食，有的以成熟果供食。适时适法采收对保障品质、产量和生产效益具有重要意义。本实验通过不同果菜采收实际操作，使学生掌握果菜采收技术和原理，深刻理解果菜适时采收的重要性。

二、实验材料和仪器用具

（一）实验材料

教学实习基地种植的采收期的不同果菜（番茄、辣椒、西瓜、甜瓜和黄瓜等）不少于 3 种，每种不少于 100 株。

（二）实验用具

每个实验小组需剪刀和水果刀等各 1 把，果筐 1 个。

三、实验原理

拓展知识

按采收时要求的果实成熟度区分，果菜类蔬菜有以成熟果作为消费产品的（如番茄、西瓜和甜瓜等）和以嫩果为消费产品的（如黄瓜、西葫芦和茄子等）。以成熟果作为消费产品的果菜，依据市场需求的不同，可在果实不同成熟度时采收；以嫩果为消费产品的果菜，应依据植株生长状况和市场行情适时采收，以获得良好的外观品质和风味、确保植株良好的生长态势并获得好的经济效益。此外，适宜不同果菜的采收技术各异，应依据市场对果菜产品的需求标准，选用适宜的采收技术进行采摘。

本实验以番茄、辣椒、西瓜、甜瓜和黄瓜为典型果菜进行采收操作实训，几种果菜的具体采收时期和技术如下所示。

1. 番茄　果实成熟过程分为绿熟期、白熟期、转色期、成熟期和完熟期 5 个时期。采收应根据果实成熟期和市场情况适时灵活开展。采后长途运输 1～2d 的，可在转色期采收，此时果实大部分呈白绿色，顶部变红，果实坚硬，耐运输，品质较好；采后就近销售的，可在成熟期采收，此期果实 1/3 变红，果实未软化，营养价值较高，生食最佳，但不耐储运；加工果酱的可在完熟期采收。鲜果上市的番茄，其采收多以人工采摘为主，采收时去掉果柄，以免刺伤其他果实；加工果酱的番茄，可用机械一次性采收。

2. 辣椒　以嫩果或成熟果供食，青椒和甜椒多数在果实充分膨大，果肉变硬、果皮发亮，尚未达到生理成熟的绿果时采收；彩色甜椒的采收应把握最佳时间，黄、红、橙色的品种在果实完全转色时采收，白色、紫色的品种在果实停止膨大、充分变厚时采收。采收时用剪刀从果柄与植株连接处剪切，不可用手扭折，以免损伤植株。制干辣椒应在充分红熟后采摘，不可过早采收，否则制干后果实易出现青壳或黄壳，影响商品性。制干辣椒采收应在午后进行，采后立即烘烤干制或晾干。

3. 西瓜　以成熟果供食，采收时期应依据其品种特性和市场供应情况来确定，供应当地市场可采收九成熟瓜，运销外地市场宜采收八成熟瓜。采收过早，果实没有成熟，含糖量低，色泽浅，风味差；采收过晚，果实过分成熟，质地软绵，含糖量开始下降，食用品质降低。以人工采摘方式采收，因坐果节位、坐果期不同，果实成熟不一，应分次陆续采收。采收时判断果实成熟的方法主要有 3 种：①根据生理发育期判断，即依据品种特性，按雌花开放的天数判断，一般早熟品种 25～26d，早中熟品种 30～35d，晚熟品种 40d 以上；②依据果实或植株的外部特征判断，如瓜面花纹清晰，具有光泽，脐部、蒂部略有收缩，果柄上绒毛稀疏或脱落，坐果节位的卷须枯焦 1/2 以上等，均为成熟的标志；③听声判断，即用手指弹瓜，若声音清脆则为生瓜，若声音沉稳、稍浑浊则为熟瓜，若声音沙哑则为过熟或空心瓜。

4. 甜瓜　以成熟果供食，果实成熟的标志是：果皮呈现品种固有的特征；果柄附近绒毛脱落，果顶变软；产生离层的品种，果柄自然脱落；散发出该品种特有的芳香味；弹果实发出空浊音。适时采收成熟的果实才能获得品种特有品质。采收过早，果实含糖量低，香味不足，且具有苦味；采收过晚，果肉变绵软，风味不佳，食用价值降低。以人工采摘为主，用剪刀剪切果柄两侧分别留 5cm 左右的子蔓，剪下的果柄和子蔓呈"T"字形，使果实外形美观。

5. 黄瓜　　以嫩瓜供食，一般在雌花开放后 8～12d 采收，即表现出本品种典型特征时采收为佳。如采收晚，一则影响上层果实发育，降低产量；二则因种胚发育而降低果实品质。黄瓜的根瓜发育较慢，宜适当早采收，以免坠秧影响后续瓜条的生长发育。黄瓜采收多以人工采摘为主，宜在早晨进行。黄瓜植株蔓弱时宜早摘，蔓旺时宜晚采；蔓上雌花或幼瓜多时宜早摘，反之宜晚摘；避免漏摘引起坠秧。

四、实验内容和方法步骤

本实验在教学实习基地分组进行，每标准班分为 6 组，每组 4～6 人，在基地种植的典型果菜田进行采收时期和采收技术实验操作。

（一）实验处理和果实采收

1. 实验处理　　在实验教学基地，分别对番茄、辣椒、西瓜、甜瓜和黄瓜等典型果菜采收各设 3 个实验处理，分别为按供应当地市场对果实成熟度要求的标准适时采收（CK）、早采收（较 CK 早 1 周采收，未达成熟标准，T_1）和晚采收（较 CK 晚 1 周采收，超过成熟标准，T_2）。

2. 果实采收　　按 3 个实验处理采收要求，分别人工采摘果实各 5～10 个，用于果实的品鉴评价。

（二）采收果实的品鉴评价

对 CK、T_1 和 T_2 的采收果实，分别进行色泽、质地和风味的品鉴评价。其中，果实色泽、质地和风味，分别通过观察、口感和嗅闻的方式进行评价。

五、作业和思考题

（一）实验报告和作业

（1）依据采收果实的色泽、质地和风味，比较不同处理间的差异，并分析阐述适时采收对果菜类蔬菜品质的影响。

（2）分析采收时期对以嫩果为产品和以成熟果为产品的果菜产量和经济效益的影响。

（二）思考题

（1）果菜类蔬菜若要进行机械化采收，在品种选择和栽培管理方面需要注意哪些问题？

（2）结合果菜类蔬菜果实成熟的特性和适宜采收时期，思考如何通过不同的栽培管理措施来尽量延长其采收上市期。

（3）在果菜类蔬菜的外观商品性评价相关性状指标中，消费市场或消费者更注重哪些指标的优劣？不同消费市场或消费者所关注的性状指标有无区别？

（本实验由潘玉朋主笔编写）

实验Ⅱ-31　芽苗菜生产技术

一、实验目的

芽苗菜是一类新型特色蔬菜，因口感鲜嫩且营养价值高而受到消费者青睐。本实验通过芽苗类蔬菜生产技术实践操作，使学生熟悉芽苗菜生产技术流程，掌握种（籽）芽苗菜和体芽苗菜无土栽培技术和原理。

二、实验材料和仪器用具

（一）实验材料

每实验组需绿豆种子 120g、麻豌豆种子 250g、蒜头 2kg。绿豆和麻豌豆的种子应为发芽率 95% 以上、大小均匀的 1～2 年新种子；大蒜应选大瓣品种、无病虫和伤口、结束休眠期的饱满蒜头。

（二）实验用具

每实验组需带孔发芽桶（23cm×21cm）1 个，育苗盘（60cm×24cm×6cm）2 个，500mL 和 1L 烧杯各 1 个，喷壶 1 个，发芽纸若干等。

每实验班需多层育苗架（长 1.5m，宽 0.6m，层间距 0.4m，高 1.5m）1 个。

三、实验原理

拓展知识

芽苗菜是指利用植物种子或其他营养贮存器官，在黑暗或弱光条件下生长，以嫩芽、芽苗、芽球或嫩梢供食用的一类蔬菜。根据生长的营养来源主要分为种（籽）芽苗菜和体芽苗菜两类。种子发芽至芽苗生长的整个过程受内外因素影响，内在因素包括种子成熟度、饱满度、种子的大小等；外界条件有水分、温度、氧气、光照、CO_2 等。其中，水分、温度、氧气是种子发芽所必需的 3 个外界条件，而光照决定了产品的质量。

芽苗菜生产方式主要有无土栽培和土壤栽培两种方式，以无土栽培最普遍。

四、实验内容和方法步骤

本实验在教学实习基地或实验室分组进行，每标准班分为 6 组，每组 4～6 人，共同完成芽苗菜生产技术的实验操作。

（一）实验操作

本实验采用无土栽培方式生产种芽苗菜（绿豆芽、豌豆芽苗）和体芽苗菜（蒜黄）。

1. 浸种　　将称量好的绿豆和麻豌豆种子置于烧杯中，先用 55℃温水浸种 10min（期间不断搅拌），之后置于 20℃清水中浸种（绿豆 10h，豌豆 24h）；蒜头用清水浸泡 24h。浸种后沥干备用。

2. 播种催芽　　将绿豆种子装入经过消毒的发芽桶，摊平保持厚度一致。在育苗盘的底部铺 1 层育苗纸，将麻豌豆种子均匀一致地撒到育苗盘中，保持种子间不挤压且有一定空隙。在育苗盘的底部铺 1 层育苗纸，将蒜头掰两瓣，去掉坚硬茎盘，一个挨一个将蒜头排在育苗盘内，空隙处用散的蒜瓣填满塞实。播完后将所有培养容器放到育苗架上。

3. 生长管理 栽培室温度控制在 20～25℃，湿度控制在 85% 左右，保持黑暗或弱光。每天喷淋种子 2～3 次，适当通风换气以保持清新空气。每日检查盘中幼苗生长情况，发现霉变的种子及幼苗要及时拔除。豌豆苗需在采收前 2d 增加光照，使之绿化。

4. 采收 绿豆芽胚茎长 5～6cm，根长 1cm，始露真叶时采收为宜；豌豆芽 4～5 片真叶，苗高 10cm 时采收为宜；蒜黄可在植株高达 30cm 时收获，后每隔 10d 收获一次。

（二）注意事项

1. 育苗盘与种子消毒 芽苗菜生产很容易出现种子霉烂等情况，种子和培养容器一定做好消毒工作。

2. 栽培环境和条件的控制 芽苗菜生产前期是在黑暗条件下进行，到后期才见光转绿，所以一定要控制好光照条件，为防止霉烂要控制好每天的喷水量。

3. 及时采收 芽苗菜含水量较多，较易失水，为保持较高品质，必须及时采收。

五、作业和思考题

（一）实验报告和作业

（1）播种 7～10d 现场测量芽苗菜的株高、茎粗等生长指标，比较各种芽苗菜的生长速度，撰写实验报告。

（2）哪些蔬菜种子适合芽苗菜生产？

（二）思考题

（1）总结说明种（籽）芽苗菜和体芽苗菜生产技术的主要区别。

（2）了解目前新型芽苗菜的生产方式，并简要说明其生产特点和改进建议。

（本实验由柴喜荣主笔编写）

实验Ⅱ-32 食用菌母种培养基的制作及菌种分离技术

一、实验目的

培养基是用人工方法配制，能满足食用菌生长繁殖过程中各种营养物质需求的基质。食用菌的试管母种是菌种繁殖、保存和运输的主要形式，优良的母种对于菌种保存、遗传育种和生产栽培十分重要。

本实验通过食用菌母种培养基配方配制和菌种分离，使学生掌握母种培养基 PDA 的制作技术，明确无菌操作技术要点，熟悉高压灭菌锅的使用方法；学会食用菌母种转接、组织分离和孢子分离的技术，并能正确评判自己的菌种转接和菌种分离结果。

二、实验材料和仪器用具

1. 实验材料 每组需马铃薯 0.5kg，葡萄糖或蔗糖 20g，琼脂 20g，称量纸 10 片，75% 酒精 300mL，75% 酒精 300mL 带棉球，平菇、香菇等食用菌子实体 5～10 个，培养好的斜面母种 2 支，母种试管斜面培养基 20～30 支。

2. 实验用具 每组需 1000mL 量筒或刻度搪瓷杯 1 个、试管 [（18～20）mm×（180～200）

mm]50～100 支、试管塞 50～100 个、5mL 移液枪 1 支，试管架 2 个，铁丝筐 1 个，菜刀 1 把，菜板 1 个，小铝锅 1 个，1cm 厚的长形木条（摆放斜面时垫试管用）1m，称量匙 1 个，玻璃棒 2 根，剪刀 1 把，刀片 1 个，线绳 1 把，牛皮纸 1m²，皮筋 20 个，纱布 1m，酒精灯 1 盏，接种针 2 把，火柴 1 盒，尖头镊子 1 把，大镊子 1 把，精密 pH 试纸 1 板，标签纸 1 本。

3.仪器设备　　高压灭菌锅、超净工作台或接种箱、称量天平、pH 计等各 1 台，全班共用；电炉或微波炉，每组 1 台。

三、实验原理

拓展知识

　　PDA 培养基是目前食用菌母种培养常用的一种培养基，能满足菌丝在生长和保存过程中对碳源、氮源、矿物质、维生素等多种营养的需求，其制作简单、经济有效。

　　将野生食用菌驯化为人工栽培的食用菌，将优良菌种保存下来都离不开纯菌种的分离。在自然状态下，无论野生的还是人工栽培的食用菌，其表面和周围环境中存在有细菌、放线菌、真菌等类群的微生物，这些微生物相对于食用菌统称为杂菌。菌种分离就是将食用菌从这些杂菌的包围中分离出来，经过培养而得到食用菌纯菌种的过程。

　　食用菌菌种分离的方法很多，常用的有组织分离法、孢子分离法和基内菌丝分离法。

　　在食用菌菌种的保存和扩大培养过程中，将其原有菌种取出少许转移到新的培养基上的过程叫菌种转接。这可使菌种不断更新培养基，以免衰老死亡，也可用于菌种的扩大繁殖。

四、实验内容和方法步骤

　　本实验在教学实习基地或实验室分组进行，每标准班分为 6 组，每组 4～6 人，共同完成食用菌母种 PDA 培养基制备、母种转接、菌种分离、母种培养等实验操作。

（一）母种 PDA 培养基制备

1. 培养基配制　　将马铃薯洗净，挖芽去皮，称取 200g，切成 0.3～0.5cm 的薄片，置于铝锅内，加水 1200mL，煮沸 20～25min 后，用双层纱布过滤于量杯中。洗净铝锅滤渣，将滤液倒回锅中继续以文火加热，加琼脂 15～20g，待琼脂熔化后加入葡萄糖（或蔗糖）20g 搅拌熔化，最后加水定容至 1000mL，调整 pH 7.0。

2. 分装　　将熬制的培养基保温，并趁热分装。用带剪开大孔枪头的 5mL 移液枪，给每支试管装入 10mL 培养基。

3. 封口扎捆　　盖上试管盖子，以 10 支试管为一捆，用捆扎绳扎紧，管口包扎硬质纸张。在包装纸上标明培养基名称，制备组别和姓名、日期等。

4. 培养基灭菌　　按照高压灭菌锅安全要求和使用流程进行正确操作，加水到标志线，将母种培养基试管垂直放入锅内，盖上锅盖，加热升温。在蒸汽压力 98kPa，温度 121℃下，灭菌 30min 即可。待灭菌过程完成，锅内压力表压力降压至 0，打开放气阀，揭开锅盖。让锅内蒸汽逸出，锅盖保持半开，以余热烘干盖子。待培养基温度降至 60℃，取出盛培养基试管，摆放斜面。斜面试管上应覆盖洁净的厚毛巾或几层纱布，以防止试管内产生过多的冷凝水。

（二）母种转接

1. 接种环境消毒　　用 75% 酒精擦拭台面后放置接种所需物品，开启超净工作台及紫外线灯，20～30min 后关掉紫外线灯，完成接种环境消毒。

2. 手及菌种管的消毒　　用肥皂洗手，再用 75% 酒精棉球擦手和菌种管表面，将菌种管放入超净工作台内。

3. 转接　　取出在 75%酒精中消毒的接种针，在灯焰上烧灼至红热，放于支架上冷却。将菌种试管管口在火焰上燎烤消毒后，取掉盖子，再进一步烧灼管口消毒。左手平持菌种管，管口斜下对齐于火焰上方，取一支斜面管与菌种管同时持于左手。右手持接种针，用小指及无名指拔掉盖子，使盖子底部朝外。接种针冷却后伸入菌种管内取麦粒大小带有培养基的菌种块，迅速移入斜面培养基的中部，菌丝面朝上。然后，将管盖在火焰上燎一下，塞入试管口旋紧。

接种针前端不要触碰台面及管口等处。接种后的试管应及时贴上标签，注明菌种名称及接种日期。

（三）菌种分离

1. 选择种菇　　从产量高、长势好、适应性强、无杂菌、无病虫害的群体中，选择菇形正、朵大、菌盖厚实、生长健壮、八成熟的子实体作为种菇分离材料，保持菇体洁净，备用。

2. 组织分离法　　是生产中最常用的方法，操作简便，菌丝萌发快，能保持原有菇种的优良性状和特性。在分离前用 75%的酒精棉球擦菇体表面进行消毒，在超净工作台内将菌菇撕开，用无菌刀片在菌盖与菌柄的交接处将组织切成绿豆大的小块，用接种针转移至试管斜面培养基的适当位置，盖上管盖。

3. 孢子分离法　　将子实体成熟后散出的孢子收集，在培养基上萌发并长成菌丝而获得纯菌种。用无菌小镊子夹取一小片菌褶或耳片，用少许培养基黏着在试管壁上，产孢面正对培养基斜面。置于 25℃适温下，湿度小的环境中，位置摆放使产生孢子可下落到培养基斜面。产孢 4～12h 后，去掉子实体片，用火从试管外部烧烤子实体接触部位进行消毒，盖上管盖。

（四）母种培养

将转接或分离的母种试管放置在适温下（一般 25～28℃）培养 3d，检查发菌情况，剔除未发菌和有污染的试管。生长良好的母种培养 7～15d，菌丝长满试管培养基表面，取出使用或置 4℃保存。

（五）注意事项

（1）使用高压灭菌锅灭菌时，要严格按照操作规程正确使用。在压力阀归零，打开放气阀后，才可以揭开锅盖。

（2）在紫外线消毒超净工作台时，避免紫外线对人眼睛和皮肤的照射。

（3）分装母种培养基时，装有培养基的试管保持直立放置，不能过度倾斜和倒置，以免培养基沾于试管口内外和管盖上，导致杂菌污染。

五、作业和思考题

（一）实习报告和作业

（1）总结母种培养基的制备要点。

（2）总结组织分离和孢子分离的技术要点。

（二）思考题

（1）在食用菌母种分离培养过程中怎样减少杂菌污染？

（2）食用菌组织分离法和孢子分离法两者各有什么优缺点？

（本实验由王晓峰主笔编写）

实验Ⅱ-33 食用菌原种和栽培种的制作技术

一、实验目的

食用菌母种需要扩大繁殖为原种和栽培种，才能满足栽培上对菌种的大量需求。原种和栽培种制种质量的高低直接影响食用菌生产的产量和质量。

本实验通过食用菌原种和栽培种的制作实践，使学生掌握一般食用菌原种、栽培种培养基的配制方法及灭菌方法；通过在无菌操作环境下，进行原种、栽培种的接种，掌握菌种接种技术；学习菌种培养方法，并掌握通过观察菌种生长情况分析判断接种效果的技术。

二、实验材料和仪器用具

1. 实验材料　每组需要棉籽壳 10kg、小麦或玉米粒 5kg、杂木屑 10kg、麸皮 5kg、蔗糖 0.5kg、石膏粉 0.5kg、过磷酸钙 0.5kg；菌种瓶 20 个、瓶盖 20 个、聚丙烯菌种袋 20 个、套环 20 个、标签 1 本、75%酒精 300mL 带棉球、75%酒精 300mL；平菇、香菇和木耳等食用菌的母种 5 支和原种 2 瓶等。

2. 实验用具　每组需要锥形棒 1 个、接种铲 2 个、大镊子 2 个、酒精灯 1 个、火柴 1 盒。

3. 仪器设备　高压灭菌锅、接种室、超净工作台或接种箱，各 1 台，全班共用。

三、实验原理

拓展知识

菌种需要多级扩大繁殖以满足栽培需要的菌种量。一般将试管母种转接入原种培养基，经培养而成原种，也称二级种。将原种转接入栽培种培养基，扩繁培养成用于生产的栽培种，也称三级种。

原种和栽培种的培养基质主料为棉籽壳、杂木屑或谷粒等，富含纤维素和木质素等大分子有机物，能提供菌丝生长所需要的营养物质。在制作菌种时加入麸皮、谷糠等富营养的辅料可补充主料中速效养分的不足。常用的几种培养基配方如下所示。

（1）谷粒培养基：谷粒 97.5%，石膏粉 1%，过磷酸钙 1%，碳酸钙 0.5%。

（2）棉籽壳培养基：棉籽壳 87%，麸皮 10%，蔗糖 1%，石膏粉 1%，过磷酸钙 1%。

（3）木屑培养基：木屑 77%，麸皮 20%，蔗糖 1%，石膏粉 1%，过磷酸钙 1%。

四、实验内容和方法步骤

本实验在教学实习基地或实验室分组进行，每标准班分为 6 组，每组 4～6 人，完成食用菌原种和栽培种培养基配制、接种和培养等实验操作。

（一）培养基配制

1. 拌料　培养料拌料时，先将难溶于水的辅料与主料拌匀，再将易溶于水的辅料溶解于水中制成母液，每次加水均从母液桶中取水，边加水边搅拌，直至将培养料的含水量调至 60%～65%为宜。谷粒培养基多用于原种制作（谷粒是麦粒、稻谷粒、玉米粒等的总称），棉籽壳和木屑培养基多用于栽培种制作。

谷粒培养基制作时先将谷粒洗净，用 1%生石灰水浸泡 4～8h，放入锅内水煮 20min，使谷粒吸足水分，但不煮开花为度。然后捞出，晾至无明水后拌入 1%石膏粉和 1%过磷酸钙，即可装瓶。

木屑和棉籽壳等培养基按比例称取原料，将各种原料混匀，边加水搅拌边检查培养料的含水量，直至用手握培养料时，指缝略有水渗出而不滴为度，培养料不宜过湿或过干。

2．装瓶装袋　培养料拌好后就可装瓶或装袋，原种培养基装入菌种瓶或其他大口瓶，边装边振动，培养基可装至瓶肩处，再用手指或工具将料面压紧压平，用锥形棒在培养基中心位置从上到下打一通气孔，然后清洁瓶口内外，盖上瓶盖。

栽培种培养基一般装入聚丙烯菌种袋，上端套颈圈后如同瓶口包扎法。两端开口的菌种袋可将两端扎活结。要求装料外紧内松，培养料须紧贴袋壁。过于松散的培养料会导致菌丝断裂及影响对养分、水分的吸收。

3．灭菌　若采用高压蒸汽灭菌，则标准为 147kPa，126℃，1.5～2h。如果采用常压蒸汽灭菌，则标准为 100℃下 8～12h。

（二）接种

原种和栽培种的生产过程基本相同，主要区别在于接种时取接的菌种不一样。将灭过菌的培养料瓶袋移入事先消毒过的接种箱内，菌种、用具及手要进行表面消毒，等培养料温度降至35℃左右时，按无菌操作方法进行接种。弃去菌种表面老化菌丝及老种块，原种用接种铲取蚕豆大母种块，栽培种用大镊子或接种匙取如枣果大小的原种块，放入培养料中心的孔隙处，并使菌种块紧贴在培养料上，盖上瓶盖。贴上标签，注明菌种名称和接种日期。

（三）菌种培养

接种后，将菌种瓶袋置于适宜温度、湿度和通气的环境下培养。菌种瓶袋不可堆垛过于紧密，以免发热烧菌。经常检查，及时淘汰污染的菌种瓶袋。一般 25～35d，菌丝可长满培养基，再继续培养 7～10d 可达到使用的最佳菌龄。培养成的原种和栽培种，菌丝浓白健壮，紧贴瓶壁不干缩，生命力强，有清香味，无任何杂菌污染。

（四）注意事项

（1）培养瓶袋在灭菌时堆放要合理，避免留有死角而造成灭菌不彻底。

（2）菌种的整个接种过程要尽量减少杂菌污染的可能，保持培养环境干净无污染，经常检查以剔除污染的菌种。

五、作业和思考题

（一）实验报告和作业

（1）简述原种和栽培种培养基的制作流程。

（2）原种接种操作要点有哪些？

（3）观察和记录实验结果，并对出现的异常现象进行原因分析。

（二）思考题

（1）为什么栽培种较原种接种成功率高？为什么原种和栽培种的接种较母种转接污染率高？

（2）对培养基进行灭菌处理和无菌接种的意义是什么？

（本实验由王晓峰主笔编写）

实验Ⅱ-34　食用菌菌袋栽培技术

一、实验目的

食用菌的菌袋栽培以农作物废弃物为原料，通过添加辅料增加了培养基的营养成分，借助灭菌和纯菌种接种限制了杂菌的生长，促进了食用菌的生长，显著提高了有机物的生物转化率。现在袋式栽培是主要的食用菌栽培形式，也是未来食用菌工厂化和智能化生产的一种主要栽培形式。

本实验通过食用菌的菌袋栽培实践，使学生掌握平菇、香菇和黑木耳等食用菌袋式栽培生产程序、栽培各个环节的操作步骤和关键技术，深刻理解食用菌的生物学特性和生长发育规律。

二、实验材料和仪器用具

1. 实验材料　　每组需要棉籽壳 20kg（也可以用玉米芯、木屑、稻草、麦秸替代）、麸皮或米糠 5kg、石膏粉 1kg、蔗糖 0.5kg、石灰粉 1kg、过磷酸钙 1kg，以及高锰酸钾等消毒杀菌剂 50g。栽培平菇时，选用折宽 25～30cm、长 50cm、厚度 0.03～0.05mm 的聚乙烯袋；栽培香菇时选用折宽 15～17cm、长 50～55cm、厚度 0.04～0.06mm 的聚丙烯塑料袋和厚度为 0.005～0.015mm 的聚乙烯内衬袋；栽培木耳时选用折宽 20～25cm、长 33cm、厚度 0.015～0.04mm 的聚丙烯塑料袋。聚乙烯或聚丙烯塑料栽培袋 0.5kg、衬袋 0.1kg、捆扎绳 1 把、平菇或香菇或黑木耳等食用菌栽培种 1kg。

2. 实验用具　　每组需要磅秤 1 台、铁锹 1 把、水桶 1 只、接种工具 2 套、大盆 1 个、脸盆 2 个、喷雾器 1 台、大镊子 2 把。

3. 仪器设备　　高压灭菌锅（或常压灭菌锅）、接种室、超净工作台或接种箱，各 1 台，全班共用。

三、实验原理

拓展知识

食用菌通常生长于腐木或林地上，以木材或枯枝落叶中的有机物为营养，因此最初的栽培以段木或堆肥栽培为主。食用菌也能进行棉籽壳生料栽培，但是始终存在杂菌污染严重、生物转化率低的问题。最早的代料瓶式栽培，通过使用代料并添加辅料增加了培养基的营养成分，扩大了原料使用范围，通过灭菌和纯菌种接种大大降低了杂菌的污染率，显著提高了有机物的生物转化率。袋式栽培沿用了瓶式栽培的基本原理，只是用塑料袋替代了玻璃瓶，使栽培过程省工省时，成本大大降低。几种常用的培养基配方如下所示。

（1）棉籽壳 90%，麸皮 8.5%，石膏粉 1%，石灰粉 0.5%。

（2）棉籽壳 40%，木屑或麦秸 38%，麸皮或米糠 18%，玉米粉 2%，蔗糖 1%，石膏粉 1%。

（3）木屑 78%，麸皮或米糠 20%，蔗糖 1%，石膏粉 1%。

（4）玉米芯 60%，木屑 20%，麸皮或米糠 17%，蔗糖 1%，石膏粉 1%，过磷酸钙 1%。

（5）甘蔗渣 61%，木屑 20%，麸皮 15%，黄豆粉 3%，石膏粉 0.5%，石灰粉 0.5%。

（6）稻草或麦秸 68%，麸皮 20%，木屑 10%，石膏粉 1%，过磷酸钙 1%。

四、实验内容和方法步骤

本实验在教学实习基地或实验室分组进行，每标准班分为 6 组，每组 4～6 人，完成食用菌不同种类菌袋栽培技术实验操作。

（一）原料准备

栽培食用菌的原材料必须新鲜，无霉变，无腐烂。木屑以硬质阔叶树种的为好，最好是堆放一年以上的陈木屑。玉米芯粉碎成玉米粒大小的颗粒备用。麦秸需要粉碎为 1～2cm 的小段，稻草切成 3cm 左右的小节，用 0.5%石灰水浸泡 6～10h 后，捞起沥干备用。

（二）拌料与装袋

1. 拌料　提前一天将棉籽壳、木屑、麦草等主料摊薄，撒石灰粉，洒水预湿。然后拌入石膏粉，将过磷酸钙溶解于少量水后拌入。最后按比例将培养料拌匀，含水量在 55%～65%为宜（手紧握可挤出 1～2 滴水），调 pH 8.0。

2. 平菇装袋　用折宽 25～30cm、长 50cm、厚度 0.03～0.05mm 的聚乙烯袋，将培养料装入袋内，边装边压实，松紧适度，用手按略有弹性。然后两头用绳子扎活结封口，或直接套塑料颈圈（直径 4～5cm），外加塑料薄膜封口。

3. 香菇装袋　香菇菌袋选用折宽 15～17cm、长 50～55cm、厚度 0.04～0.06mm 的聚丙烯塑料袋和厚度为 0.005～0.015mm 的聚乙烯内衬袋。装袋时要求压实，防止料袋有漏洞和穿孔，以免杂菌污染。扎口时最好将袋口反折扎第二道。

4. 木耳装袋　木耳选用折宽 20～25cm、长 33cm、厚度 0.015～0.04mm 的聚丙烯塑料袋，将菌袋的一头用捆扎绳系活结，也可先将菌袋的一端用火烧凝封口，然后开始装袋。一边装料一边用手轻压实。留 6～7cm 长的菌袋用捆扎绳子系活结。

（三）灭菌接种

1. 灭菌　为避免培养料变酸，装袋后要及时进行灭菌。将装好的料袋送入灭菌锅，分层排放，袋子不能互相挤压，要留有一定的缝隙。常压灭菌的温度要求尽快升至 100℃，并维持 10～12h，方能彻底灭菌。当温度降至 70℃时，取出料袋，置于接种室，待料温降至 35℃时，准备接种。

2. 接种　在已消毒的接种室内接种。接种时要严格无菌操作，在接种室内的超净台或接种箱内进行，接种用具和菌种瓶及手都要进行表面消毒。掏种前，先刮去种瓶内表面的老菌皮及菌种块，再将菌种掏松，解开料袋的活结，打开袋口，进行接种。接种培养料表面的菌种应压实，让菌种紧密地接触培养料，以利菌丝萌发、定植。

平菇菌袋将菌种接到菌袋的两头；木耳菌袋将菌种接种在有套环的一端；香菇菌袋用尖木棒在料袋侧面打 4 个 2cm 深的孔，接入菌种。再用灭菌的胶布或专用胶片封口，或接种后直接在料袋外加套一个灭菌的菌袋，扎上口。此法能增氧，菌丝萌发快。

（四）排袋发菌

根据气温决定菌袋放置的场所及袋层高度。

接种后，将菌袋及时移入发菌室，春季栽培的料袋在 2～4 月份接种、发菌，当时气温比较低，往往采取堆叠发菌，以"井"字型堆叠，袋堆约 1m 高，便于散热。秋季栽培时，气温较高，在发菌过程中要防止"烧菌"，注意发菌室的通风换气，严防高温。室温控制在 25℃ 左右，若温度达 30℃，则要全开门窗，让空气流通，降低温度。空气相对湿度应在 60%～70% 为宜。接种后的 3～4d，菌块生白色绒毛状菌丝。每隔 7～10d 要翻堆检查杂菌一次，在检查杂菌污染的同时，注意调换菌袋的位置以达到发菌一致。当菌丝长至 8～10cm 时，可适当加大通风量，以利菌丝生长。

（五）出菇管理

平菇出菇需要加大温差（8～10℃）、提高空气湿度（80%～85%）、加强通气及散射光照，以促进原基形成和尽快出菇。

香菇接种后，适温培养经 60d 左右，当达生理成熟，便可脱袋。菌丝成熟的时间长短，除环境条件外，也因香菇品种不同而异。脱袋的标志：袋壁四周的菌丝体膨胀、皱褶、隆起的肿块状态占整袋面积的 2/3，在接种周围出现微微的棕褐色，表明生理成熟，可将菌袋移至室内或室外脱袋排场。用刀片直向割破外菌袋，完好保留内衬层。取出菌袋斜立排放于菇架上，设遮阴棚防强光直射。保持光照及 85%～90% 空气湿度，拉大昼夜的温差、湿差，变温催蕾。经催蕾后的菌筒龟裂花斑，孕育着大量香菇原基。此时的管理主要措施是调节菇棚的温度、湿度、通气及光照，使菇蕾顺利地发育成子实体。

当木耳菌袋长满菌丝后，将菌袋划穴。穴的形状为"V"形，可使袋上薄膜微张，使喷水时多余的水从尖端流掉，还可保护穴内长出的耳基，提高出耳率。划穴后将菌袋吊在人工搭建的耳棚内，袋与袋间距 8～10cm，每串吊 10 袋，铁线与铁线间距 20cm。棚内温度控制在 20～24℃，相对湿度控制在 90% 左右，加强通风，适当增加光照。

在菇耳生长期管理时，勿强水喷、硬风吹，勿喷后闷湿，勿通对流风与干热风，在有风天气开背风窗通风。

（六）采收和后期管理

一般以菌盖长到七八分成熟、菌盖边缘仍内卷时采收为最好。当耳片充分长大，可采收。及时晒干或烘干。

采收后应给菌筒补水，恢复生长一段时间。然后加大湿度，昼盖夜露，造成温差，诱导第二潮菇耳产生。注意防止根霉、毛霉、青霉、木霉、曲霉、链孢霉等竞争性杂菌的污染蔓延。同时注意菇蚊、菇蝇、螨虫、线虫等害虫的危害。

（七）注意事项

（1）使用菌种前对菌种进行彻底检查，确保菌种生长良好，无杂菌。

（2）菌袋装袋、堆放和灭菌前后，注意不要扎伤菌袋，以免引起污染。

（3）接种时严格无菌操作，尽量减少接种后的初期污染。

五、作业和思考题

（一）实验报告和作业

（1）袋式栽培香菇的发菌期和出菇期的管理要点有哪些？

（2）观察和记载食用菌各发育时期的生长状况，注意观察培养料在发酵中出现的变黑、发黏、发臭现象，并对异常现象进行原因分析。

（二）思考题

（1）在平菇袋式栽培中为何将菌种接种在培养袋的两端，而不是均匀地混合？

（2）袋式栽培较块式栽培和段木栽培有哪些优点？为什么袋式栽培是食用菌未来栽培的最主要形式？

（本实验由王晓峰主笔编写）

第Ⅲ部分 蔬菜栽培综合创新设计类实验

实验Ⅲ-01 蔬菜种植园布局规划设计

一、实验目的

蔬菜种植园布局规划是基地建设的顶层设计，主要内容包括土地利用规划、种植区划分、排灌系统、道路及蔬菜设施建设规划等。蔬菜种植园合理规划对蔬菜生产管理至关重要。本实验通过根据蔬菜种植园的实地情况，结合当地气候环境特点及土壤特性，进行蔬菜种植园的规划设计，使学生熟悉蔬菜种植园的规划分区和规划内容，具备设计和规划蔬菜种植园的基本技能，训练利用所学知识进行综合创新设计能力。

二、设计目标和要求

拟建一个规模为 $100hm^2$ 的蔬菜种植园，外围交通、土壤、水源条件较好。要求学生根据蔬菜种植园的一般要求，进行该种植园区的规划设计，做到园区基础设施规划设计合理，生产操作方便、可行、实用，尽可能周年生产且产出比较均衡，种类比较丰富，生产高效可持续，运行管理科学，园区达到集约化育苗、规模化种植、标准化生产、商品化处理、品牌化销售和产业化经营的要求。

三、设计原理

拓展知识

结合目标市场和当地气候特点，遵循经济效益、社会效益和生态效益相结合的理念，充分利用当地现有条件，按照因地制宜和生态优先的原则，合理考虑蔬菜种植环节的衔接性和连贯性，统筹规划，科学合理设计，达到现代蔬菜种植园区的要求。

四、设计内容和步骤

本设计实验主要在实验室进行，学生根据设计目标和要求，参考相关资料，每组共同完成一个蔬菜种植园的布局规划设计。

（一）布局规划

蔬菜种植园布局规划主要包括土地利用规划、种植区划分、栽培设施（温室、大棚等）、排灌系统、道路、管理房、农产品贮藏室、加工车间、仓库等。

请根据以上条件和规划内容，结合当地土壤、地势、气候条件等，在充分利用土地的基础上，考虑蔬菜种植全产业链所需的设施，以市场为导向，按照因地制宜的原则，设计该种植园区的规划（图加文字说明）。要求最大限度发挥该种植园产出能力和销售收益，充分利用各种蔬菜生产资源，做到节本、高效、环境友好和可持续生产。

在规划图的基础上，根据当地实际，写出栽培设施和排灌设施规划的相关参数、田间道路的间隔距离等。

（二）注意事项

（1）蔬菜种植园规划设计要充分考虑科学性，应结合当地实际进行规划。

（2）蔬菜种植园规划设计要注重生产操作中的实用性。

五、作业和思考题

（一）实验报告和作业

（1）绘制一个完整的园区布局规划图，包括水网系统（灌水、排水），并附文字说明（每组提交1份）。

（2）总结你对本设计的贡献和实验的收获与体会。

（二）思考题

（1）中国南方和北方在规划蔬菜种植园时有哪些区别？

（2）蔬菜种植园规划内容的设计应考虑哪些方面？

（本实验由耿广东主笔编写）

实验Ⅲ-02　蔬菜种植园周年栽培制度和生产计划设计

一、实验目的

根据当地的自然和经济条件制定合理的蔬菜周年栽培制度，可以充分利用自然资源，保持良好的生态环境和土壤肥力，有利于蔬菜全面持续增产，增加蔬菜品种和周年均衡供应。生产计划的制订和按计划生产，使生产有序、合理、科学地进行，是管理者所必需的技能，也是生产高效益的一个保证条件。本实验通过蔬菜种植园周年栽培制度设计和生产计划制订的实践，使学生熟悉蔬菜种植园周年栽培制度和生产计划设计的内容，掌握综合运用所学理论知识设计蔬菜周年栽培制度和制订生产计划的技能和原理。

二、设计目标和要求

（一）设计目标

设定一个规模100hm²的蔬菜种植园，生产条件（水、电、肥、人力、销售等）良好，温室、塑料大棚和露地面积比1：3：6。为使该种植园资源周年充分利用，生态可持续，生产有效益，应针对当地消费习惯、蔬菜主要种类特点和日常消费量等，设计该种植园以多次作为主要内容的周年栽培制度和生产计划，包括季节茬口、土地茬口等，要求蔬菜种类搭配合理，生产安排符合轮作等种植制度要求，上市种类丰富和均衡。

（二）设计要求

1. 学生分组　每标准班分为6组，每组4~6人。

2. 设计资料　蔬菜栽培学相关材料，当地蔬菜生产相关资料等，学生自查自备。

3. 蔬菜种类　调查了解当地栽培的主要蔬菜种类，以及技术条件适合、消费有需求的常见主要蔬菜种类，如番茄、辣椒、茄子、黄瓜、西葫芦、西瓜、甜瓜、冬瓜、南瓜、瓠瓜、菜豆、豇豆、甘蓝、大白菜、菠菜、芹菜、萝卜等，确定主要种类和搭配种类。

4. 生产要求　　园区周年有生产，每月上市蔬菜种类不少于 10 种，周年生产上市量较均衡，生产效益不低于 30%。

三、设计原理

拓展知识

蔬菜周年栽培制度主要是多次作和重复作栽培制度，以及季节茬口和土地茬口等设计。

（一）多次作类型设计

多次作是指在同一块土地上，一年内连续栽培两季或两季以上作物的栽培制度，也叫复种。种植作物的平均茬次数称为复种指数。多次作设计必须考虑不同种类蔬菜的生物学特性，参考轮作制度设计要求，综合运用间套混作技术。

1. 露地蔬菜多次作类型　　根据当地地理和气候特点，确定蔬菜多次作的类型。我国不同地区露地蔬菜多次作类型有 2 年 3 熟、1 年 2 熟、1 年 3 熟、1 年 4 熟、1 年更多熟等。

2. 设施蔬菜多次作类型　　我国不同地区设施蔬菜有 1 年 1 熟、1 年多熟等类型。

（二）周年生产基本茬口类型设计

1. 季节茬口设计　　我国不同地区露地蔬菜周年栽培季节茬口有越冬茬、春茬、夏茬、伏茬、秋冬茬等 5 种；设施蔬菜主要安排大季节、长季节栽培，也有多季节茬次设计。

2. 重复作土地茬口设计　　重复作是指一年内的整个生长季节或部分生长季节，在同一块土地上连续多次种植同一种作物的栽培制度。重复作设计必须考虑不同种类蔬菜的生物学特性和化感作用，尤其是耐连作特性。

（三）蔬菜周年生产计划制订

蔬菜周年生产计划就是在时间和空间上落实种植园蔬菜重复作、多次作、季节茬口和土地茬口等设计，明确每块土地在每个特定季节时期种植的蔬菜种类，以及收获上市的时期和产量等。

1. 蔬菜生产季节确定　　为获得优质、高产的蔬菜作物，需根据蔬菜作物对气候条件的要求和适应性将蔬菜的整个生长期安排在温度能适应生长发育的季节里，而将产品器官的生长期安排在温度最适宜的季节里。耐寒及半耐寒性蔬菜在营养生长阶段对高温的适应性强，而产品器官形成期间要求冷凉环境，可以露地越冬，因此冬季是该类蔬菜主要的生产季节。喜温及耐热蔬菜生长需要较高的温度，因此春夏季是该类蔬菜主要的生产季节。

2. 蔬菜生产季节茬口安排　　根据不同蔬菜作物生长特性，要在不同季节安排蔬菜栽培茬口。露地蔬菜栽培的季节茬口大体上分为 5 种，即越冬茬、春茬、夏茬、伏茬、秋冬茬。

（1）越冬茬：秋季直播，露地或地膜覆盖越冬，翌年早春收获，如越冬菠菜、大葱、芫荽（香菜）等耐寒性的蔬菜。

（2）春茬：春季种植，春末或夏初收获。根据蔬菜种植时间的早晚，又可分为早春茬、春茬、晚春茬，如茼蒿、芹菜等。

（3）夏茬：夏季种植，夏末或秋初收获，如绿叶蔬菜苋菜、白菜（小油菜）、黄瓜、冬瓜等。

（4）伏茬：酷暑高温的夏伏期收获，一般种植耐热性蔬菜，如火苋菜、伏黄瓜、伏甘蓝等。

（5）秋冬茬：秋季种植，秋末或者初冬收获。此茬口是秋冬茬或越冬茬的前茬，如大白菜、甘蓝等。

3. 蔬菜生产土地茬口安排　　按照土地茬口设计要求，在每块生产田落实不同季节种植的蔬菜种类。

4．周年蔬菜生产种类和产量分布　　按照园区蔬菜周年栽培制度和生产计划，建立蔬菜周年上市种类和上市产量分布计划。

四、设计内容和步骤

本设计实验主要在实验室进行，学生根据设计目标和要求，参考相关资料，每组共同完成一个目标蔬菜种植园周年栽培制度设计和周年生产计划制订。

（一）设计内容

1．蔬菜多次作类型设计　　结合当地实际，设计园区露地和设施蔬菜的多次作类型。

2．蔬菜周年生产季节茬口和土地茬口设计　　结合当地实际，设计园区蔬菜周年生产季节茬口和土地茬口。

3．园区蔬菜周年种植计划制订　　根据当地气候条件及市场情况，选择合适的蔬菜种类制订种植计划，并确定主要栽培管理技术。

4．周年蔬菜生产种类和产量分布规划　　按照蔬菜周年栽培制度和生产计划，做出园区蔬菜周年逐月上市种类和上市量分布预测。

5．蔬菜生产效益分析　　根据市场要求计划合适的采收及销售时间，并进行成本核算，列出收支计划。

（二）注意事项

（1）多次作和重复作时注意避免蔬菜连作障碍。

（2）生长期长与生长期短，以及需肥多与需肥少的蔬菜合理搭配种植。

（3）一般需氮较多的叶菜类蔬菜后茬最好安排需磷较多的茄果类蔬菜。吸肥快的蔬菜作物后茬最好安排对有机肥吸收较多蔬菜。

五、作业和思考题

（一）实验报告和作业

（1）按实验要求，每组提交一份蔬菜种植园周年栽培制度和生产计划设计报告。

（2）总结你对本设计的贡献和实验的体会与收获。

（二）思考题

（1）蔬菜连作种植制度的害处是什么？应该怎样去克服？

（2）蔬菜多次作和重复作应遵循哪些原则？

（本实验由高艳明和程智慧主笔编写）

实验Ⅲ-03　蔬菜种植园轮作、间作和套作制度设计

一、实验目的

轮作、间作和套作是我国蔬菜生产传统的栽培制度，对提高土壤肥力、增加复种指数、提高

光能利用率和土地利用率，减轻病虫害发生和消减连作障碍具有重要作用。本实验通过设计蔬菜轮作和间作套作制度，旨在使学生熟悉蔬菜栽培制度的内涵，掌握蔬菜轮作、间作和套作的原则和设计原理，训练学生的综合创新思维和设计的能力。

二、设计目标和要求

（一）设计目标

立足当地的生态气候条件，针对一个 $100hm^2$ 露地蔬菜基地，综合运用轮作、间作、套作原理，设计一种体现当地蔬菜生产特点、实用且可持续发展的轮作、间作和套作栽培制度。

（二）设计要求

1. 学生分组　　每标准班分为 6 组，每组 4～6 人。

2. 设计资料　　调查收集当地社会经济状况、生态气候条件、蔬菜生产实际、蔬菜基地生产目标、蔬菜市场流通和消费特点等资料，作为本设计的参考资料。

3. 设计方案　　本设计方案包括蔬菜轮作计划、间作计划和套作计划。学生应该结合当地蔬菜生产实际和需要，在 $100hm^2$ 露地蔬菜基地中分别划分出轮作区、间作区和套作区，做出每个区不同年份蔬菜种植计划图。

4. 方案要求　　蔬菜种植计划中，蔬菜种类选取和茬口安排适合当地生态气候特点和生产及消费习惯；轮作、间作和套作方案设计分别符合蔬菜轮作、间作和套作的原则，体现当地蔬菜生产特点，是实用且可持续发展的轮作、间作和套作栽培制度。

三、设计原理

（一）轮作

拓展知识

轮作是在同一块田地上，在一定年限内轮换种植几种亲缘关系较远或性质不同的作物。轮作原理主要是在同一块土地上通过增加栽培作物的多样性而创造生物多样性的菜田生态环境，克服连作障碍。合理的轮作制度不仅可以均衡利用土壤中的养分，恢复和培养土壤肥力，而且可以减少病虫害的积累与发生，防除或减轻田间杂草。轮作的关键是参与轮作的作物种类的选择和轮作顺序的设计。

蔬菜轮作制度设计应遵循的原则：①有利于减少病虫害传染；②有利于对土壤不同深浅耕层养分的吸收利用；③有利于改良土壤结构；④不同轮作作物对土壤 pH 有不同的要求；⑤前作对杂草有抑制作用。

生产上轮作的一般要求：①选择当地的主作蔬菜；②选择与前茬蔬菜根系深浅、科属种类、养分需求、酸碱需求、抑制杂草发生难易等不同的蔬菜进行轮作；③实施水旱、粮菜轮作。

（二）间作和套作

间作是将两种或两种以上生长期相近的蔬菜作物，隔行、隔株、隔畦或垄同时间隔种植在同一块地上。套作是两种生长季节不同的蔬菜作物，在前茬作物收获之前就套播或套栽后茬作物。

间作和套作可增加田间作物多样性，从而增加菜田生物多样性，有利于消减连作障碍。同时，间套作还有利于增加蔬菜种植密度，构建田间合理的复合时空群体结构，充分利用阳光，加强通风，减少病虫害的发生，因而有利于增加蔬菜作物的产量。

间作和套作的关键是作物搭配和种植带比例设计。一般要求：①合理搭配蔬菜种类和品种，如高矮、根系深浅、喜光耐阴等蔬菜搭配；②安排合理的田间群体结构，可以充分利用土地的营养条件、时间和空间；③采取相应的栽培技术措施；④共生期作物间在肥水、通风等管理上要求较相近，在有矛盾时重点保证主作物；⑤套作体系中，先作蔬菜尽量选用早熟品种，套作时期应保证套作蔬菜作物有足够的生长期；⑥套作体系中，不同蔬菜作物间无明显化感抑制作用，并最好有单向或双向的化感促进作用。

四、设计内容和步骤

本设计实验主要在实验室进行，学生根据设计目标和要求，参考相关资料，每组共同完成一个蔬菜轮作、间作和套作制度设计方案。

（一）当地蔬菜生态资料收集和栽培制度调查

调查和查阅文献，获取当地的气象资料，主要包括温度、光照的年变化与日变化，极端温度、积温等情况，降雨量及季节性变化等；土壤条件，如土壤的类型、理化性质等；历年蔬菜种植情况，尤其是间套作应用及习惯种植模式等。

（二）轮作制度设计

1. 确定轮作蔬菜种类和要求　　按照不同蔬菜作物连作障碍特点和轮作年限要求，确定当地栽培的蔬菜种类对轮作年限的基本要求。一般地，叶菜、伞形科可适当连作，薯芋类、葱蒜类宜实行 2～3 年轮作；茄果类、瓜类（除西瓜）、豆类需要 3～4 年轮作；西瓜种植轮作的年限多在 6～7 年及以上。水生蔬菜、绿叶嫩茎类和多年生蔬菜一般不参与轮作。

2. 按轮作年限要求对蔬菜种类轮作分组　　首先，按农业生物学分类，把参与轮作的蔬菜分为不同的大类，如茄果类、瓜类、豆类、结球芸薹类、肉质直根类、葱蒜类、薯芋类等；其次，按轮作年限要求，把轮作蔬菜分为 1 个或多个轮作组，并确定参与每个轮作组的蔬菜大类数；最后，参考当地种植和消费习惯等，确定每个轮作组内每个大类蔬菜参与轮作的具体蔬菜种类及其种植面积比例。

3. 确定轮作内每大类蔬菜的种植顺序　　根据各大类及其主要种类的生物学特性，尤其是其根系深浅和生长分布特点，以及蔬菜作物轮作原则和要求，确定各大类蔬菜参与的轮作制度和在每个轮作制度中的种植顺序。

一般深根性的瓜类（除黄瓜）、豆类、茄果类与浅根性的白菜类、葱蒜类在田间轮换种植；需氮多的叶菜类，需磷较多的果菜类，需钾较多的根菜类、茎菜类合理安排轮作。如豇豆—白菜（葱蒜类）—瓜类（茄果类）轮作等。

4. 轮作地块选择和轮作种植规划　　在 100hm^2 蔬菜基地划出轮作种植区；在轮作种植区可以按照轮作年限要求的不同划分不同的轮作种植亚区；把轮作区或亚区按照参与轮作的蔬菜作物大类数分成面积相等的轮作小区；按照当地蔬菜的生产季节和复种指数，将不同的作物轮作种植制度落实到田间具体的地块上，即在轮作区或亚区内的每个小区内，按照每个大类包括的具体蔬菜种类和每个种类的计划种植面积进行种植规划，绘制出每个轮作区或亚区蔬菜作物轮作安排表或轮作茬口示意图。

也可将园区的轮作区按照 8 区轮作制设计，即将轮作区分为面积相等的 8 块地，将主要蔬菜种类按轮作要求分为 8 大类，实施大区轮作。每区每年种植一类蔬菜，参照轮作的原则安排蔬菜轮作顺序，按类分块轮作，实现园区蔬菜种植 8 年不重茬。

（三）间作和套作制度设计

1. 间作设计

（1）依据间作原则，参考当地蔬菜栽培种类，正确选择间作蔬菜种类，确定主作蔬菜与副作蔬菜。

（2）根据当地蔬菜的栽培季节和茬口，确定间作季节和参与间作的蔬菜种类。

（3）根据间作蔬菜的生物学特性，并查阅蔬菜作物间作研究文献和成果，确定间作蔬菜种植带型和不同作物的带型比例，包括每种间作蔬菜种类的作畦规格和株行距等。如各类蔬菜间作种植行数比可参考以下数据：菜豆与茄果类（4：4，6：4）；菜豆与葱蒜类（2：2）；菜豆与叶菜类（4：4，6：4）；甘蓝与茄果类（4：2）；黄瓜与葱蒜类（4：4，2：2）；黄瓜与叶菜类（4：4，6：4）；苦瓜与叶菜类、芹菜、葱蒜类[1：（4～6）]等。

（4）选择地块，规划田间蔬菜间作种植计划，并绘制蔬菜间作示意图。

2. 套作设计

（1）依据套作原则，参考当地蔬菜栽培种类，正确选择套作蔬菜种类，确定套作蔬菜的主作物和副作物。

（2）根据当地蔬菜的栽培季节和茬口，确定套作季节和参与套作的蔬菜种类。

（3）根据套作蔬菜的生物学特性，并查阅蔬菜作物套作研究文献和成果，确定套作蔬菜种植带型和不同作物的带型比例，包括每种蔬菜的作畦规格和株行距等。

（4）选择地块，规划田间蔬菜套作种植计划，并绘制蔬菜套作示意图。

（四）注意事项

轮作、间作和套作中蔬菜作物的选择，除了考虑气候条件、土壤特性外，还应考虑当地种植和消费习惯、生产目的等因素。

五、作业和思考题

（一）实验报告和作业

（1）根据设计目标和要求，每小组完成一份在 $100hm^2$ 露地蔬菜基地上的蔬菜轮作、间作和套作制度设计方案。

（2）总结你对本设计方案的主要贡献和设计的心得体会。

（二）思考题

（1）哪些蔬菜是轮作和间套混作的最佳搭配？

（2）若你的露地轮作计划在设施里实施，哪些轮作计划需要调整？

（3）蔬菜轮作、间作和套作中如何处理好主作蔬菜与副作蔬菜之间的关系？

（本实验由成善汉和程智慧主笔编写）

实验Ⅲ-04　蔬菜商业化育苗计划设计

一、实验目的

育苗是蔬菜生产的基础和关键技术，需制订详细周密的育苗计划，保证蔬菜生产计划的顺利实施。本实验针对一定规模的蔬菜基地，通过蔬菜商业化育苗计划的设计，使学生熟悉蔬菜生产和各种蔬菜在不同季节利用不同设施育苗期所需时间及育苗茬口的安排，掌握蔬菜周年育苗计划制订的技能和原理。

二、设计目标和要求

立足当地气候条件，根据种苗订单合同及种苗市场容量情况制订育苗企业（基地 $10hm^2$）的育苗计划，要求年生产种苗 3500 万株，冬春季果菜类蔬菜种苗不少于 10 种，夏季果菜类蔬菜不少于 5 种、叶菜类不少于 4 种，秋季叶菜类不少于 4 种，结球芸薹类蔬菜不少于 4 种。育苗计划内容包括蔬菜种类、品种、出苗期、用户、农资购买等。

三、设计原理

根据种苗订单合同及蔬菜种植面积确定蔬菜种苗的种类、数量、出苗时间及质量要求，充分利用育苗设施，针对不同蔬菜幼苗的生物学特性及苗期时间，按照不同季节茬次蔬菜生产需要，制订详细的育苗计划，保证效益。

拓展知识

四、设计内容和步骤

本设计实验主要在实验室进行，学生根据实验要求和该企业规模，参考相关资料，每组共同完成该蔬菜育苗计划制订。

（一）蔬菜种苗市场调研

调查本地区蔬菜种苗市场销售量、价格波动、市场供求状况、销售渠道等，总结存在问题和解决方案。

（二）设计商业化育苗计划

1. 种苗生产计划　　在广泛市场调研的基础上，根据种苗订单合同，参考表Ⅲ-04-1 制订种苗生产计划。

表Ⅲ-04-1　××××公司蔬菜种苗××××年生产计划

序号	种类	品种	数量（万株）	播种时期（日/月）	出圃时期（日/月）	用户	圃地位置	备注
1								
2								
3								

2. 生产资料购买计划　　根据育苗计划，参考表Ⅲ-04-2、表Ⅲ-04-3 制订生产资料购买计划，准备好育苗基质、育苗容器、农药、肥料、种子等。

表Ⅲ-04-2　××××公司蔬菜种苗××××年生产资料购买计划

序号	名称	规格	单位	数量	单价（元）	金额（元）	生产单位
1							
2							
3							

表Ⅲ-04-3　××××公司蔬菜种苗××××年种子购买计划

序号	种类	品种	单位	数量	单价（元）	金额（元）	生产单位
1							
2							
3							

五、作业和思考题

（一）实验报告和作业

（1）每组提交一份蔬菜育苗计划设计方案，包括蔬菜种类、育苗时间、出苗期、数量及生产资料的准备等。

（2）总结你对本设计方案的主要贡献和设计的心得体会。

（二）思考题

（1）试分析蔬菜新品种新种苗的开发策略。

（2）以企业或蔬菜种苗基地为例，根据市场情况调查，进行蔬菜育苗效益的核算。

（本实验由郑阳霞主笔编写）

实验Ⅲ-05　果菜类目标产量配套关键栽培技术设计

一、实验目的

蔬菜生产的目标是优质高产，根据蔬菜产量构成因素设计蔬菜目标产量，并通过栽培技术管理实现目标产量在蔬菜生产中具有重要意义。本实验通过果菜目标产量和配套栽培技术设计，使学生学会依据产量构成因素设计目标产量，综合运用所学栽培管理的理论知识和技术，设计实现目标产量的配套栽培技术，提升蔬菜生产综合管理能力。

二、设计目标和要求

（一）设计目标

根据果菜目标产量，选择合适的栽培土壤和蔬菜品种。并选择最佳的育苗、施肥、植株调整、灌溉、病虫害防治等方面栽培技术。

（二）设计要求

1. 学生分组　每标准班分为 6 组，每组 4～6 人。

2. 参考资料　学生自查自备当地蔬菜生产条件和技术水平、蔬菜栽培等资料。

3. 目标产量　依据当地蔬菜生产技术水平，一般蔬菜目标产量不低于 105t/hm²，从产量构成因素去量化设计如何实现目标产量，从影响最基本产量构成因素的栽培技术方面提出实现目标产量的主要配套栽培技术。

三、设计原理

从栽培因素方面，果菜单位面积产量构成因素包括单株产量和种植密度，单株产量又由单株果数与平均单果重构成，种植密度、单株坐果数和单果重分别受不同栽培因素（水、肥、温、光、气等）和管理影响。

拓展知识

（一）影响单果重因素和技术

1. 保花保果　　是保证单株结果数的主要技术。
2. 疏花疏果　　是保证单果重、商品果整齐一致的主要技术。如番茄大型果品种每穗留果3 或 4 个，中型果品种留 4 或 5 个。疏花疏果分两次进行，当每一穗花大部分开放时，疏掉畸形花和开放较晚的小花；果实坐住后，再把发育不整齐、形状不标准的果疏掉。

（二）单株果数的主要因素和技术

1. 支架绑蔓　　生长到一定大小需及时支架、绑蔓。
2. 整枝打杈　　果菜类蔬菜进行整枝打杈，及时摘除老叶、病叶。
3. 温光管理　　结果期宜采用"变温管理"。
4. 水肥管理　　不同生长期施用不同的肥，结合灌水进行追肥。
5. 病虫害防治　　苗期要注意防治猝倒病和立枯病，开花坐果期注意白粉病、霜霉病、灰霉病、疫霉病等真菌病害。田间虫害主要有蚜虫、根结线虫等。

（三）影响种植密度的主要因素和技术

1. 种类及品种　　蔬菜种类及品种间的差异大，种植密度也各不相同。
2. 栽培方式　　一般设施栽培稀，露地栽培密；塌地栽培稀，支架栽培密。
3. 季节及气候条件　　适宜的季节气候条件下栽培密度宜小。反季节栽培密度宜大。
4. 土壤营养状况　　土壤肥沃密度宜小，反之则大。

四、设计内容与步骤

本设计实验主要在实验室进行，学生根据实验要求，参考相关资料，每组共同讨论，每人选择一种果菜，完成目标产量和配套关键栽培技术设计。

（一）实验操作

1. 目标产量设计　　参考当地生产技术水平和现状设计目标产量。如以塑料大棚春夏茬黄瓜为例，设计目标产量 120t/hm²。
2. 解析产量构成　　以黄瓜为例，其单位面积产量由种植密度、单株结果数、平均单果重3 个因素构成。
3. 根据目标产量设计产量构成因素参数　　以黄瓜为例，根据目标产量，参考品种特性，设计种植密度、单株结果数、平均单果重等产量构成参数值。
4. 解析每个产量构成参数的影响因素　　以黄瓜为例，解析种植密度、单株结果数和平均单果重的影响因素和技术，筛选每个产量构成因素可控性强的关键栽培技术。
5. 设计实现每个产量构成因素参数的关键栽培技术　　以黄瓜为例，分别设计对目标产量有显著正向贡献、可实现种植密度参数的关键栽培技术；设计对目标产量有显著正向贡献、可实现单株结果数参数的关键栽培技术；设计对目标产量有显著正向贡献、可实现平均单果重参数的关键栽培技术。

6. 总结形成技术方案 汇总实现各产量构成因素参数的配套关键栽培技术，形成实现目标产量的配套关键栽培技术方案设计。

（二）注意事项

病虫害防治也是构成蔬菜产量的重要一环，设计过程中一定要预见可能出现的情况，提前做好防治工作。

五、作业和思考题

（一）实验报告和作业

（1）根据实验内容给出的基本材料和要求，每人撰写一份果菜类蔬菜目标产量关键栽培技术设计报告，突出依据产量构成因素实现目标产量的量化参数。

（2）总结分析其他果菜类蔬菜目标产量配套关键栽培技术设计的异同。

（二）思考题

（1）提高蔬菜产量的途径有哪些？

（2）哪种栽培技术对蔬菜产量的影响最大？

（本实验由高艳明和程智慧主笔编写）

实验Ⅲ-06 蔬菜种植园有害生物综合防控技术体系设计

一、实验目的

综合防治是蔬菜种植园有害生物防控的基本策略，必须建立综合防控技术体系。本实验通过蔬菜种植园有害生物综合防控技术体系创新设计的实践，使学生熟悉蔬菜种植园有害生物种类、发生特点和规律、常用防治技术体系和措施，掌握有害生物综合防控技术体系设计策略和原理。

二、设计目标和要求

（一）设计目标

以一个规模化生产的蔬菜种植园为对象，综合应用各种有害生物防控技术措施和园区管理策略，以保障种植园蔬菜有害生物有效控制和蔬菜产品质量安全，蔬菜生产高效可持续运行为目标，设计该蔬菜种植园有害生物综合防控技术体系。

（二）设计要求

1. 蔬菜种植园基本情况 以当地一个面积约 $100hm^2$ 的实体蔬菜种植园或虚拟蔬菜种植园为对象，要求种植园内蔬菜种类齐全，生产方式多样（露地和各种主要设施生产），生产配套条件良好。

2. 有害生物综合防控技术体系要求　　要求该技术体系防控的对象涵盖蔬菜病害、虫害、杂草等有害生物；防控技术涵盖农业技术、物理技术、生态技术、生物技术、化学技术等综合防治技术手段；既有硬件技术，也有软件管理政策和策略。

3. 有害生物综合防控和管理技术要求　　要求构成该有害生物综合防控技术体系的各项技术要体现科学性、先进性、实用性、综合协调性。

三、设计原理

有害生物是蔬菜生产面临的致病微生物、害虫、杂草等影响蔬菜生长发育或产量品质，给蔬菜生产带来经济损失的一类生物的总称。不同有害生物危害蔬菜的方式可能不同，其防控措施也可能不同；但同为有害生物，防控措施也有共性和相同之处。有害生物综合防控技术体系，就是针对各类有害生物危害方式的共性和个性，采取共性加个性的防控技术，综合运用农业技术、物理技术、生态技术、生物技术、化学技术等措施，配套有害生物防控政策和管理制度等，以有效控制有害生物，保障蔬菜产品质量安全和蔬菜高效生产的综合体系。

在这个综合体系中，不同防控技术和管理措施防控有害生物的原理可能不同。

（1）农业技术：包括生产过程中对蔬菜作物本身及其菜田环境的管理技术，主要有利用土壤耕作技术控制土传有害生物；通过种子处理控制种苗有害生物源；培育健壮蔬菜植株，提高蔬菜抗性；调节蔬菜生境，抑制有害生物繁殖、传播和侵染为害；减少有害生物来源，降低侵染危害概率等控制有害生物。

（2）物理技术：包括利用光、电、声、波、色等技术趋避、诱杀、抑杀有害生物，通过洁净蔬菜生产环境、控制有害生物繁殖、减少有害生物群体，降低有害生物致害行为或能力等控制有害生物。

（3）生态技术：依据有害生物的生命周期（尤其是关键时期或为害时期）对生态环境的要求，通过调控蔬菜生产环境，创造不利于有害生物而蔬菜作物能适应的综合生态环境，尤其是调控环境温度和湿度等关键环节因子，使在同一时间空间至少有一个关键生态因子不适宜于有害生物，成为制约因子，从而达到控制有害生物繁衍、传播、侵染、危害等目的。

（4）生物技术：利用生物之间相生相克原理，利用环境中的有益生物、病原物、害虫或有害植物的天敌生物（昆虫或微生物），或人工释放天敌生物；或利用有益生物的活性成分，直接或间接控制有害生物，或诱导增强寄主蔬菜作物抗性，减少有害生物发生和危害。

（5）化学技术：利用对有害生物有化学毒性或抑制作用的化学药剂控制有害生物。有的化学药剂是保护剂，可保护蔬菜作物免于被有害生物为害；有的是防治剂，直接作用于有害生物。有的化学药剂是触杀性的，有的是内吸性的，有的是触杀和内吸兼有的。

（6）管理技术和政策：从蔬菜生产相关的农业、社会、法规等方面，通过政策和制度协调种植园有害生物综合防控，以提高和保障各种技术的有效实施和产生应有的实际效果。

四、设计内容和步骤

本设计实验主要在实验室进行。学生每4～6人一组，每组参考以下步骤分工协作设计一套蔬菜有害生物防控技术体系，可有效防治蔬菜种植园的病虫害。

1. 了解该种植园的地理和生态特征　　如该种植园所在地区的气候类型、地形地貌、园区规模和内部分区、周边环境等。

2. 了解当地社会经济发展情况　　如该种植园的人口与消费水平、社会经济条件、农业资源条件等。

3. 了解该种植园的生产特征　　如该种植园生产条件，包括各种生产设施及其配套情况，农业机械（尤其是植保药械）的配套情况，生产的蔬菜种类，常年发生的有害生物的种类和危害情况等。了解蔬菜有害生物防控体系的一般构成情况。

4. 查阅资料和调查　　了解并明确蔬菜有害生物防控体系的一般构成，有哪些关键组分等。

5. 了解各类有害生物防控技术的现状和发展趋势　　查阅资料和调查，了解并明确有害生物防控的农业技术、物理技术、生态技术、生物技术、化学技术等各类防控技术的应用现状、存在问题、技术发展趋势等。

6. 了解蔬菜有害生物防控有关的技术标准和政策　　查阅资料和调查，了解并明确国家和地方有关蔬菜有害生物防控的各类技术标准、操作规范、法律法规、文件和政策。

7. 讨论拟订该蔬菜种植园有害生物综合防控技术体系设计大纲　　在调查了解以上基本情况的基础上，小组成员讨论并拟订该蔬菜种植园有害生物综合防控技术体系设计大纲。

8. 分工协作完成该创新设计　　根据设计大纲，小组成员分工协作，完成设计。

五、作业和思考题

（一）实验报告和作业

（1）针对该种植园，每组完成一套有害生物综合防控体系的创新设计。

（2）总结说明本设计的科学思想，以及本人在该设计中发挥的主要作用和收获体会。

（二）思考题

（1）在实际规划蔬菜有害生物防控体系中，应注意哪些问题？

（2）谈谈对蔬菜有害生物综合防控的认识。目前蔬菜有害生物防控有哪些新技术？

（本实验由程智慧和李灵芝主笔编写）

实验Ⅲ-07　蔬菜产品质量安全监测评价和管理体系设计

一、实验目的

蔬菜产品质量是否安全直接关系到广大人民群众的身体健康和生命安全，关系到经济的发展和社会的稳定。建立健全蔬菜质量安全管理体系，提升蔬菜产品品质，是蔬菜产业健康、可持续发展的重要保障。本实验旨在通过蔬菜产品质量安全综合监测评价和管理体系设计实践，使学生了解蔬菜生产和产品质量安全的现状，熟悉蔬菜产品质量安全监测和管理体系，完成一套针对当地（或设计目标地区）实际情况的蔬菜产品质量安全监测评价和管理体系的设计方案。

二、设计目标和要求

立足当地的自然、经济和社会条件，充分查阅相关资料或文献，从产地安全、投入品控制、安全生产技术、加工贮运和市场准入等环节出发，涵盖质量安全监管机构、法律法规、标准体系、检测检验体系和认证体系等方面，设计一套全面的蔬菜产品质量安全监管方案，或选取某一方面的管理体系设计构建合理的蔬菜产品质量安全监管方案。设计时应遵循国家的政策要求，引入新的理念、举措和技术，创新质量安全监管体系。设计的方案应切实可行，为当地蔬菜的质量安全提供一定的保障。

三、设计原理

蔬菜产品的安全质量取决于农药残留、重金属污染、硝酸盐和亚硝酸盐超标、有害生物、天然毒素和转基因技术不当使用等方面，监管不当可威胁人民的生命安全，影响国内、国际贸易，破坏农业生态环境，阻碍蔬菜产业的可持续发展。产业中曾经发生的"毒韭菜""毒竹笋""毒豇豆"等事件，意味着建立合理有效的监测评价和管理体系至关重要。要设计好蔬菜产品质量安全监管体系，就要了解当地的生产现状和生产主体结构，明确影响蔬菜产品质量安全的主要因素，以及了解质量安全现状和现有的质量安全监管体系。

拓展知识

四、设计内容和步骤

本设计实验主要在实验室进行，学生每 4～6 人一组，根据实验要求，参考相关资料，每组共同完成一套蔬菜产品质量安全综合监测评价和管理体系设计。

蔬菜产品质量安全监管体系庞大，涉及的技术环节多、体系构成复杂，任何一个环节出现差错，都可能导致质量安全问题的发生。因此，需要设立专门的监管机构，自上而下、层层监管，同时出台质量安全相关的法律法规，配套质量安全标准体系、检测检验体系和认证体系。

（一）质量安全监管机构

农产品质量安全监管由多部门联合实施。我国与农产品、食品质量安全相关的机构有：农业农村部、国家卫生健康委、国家市场监督管理总局。各省、市、县三级都相应设置农业、卫生、工商等管理机构，乡、镇、村成立农产品质量安全监管机构，形成了比较完备的食品质量安全监管机构网络。

（二）质量安全法律法规

据不完全统计，现行的与食品卫生安全有关的法律 16 部、管理办法 57 个、规范与管理条例各 9 个、规定 25 项、其他制度 8 项。其中与蔬菜产品质量安全关系密切的有《中华人民共和国农产品质量安全法》《无公害农产品管理办法》《有机产品认证管理办法》《中华人民共和国认证认可条例》等。从 2021 年开始，我国又启动实施了农业生产新的"三品一标"（品种培优、品质提升、品牌打造和标准化生产）提升行动，更高层次、更深领域地推进农业绿色发展。

（三）质量安全标准体系

标准是为了在一定的范围内获得最佳秩序，对活动或其结果规定共同的和重复使用的规则、导则或特性的文件。国家、行业、地方和企业均制定了与蔬菜产品质量安全相关的标准，有些属于强制性标准，有些属于推荐性标准。标准的内容涉及产地环境质量标准（如空气质量、土壤环境质量、农田灌溉水质量等）、投入品质量标准（如种子、农药、肥料等）、安全生产技术标准和产品质量标准等方面。

（四）质量安全检测检验体系

蔬菜产品质量安全检测检验体系包括检测对象的确定、检测机构和检测方法的选择。检测对象按样品种类分为产出品类、投入品类、农业资源与生态环境类；按生产过程分为生产前检测、生产中检测、加工中检测和生产后检测。检测机构依法设立，各省、自治区和直辖市均有，由农业农村部对其检验能力和资质进行检验。检验方法依据相关标准执行。

（五）质量安全认证体系

蔬菜产品质量安全认证体系指的是"三品一标"，即无公害农产品、绿色食品、有机产品和农产品地理标志。"三品"的市场地位、产品结构、技术制度和认证方式不同，三者都注重生产过程的管理，无公害农产品和绿色食品侧重对影响产品质量因素的控制，有机产品侧重对影响环境质量因素的控制。无公害农产品是市场准入的基本条件；绿色食品是安全优质精品品牌，满足高层次消费需求；有机产品以国际市场需求为导向，是扩大农产品出口的有效手段。农产品地理标志是针对来源于特定地域，产品品质和相关特征取决于自然生态环境和历史人文因素，以地域名称冠名的特有农产品标志。"三品一标"由专门的机构负责证书的审批和管理，有各自特定的标志图案，具有一定的有效期，应依法使用标志。

五、作业和思考题

（一）实习报告和作业

（1）按照设计要求，每组提交一份蔬菜产品质量安全监管体系的设计方案。
（2）总结说明自己在该方案设计中的主要贡献和收获体会。

（二）思考题

（1）危害蔬菜产品质量安全的因素有哪些？
（2）阐述监管体系在保障蔬菜产品质量安全中的重要性和意义。

（本实验由肖雪梅主笔编写）

实验Ⅲ-08　鲜食番茄和黄瓜轻简化栽培技术设计

一、实验目的

鲜食番茄和黄瓜都是重要的果菜，传统的精耕细作栽培管理技术比较繁琐，耗费人力、物力和时间。设计和开发轻简化栽培管理技术是产业发展和现代栽培的需要。本实验为通过田间相关栽培管理技术操作和比较分析，让学生实践和体会轻简化栽培的意义，训练学生开发轻简化栽培技术的创新意识和技术思路，培养创新设计能力。

二、设计目标和要求

（一）设计目标

参考当地自然资源和社会经济条件及蔬菜生产技术水平，立足当前已有的先进蔬菜生产轻简化技术和设备，适当超前设计引领当地蔬菜轻简化生产技术发展。

（二）设计要求

1. 目标蔬菜作物　蔬菜生产基地设施栽培的鲜食番茄和黄瓜结果期植株群体，面积都不少于 $1hm^2$。

2. 生产和管理条件　目标蔬菜作物为当地主栽商品化蔬菜，目前按照传统的人工操作和精细管理技术进行管理。

3. 可提供的生产资料和条件　可提供各种新型生产资料，包括肥料、植物生长调节剂（如多效唑、整形素）、农药、除草剂等，以及农膜。

4. 可提供的生产设备和条件　可提供水肥一体化管理技术和设备、各种现有产业化应用的生产设备，主要包括水肥管理、植株管理（支架、吊蔓、固蔓等）、植保（喷药、熏药等）、收获等机械设备。

5. 可提供的生产管理技术　可采用各种能产业化应用的生产管理技术。

6. 技术方案水平　要求整体设计方案具有可操作性，技术水平先进，可减少人工劳动 50%以上，生产节本增效 20%以上。

三、设计原理

（一）水肥管理技术轻简化

鲜食番茄和黄瓜生长周期长，需要经常追肥和灌水。传统的追肥和灌水管理技术比较繁琐，耗费人力和肥水，是技术轻简化设计的重要内容之一。改传统的人工追肥和沟灌方式为水肥一体化的施肥灌水方式，可以有效节约人力和水肥，降低劳动强度。传统的施肥方式，是在施肥后或施肥过程中等肥料溶解于土壤溶液中供作物吸收利用。水肥一体化是将肥料溶解于灌溉水中，随灌水输送到作物根部供吸收利用，所以必须选择溶解性好、不易发生化学反应的肥料，并需要施肥器和在田间铺设灌溉施肥管道系统，一般采用滴灌或喷灌方式。

拓展知识

（二）植株管理技术轻简化

鲜食番茄和黄瓜生长过程中的植株管理包括茎蔓支持固定技术、植株调整技术等，有的需要反复多次操作，如茎蔓固定和打杈。传统的茎蔓固定技术包括支架、绑蔓、落蔓等，植株调整技术包括整枝、打杈、摘叶等，都是比较繁琐的技术操作。轻简化栽培可以尽量减少或简化这些技术，如设施栽培中，改支架为吊蔓，改绑蔓为缠蔓或固蔓夹（器），可以简化和轻化茎蔓固定劳动操作，还可以利用植物激素等处理控制腋芽发生，减少或省略打杈；促进植株基部老叶衰老脱落，减少打老叶操作。

（三）有害生物防控技术轻简化

鲜食番茄和黄瓜生产中，病虫害等有害生物较多，传统的防控技术主要是用农药叶面喷雾或熏烟，防控周期短，操作频繁。轻简化栽培一方面可以采取综合措施（如防虫网、黄板诱杀、蓝板诱杀、频振式杀虫灯诱杀成虫等），控制病虫及其传播源；另一方面简化或改变传统的喷药或熏药方式，如改人力背负式喷雾器喷药为设施内管道喷药，改传统的多点燃放熏药为一点燃放、风力管道送烟多点释放。这些途径都可以简化劳动操作，减轻劳动强度，并且更好地保护劳动者健康。

四、设计内容和步骤

本设计实验主要在实验室进行，学生每 4~6 人一组，根据设计目标和要求，调查和查阅相关资料，每组共同讨论，每人完成一套鲜食番茄或黄瓜轻简化栽培技术方案的设计。

（一）设计步骤

1. 调查和收集有关资料　分组调查收集有关当地传统蔬菜生产条件和技术、社会经济条件、劳动力资源和成本等资料，并查阅有关蔬菜植株管理、化学整形、水肥一体化等轻简化生产新技术的文献资料。

2. 讨论明确设计思想和主要技术构成 分组讨论鲜食番茄和黄瓜轻简化栽培技术方案设计的思想、技术构成，明确实现设计目标的主要技术。

3. 轻简化栽培技术方案设计 每人选择1种蔬菜，按照设计要求完成轻简化栽培技术方案设计。

（二）内容设计

1. 水肥管理技术轻简化设计 在田间传统施肥灌水的设施和水肥一体化管理设施内，以鲜食番茄或黄瓜为栽培对象，传统施肥灌水采用撒施沟灌方式，水肥一体化采用滴灌方式，实施一次或一段时间施肥灌水管理，记录肥水用量、劳动强度和耗费人工工时，比较分析轻简化技术的优势。

2. 植株管理技术轻简化设计 在鲜食番茄或黄瓜栽培设施内，按轻简化茎蔓管理技术分别实施吊蔓、固蔓（用固蔓夹）等茎蔓管理技术操作1次或一段时间，以传统的支架（竹竿）、绑蔓技术为对照，记录劳动强度和耗费人工工时，比较分析轻简化技术的优势。

3. 有害生物防控技术轻简化设计 鲜食番茄和黄瓜生产中，病虫害等有害生物较多，传统的防控技术主要是用农药叶面喷雾或熏烟。

在鲜食番茄或黄瓜栽培设施内，一个设施按轻简化有害生物防控技术，实施烟熏剂单点点火燃放、管道送烟防治病虫害操作1次，以传统的设施内多点人工燃放为对照，记录劳动强度和耗费人工工时，比较分析轻简化技术的优势和对保护劳动者健康的意义。

（三）注意事项

本实验为创新设计训练实验，水肥管理轻简化技术、植株管理轻简化技术及有害生物防控轻简化技术可以参照本实验指导提出的方案，也可以由实验指导教师与学生一起设计新的实验方案，与传统的技术进行对比分析。

传统技术与轻简化技术对比，关键是对劳动强度和劳动工时的准确计量。一般来说，一次技术操作不易精准评价。所以，本实验可以在课内时间安排操作一次后，让学生利用课外时间按传统技术和轻简化技术持续管理一段时间后，再总结评价。

五、作业和思考题

（一）实验报告和作业

（1）按照设计要求，每人完成一套目标蔬菜轻简化栽培技术方案创新设计。

（2）总结阐述自己的鲜食番茄或黄瓜轻简化栽培技术创新设计的思想和技术选择依据。

（二）思考题

（1）分析鲜食番茄茎蔓的生物学特性与栽培技术轻简化设计创新的关系和轻简化管理技术思路。

（2）分析黄瓜茎蔓的生物学特性与栽培技术轻简化设计创新的关系和轻简化管理技术思路。

（3）分析鲜食番茄需水需肥特点和肥水管理技术进一步轻简化设计创新的技术方向。

（4）分析黄瓜的需水需肥特点和肥水管理技术进一步轻简化设计创新的技术方向。

（5）分析鲜食番茄和黄瓜生产中有害生物防控技术进一步轻简化设计创新的技术方向。

（本实验由程智慧主笔编写）

实验Ⅲ-09　适于机械采收的果菜株型设计

一、实验目的

蔬菜是劳动密集型产业，随着我国劳动力资源紧缺和劳动力成本上升加速，机械化和轻简化成为产业发展的必然方向。果菜类蔬菜的产品在生育期分期形成和成熟，分期采收频繁且技术要求高，花费大量人力。机械化采收是解决采收人力成本的主要途径，但机械化采收对株型有严格要求。本实验的目的是通过分析果菜机械化采收对果菜株型的要求，以及主要果菜整枝技术与株型结构建成，训练和培养学生将生物学与工学结合的创新设计意识和创新设计能力。

二、实验材料和仪器用具

（一）实验材料

教学基地露地和设施栽培的结果期的果菜，如番茄、辣椒、茄子、黄瓜、菜豆等，不少于3种，每种蔬菜面积不少于200m²，有不同整枝、支架或吊蔓栽培形式，或可实施不同整枝、支架或吊蔓栽培。

（二）实验用具和设备

采收机器人1台，或机器人采收果菜视频；整枝、支架、吊蔓所需的生产资料，数量与蔬菜种类和栽培面积适应。

三、设计原理

（一）主要果菜的株型结构和着果特点

拓展知识

果菜类蔬菜主要包括茄果类的番茄、茄子、辣椒，瓜类的黄瓜、西瓜、甜瓜、西葫芦、苦瓜、丝瓜、冬瓜、南瓜等，豆类的菜豆、豇豆、豌豆、蚕豆等，还有鲜食玉米、草莓、秋葵等。

茄果类蔬菜为合轴或假二叉分枝，半直立性，分枝能力强，可以单干、双干、多干、连续换头整枝，或不整枝放任生长；果实单生或成序着生。鲜食番茄一般都行整枝栽培，多采用单干整枝，露地采用支架方式，果实成序着生，按成熟度分次采收，机械化采收难度较大；设施内采用垂直吊蔓方式，株型整齐，机械化采收难度较支架栽培稍易；串番茄整序采收，机械化采收稍易。设施茄子和大果型辣椒果实多单生，多采用双干或四干整枝栽培，垂直吊蔓，较便于实现机械化采收；露地栽培多不整枝，植株上部枝叶密集，不便于实现机械化采收。

瓜类蔬菜茎蔓生，果实多为腋生、单生，可爬地或支架、吊蔓栽培。以嫩果供食的，单株结果数多，采收频繁。如黄瓜多单蔓整枝，支架或吊蔓栽培；丝瓜、苦瓜常多蔓整枝，吊蔓或棚架不整枝栽培；西葫芦多为短蔓品种，不支架栽培，在设施内也采用吊蔓栽培。以成熟果供食的，单株结果数少，常单株多蔓整枝，留1个瓜至成熟，采收次数少。如西瓜、大型甜瓜、冬瓜、大型南瓜等。

豆类蔬菜茎蔓生，有缠绕性，荚果成序腋生，同花序陆续开花坐果，果实分次采收。菜豆和豇豆茎蔓分枝性因品种而异，常整枝或不整枝、支架或吊蔓栽培；蚕豆直立性强，一般不支架，不整枝栽培；豌豆茎直立性较差，常需适当支架扶持。

（二）果菜的采收要求

（1）要把握好成熟度。有的果菜以嫩果菜用，采收过晚会失去菜用价值，采收过早则影响产量。有的果菜以成熟果供食，采收过早，生不堪用；采收过晚，也会失去特有风味或丧失食用价值。果菜的成熟度常以色泽、大小、表面特征、生长特征等判断。

（2）要准确选择采收对象，在不伤及周围花果和茎叶的情况下完成精准采收。

（3）要注意产品要求。有的要求不带果柄，如番茄；有的要求带果柄，如辣椒、茄子、西瓜；有的要求既带果柄，还带部分茎蔓，如网纹甜瓜。

（4）要注意轻拿轻放，保护好表面特征，避免机械损伤。

（三）采收机器人的基本结构和对采收环境的要求

1. 采收机器人的基本结构　　采收机器人即具有采收功能的自动机械。机器人一般由机械本体、驱动伺服单元、计算机控制系统、传感系统、输入/输出系统接口等部分构成。不同机器人和不同时期设计的机器人的结构，因功能需要和工作环境等的不同而不同。如某研究者设计的番茄采收机器人系统由采摘手爪、机械臂、视觉系统、控制器、轨道、移动平台、升降台、果实篮等部分组成；也有研究者设计了一种果实自动采摘机器人，主要包括自动导航系统、采摘系统、运动系统、控制系统及动力系统，其自动导航系统主要包括激光雷达导航和 GNSS 定位导航，采摘系统通过双目立体视觉相机进行果实识别，再通过由六自由度机械臂和两指末端执行器（机械手）组成的执行机构抓紧果梗并剪断，完成果实采摘。

2. 机器人采收对采收环境的要求　　采收机器人作业过程包括机器人从起点行进至目标果实区域，识别采摘对象，实施采摘，并将采下的果实放入果篮的过程。在这个过程中，机械手很容易与环境中的建筑物、台阶、田间的架杆、植株茎叶等发生碰撞而造成损坏，或者遇到不易跨越的障碍而出现采摘故障。所以，尽管采收机器人在设计上考虑了一定的路径避障功能，以保护机械手和提高机械手智能性及工作效率，但是对机器人采收田的栽培技术（支架、株型等）等设计，也应尽量减少田间障碍，为机器人采收创造常态的环境（路径）。

四、设计内容和步骤

本设计实验主要在实验室进行，学生每 4～6 人一组，根据设计目标和要求，调查和查阅相关资料，每组共同讨论，每人完成一种果菜适于机械采收的株型设计。

（一）设计步骤

1. 调查和收集有关资料　　分组调查收集当地主要果菜传统植株管理技术、蔬菜生产条件和技术、社会经济条件、劳动力资源、果菜机械化采收技术和设备条件等资料，并查阅有关果菜株型育种、植株管理等技术的文献资料。

2. 讨论明确设计思想和主要技术构成　　分组讨论株型与果菜采收的关系、适于机械化采收的果菜株型设计的思想和实现技术途径等。

3. 适于机械化采收的果菜株型设计　　每人选择 1 种果菜，按照设计要求完成一套适于机械化采收的株型设计方案。

（二）栽培操作体验和技术方案内容设计

1. 主要果菜支架和整枝形式观察或技术操作　　选择田间栽培的主要果菜 2～3 种，在田间实施一次不同支架和整枝管理，或观察田间已有的不同支架和整枝形式，仔细观察株型特点，分析机器人采收可能遇到的障碍或技术问题。

2. 机器人采摘田间操作或视频学习　　在设施栽培的番茄或黄瓜田间，实施机器人采摘果实操作，或观看机器人采摘视频，观察采摘过程的每个环节，记录采摘时间和采摘过程遇到的问题，分析总结适应机器人采摘的支架（吊蔓）和整枝要求。

3. 技术方案设计　总结栽培操作体验，分析机械化采收对果菜株型和植株管理技术等的要求，按照设计目标和要求，进行技术方案内容设计。

（三）实验注意事项

果菜机器人采摘技术目前还主要处于研究阶段，存在较多的技术问题，需要机械和自动化、计算机、园艺科学工作者的合作，共同克服技术限制和难题。

本实验为创新设计训练实验，旨在训练学生从栽培技术的株型设计有关方面，为果实采摘机器人的完善提供技术支持或实验方案。

五、思考题和作业

（一）实验报告和作业

（1）按照设计目标和要求，完成一种果菜适于机械采收的株型创新设计方案。
（2）阐述自己的设计思想和设计方案说明，总结设计的收获体会。

（二）思考题

（1）分析茄果类蔬菜支架（吊蔓）和整枝形式与果实机械化采收设计的关系。
（2）分析瓜类蔬菜支架（吊蔓）和整枝形式与果实机械化采收设计的关系。
（3）分析豆类蔬菜支架（吊蔓）和整枝形式与果实机械化采收设计的关系。
（4）分析主要果菜果实（果序）结构与果实机械化采收设计的关系。

（本实验由程智慧主笔编写）

实验Ⅲ-10　马铃薯播种机播种参数设计

一、实验目的

机械播种参数是蔬菜播种机设计的重要参数，必须从农艺方面提出参数要求。本实验通过马铃薯播种参数设计实践，使学生熟悉马铃薯播种技术要求，了解播种机的基本结构、工作原理及播种量的计算方法，掌握依据农艺要求与农业机械结构关系设计马铃薯播种参数的方法，认知农艺与农机融合技术的一般知识，培养学生创新设计能力。

二、设计目标和要求

（一）设计目标

从马铃薯器械化生产的各项农艺要求考虑，参考已有马铃薯播种机和播种示范，设计出马铃薯播种机的播种参数要求和播种机的基本结构。

（二）设计要求

1. 学生分组　每标准班分为6组，每组4～6人，每组完成1份设计方案。

2. 实验材料和仪器用具 切块处理好的马铃薯薯块 30～50kg。复合肥 1 袋。马铃薯播种机 1 台，拖拉机 1 台，钢卷尺（3m）5～6 把，钢板尺（300mm）5～6 把。

三、设计原理

（一）马铃薯播种机的结构

拓展知识

马铃薯播种机按照播种行数分为单行、双行、多行马铃薯播种机。单行马铃薯播种机结构如图Ⅲ-10-1 所示。该机主要由地轮、机架、种行开沟器、排种装置、种箱、肥箱、排肥机构、起垄覆土圆盘等部件组成。双行或多行马铃薯播种机的基本构成与单行马铃薯播种机相同。针对不同地区农艺要求的不同，可以添加铺膜、药剂喷洒等部件完成附加作业。

排种装置是播种机的核心部件。马铃薯排种装置有链勺式、勺盘式、刺针式等多种型式。目前广泛使用的为链勺式。链勺式马铃薯排种器结构如图Ⅲ-10-2 所示。

图Ⅲ-10-1　单行马铃薯播种机

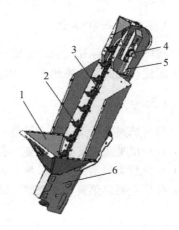

图Ⅲ-10-2　链勺式排种器示意图
1. 种箱；2. 种碗；3. 传动勺链；
4. 传动轴；5. 清种装置；6. 护种外壳

（二）马铃薯播种机的工作原理

整机由拖拉机悬挂装置挂接在拖拉机的后端。作业时拖拉机牵引机器前进，由机器上的地轮带动排种机构中的种碗移动，种碗从种箱中挖取种薯，并带动种薯移动，直到完成投种；同时排肥装置也将适量的肥料排放在沟里，由起垄覆土圆盘起垄从而完成整个播种过程。

四、设计内容和步骤

（一）计算理论播种株距

（1）测量地轮直径 D：用钢卷尺测量地轮直径。对于钢制轮测量最宽处直径（不包含抓地钉爪）；对于橡胶地轮测量最大直径。

（2）计量种碗个数 n 与间距 L：用钢卷尺或者钢板尺测量相邻两种碗之间的距离。对于直线排列的种碗直接测量相邻两种碗间距；交错排列的种碗测量在铅垂面相邻两种碗投影距离。

（3）测量整机工作幅宽 B：用钢卷尺测量两个起垄圆盘与地面接触点间的距离。

（4）计量传动链轮齿数 $Z_{地轮}$、$Z_{排种链轮}$。

（5）计算播种株距：播种株距按照下式计算。

$$S=\frac{\pi D}{ni(1-\varepsilon)}\qquad(30)$$

式中，S 为播种计算株距（mm）；D 为地轮直径（mm）；n 为种碗个数；i 为传动速比，$i=Z_{排种链轮}/Z_{地轮}$；ε 为滑移系数，一般取 5%～9%。

（二）播种性能测试

按照马铃薯播种机使用说明书的要求，将马铃薯播种机与拖拉机连接。将马铃薯播种机上的起垄覆土圆盘卸除，使得播种后马铃薯种薯完全暴露在地表，方便测量株距。

（1）选择适宜的种植地块，按照使用说明书的要求进行播种。要求播种行数在 3 行以上。

（2）用抽签法随机抽出 3 行作为检测区；将这 3 行的两端地各除去 5m 后，每 20m 长分为一段，将所分的段编号，用抽签法随机抽出其中的 5 段作为检测段。

（3）平均株距的确定：在每个检测段连续测定 20 个株距，共计 100 个株距，计算确定平均株距值。

（4）确定播种性能参数。

1）空穴率：在测定的株距中找出空穴的个数，空穴数占测距内总穴数的百分数为空穴率。

2）株距合格率：合格株距是指大于 $0.5S$ 且不大于 $1.5S$ 的株距。在测定的 100 个株距中找出合格株距的数，合格株距的个数占所测株距总个数的百分数为株距合格率。

3）种薯幼芽损伤率：每个检测段连续测定 20 个种薯，目测种薯幼芽总数和由播种机造成的幼芽损伤数，由播种机造成的幼芽损伤数占种薯幼芽总数的百分数为种薯幼芽损伤率（对于没有幼芽的种薯不测此项）。

（三）注意事项

（1）株距是指播行内相邻两个种薯中心在播行中心线上投影点的距离，要精确测量，单位为mm。

（2）在播种作业时应注意安全，与作业中的播种机组保持安全距离。

五、作业和思考题

（一）实验报告和作业

（1）马铃薯品种不同，适宜的播种密度不同。根据本地马铃薯主栽品种和种植方式，从农机与农艺的融合考虑，完成播种机播种参数设计报告。

（2）总结你在本方案设计中的主要贡献和收获体会。

（二）思考题

（1）马铃薯播种机的播种参数包括哪些？各自的含义是什么？

（2）马铃薯播种的每公顷播量如何确定？通过怎样的调整才能使马铃薯播种机满足农艺要求的播种量？

（本实验由蔡兴奎主笔编写）

实验Ⅲ-11 蔬菜作物医院门诊程序和方案设计

一、实验目的

蔬菜作物有害生物诊断是生产中准确和科学防治的依据。本实验通过设计蔬菜作物医院门诊程序和方案，使学生熟悉蔬菜生长过程中引起异常症状的各种可能因素，尤其是有害生物引起的症状特征，以及有害生物的发生和流行规律、诊断和防治技术，综合训练学生的创新设计能力。

二、设计目标和要求

（一）设计目标

参考医院门诊就医的一般流程，设计一套蔬菜作物医院门诊程序方案。该方案通过识别危害特征，诊断蔬菜病虫害，并根据蔬菜作物生长期及病虫害发生和危害特点、流行趋势等，制订综合防治方案。

（二）设计要求

学生自己查阅各类蔬菜病虫害及其诊断和农药知识的工具书及资料，农药管理规定、病虫害标本等参考资料，形成系统的知识，并根据设计要求完成该方案设计。

三、设计原理

拓展知识

蔬菜生长受生物和非生物因素影响，表现出病虫草害、营养缺素症、环境胁迫伤害（高低温、日灼或寡日照、土壤盐碱、干旱和涝害、冰雹、大气污染等）等。蔬菜作物医院门诊内容包括通过在蔬菜作物上的表现症状，借助各种观测和鉴定手段甄别这些因素，判定致害因子，并开具预防和治疗处方。如病害诊断和虫害诊断，其中，病害包括非传染性病害和传染性病害，虫害包括地下害虫、食叶害虫、刺吸害虫及蛀食害虫等。蔬菜作物病虫害综合防治技术主要包括农业防治、化学防治、生物防治、物理防治等多项防治技术措施。

四、设计内容和步骤

本设计实验主要在实验室进行。学生每标准班分为 6 组，每组 4～6 人，根据设计目标和要求，调查和查阅相关资料，每组共同讨论，每人完成一套蔬菜门诊程序和方案设计。

（一）设计步骤

1. 查阅收集有关资料　　学生分组调查收集当地蔬菜生产条件和技术水平、社会经济条件等资料，查阅有关作物门诊医院的文献资料。

2. 调查明确蔬菜生产中病虫害等有害生物发生与防治情况　　深入当地蔬菜生产，调查了解蔬菜病虫害等有害生物发生与防治情况。

3. 讨论明确设计思想　　学生分组讨论蔬菜作物医院门诊程序和方案设计的思想，明确软硬件支持条件。

4. 方案设计　　按照设计要求，每人设计 1 套蔬菜作物医院门诊程序和方案。

（二）内容设计

（1）调查所见症状产生的各种因素，初步确定是由生物因素引起，还是非生物因素引起的。

（2）如果初步确定所见症状由非生物因素引起，则进一步调查各种非生物因素（逆境温度、光照、水分、盐分、气体等）与该症状的关系，确定是哪种具体的非生物因素引起的，并根据该非生物因素致害特点，开具治疗方案。

（3）如果初步确定所见症状是由生物因素引起的，则进一步调查所见症状与各种生物因素的关系，确定是病虫害，还是其他生物因素引起的。

（4）如果初步确定所见症状是由其他生物因素引起的，则进一步调查所见症状与杂草、寄生性植物、植物化感作用等因素的关系，确诊因素后开具治疗方案。

（5）如果初步确定所见症状是由病虫害引起的，则进一步调查所见症状与各种病虫害的关系，初步判断是病害还是虫害引起的。

（6）如初步确定为虫害引起的，则根据症状发生的植物种类、生育阶段、发生部位等，进一步判断虫害种类（同翅目、鳞翅目、鞘翅目、缨翅目、双翅目、螨类等），确诊虫害种类后，根据该虫害的危害点、生活史、繁殖和流行特点，开具治疗处方。

（7）如初步确定所见症状是由侵染性病害引起的，则进一步调查所见症状与各种侵染性病害的关系，根据发病植物种类、发病部位、病症等，进一步判断病原物（真菌、细菌、病毒、线虫）和病害种类，并根据病害发生和流行规律等，确定具体防治方案。

（8）防治方案的制订参考我国农药管理规定、蔬菜安全生产与安全用药技术、蔬菜病虫害化学防治安全减药技术、无人机施药技术、蔬菜病虫害综合防治技术等相关要求。

（三）注意事项

症状是一系列复杂病变的一种表现，在外部症状不明显时，需要进一步解剖检查内部症状。蔬菜不同生长期病虫害的发生部位、病害的发生时期和发病症状存在差异，药剂种类和剂型的选择、采取的防治方法也有所不同。

五、作业和思考题

（一）实验报告和作业

（1）提交蔬菜作物医院门诊程序设计方案一套，并说明设计依据。

（2）侵染性病害和非侵染性病害区别的主要依据是什么？

（二）思考题

（1）如何根据田间蔬菜叶部症状表现判断是缺素症还是传染性病害？

（2）如何根据田间蔬菜叶部症状判断是日灼还是病害或虫害及具体种类？

（本实验由林辰壹主笔编写）

第IV部分 蔬菜栽培学教学实习类

实习 1 蔬菜育苗实习（1周）计划

一、实习目的

育苗是蔬菜生产的重要技术，育苗实习是蔬菜专业人才培养技术训练的重要环节。本实习的目的是，以冬春蔬菜设施育苗为主要内容，通过参与生产中蔬菜育苗各个环节的技术操作实习，使学生将蔬菜育苗理论与实践相结合，熟悉蔬菜育苗的技术流程、育苗设施及其配套使用，掌握主要蔬菜的育苗方式和育苗技术，深刻理解蔬菜育苗技术原理。

二、实习内容和任务

根据蔬菜栽培的季节茬口，一般冬季和早春是喜温果菜育苗的主要季节，多采用设施育苗，供早春设施或露地栽培。这个季节育苗是蔬菜育苗中技术环节最全、技术性最强的育苗。所以本次蔬菜育苗实习以冬春果菜育苗为主要对象，主要安排以下实习内容和任务。

（一）冬春育苗

1. 育苗作物　冬春季育苗，以果菜类蔬菜作物为主，有番茄、茄子、辣椒、黄瓜、西葫芦、南瓜、西瓜、甜瓜、冬瓜、丝瓜、苦瓜、瓠瓜、菜豆、豇豆等，也有结球甘蓝、菜花、青花菜、洋葱等蔬菜。

2. 播种时间的确定　播种时间根据蔬菜种类、计划定植时间、育苗方式、育苗期等确定。

3. 育苗方式的选择　生产中有土壤容器育苗，但以基质穴盘育苗为多；基质穴盘育苗以农户按传统育苗程序进行育苗较多，但规模化机械播种穴盘育苗程序也很多；以自根育苗为主，也有嫁接育苗。实习以主要育苗方式为主，尽量兼顾其他。

4. 育苗设施和设备的选择　冬春季育苗正是每年的寒冷季节，中国北方地区需要加温保温设施，多用日光温室或连栋温室育苗；南方也需保温或加温设施，多用塑料拱棚或连栋温室育苗。育苗期长的蔬菜，如茄子、辣椒等，一般有播种床和分苗床，可根据育苗期早晚，合理搭配温室与大棚等设施，提高设施经济效益。

5. 实习材料和用具　蔬菜种子、穴盘、育苗基质、催芽箱、纱布、浇水设备、配方营养液，育苗温室、塑料大棚等设施和苗床设备等。

（二）夏季育苗

夏季主要是为秋冬茬蔬菜育苗，多在露地育苗，也有利用塑料拱棚等设施育苗的，通常需要配备防雨、降温设备，如避雨棚、遮阳网等。其他育苗设备用具基本同冬季育苗。

北方地区夏季育苗的蔬菜种类主要有番茄、黄瓜、西葫芦、菜豆、大白菜、甘蓝、菜花、芹菜、莴苣等，南方地区夏季蔬菜育苗种类更多。

育苗实习计划时间长的学校，可以分段安排育苗实习，在主要完成冬春季育苗实习的基础上，可以安排夏季育苗实习。

三、实习组织和安排

蔬菜育苗实习有多种形式，如操作性实习、观察性实习、调查性实习等，可根据实际情况选择。

每标准班分为 6 组，每组 4～6 人，按班级安排统一实习，分小组实施实习内容；调查性实习也可以明确调查任务，学生分小组自由安排调查时间。

（一）操作性实习

操作性实习主要包括实习地点和场所、育苗设施设备、实习用材用具、教师配备等。

1. 实习地点和场所　　一般在本校的教学实验站或基地进行。

2. 育苗设施设备　　蔬菜育苗的基本设施设备，如催芽室或箱、苗床、穴盘、播种机、水肥供应设备、喷药设备等。

3. 实习材料和用具　　蔬菜种子（按照对温度的要求，每类不少于 1～2 种蔬菜）、纱布、浸种用玻璃或塑料器皿、玻璃搅拌棒、温度计等。

4. 实习操作　　参考以下安排进行实习。

（1）了解育苗材料和设备：由指导教师介绍育苗材料和设备。

（2）浸种催芽：不同种类的蔬菜种子浸种的催芽方法和温度不同。一般耐寒性蔬菜，如大白菜、甘蓝、芹菜、菠菜等，适宜的催芽温度为 20℃左右；黄瓜、番茄、茄子、辣椒等喜温性蔬菜以 25～30℃为宜。如果嫁接育苗，根据嫁接方法不同，接穗和砧木因播种时间不同而浸种时间不同。

催芽期间，每 4～5h 翻动 1 次种子，并用清水每天将种子淘洗 1 遍。淘洗后，须把种子晾干再入盆，继续催芽。芽长约 0.5cm，露白即可播种。

（3）播种和管理：准备育苗基质，装入穴盘并播种。将催芽的种子，在适宜条件下即可出苗，如白菜、甘蓝需要 36h 左右，黄瓜 36～48h，番茄 2～4d，辣椒 5～6d，茄子 6～7d。

如果要实习嫁接技术，就需要提前播种，在不同嫁接方法的嫁接适期来操作实习。

（二）观察性实习

基质准备、催芽过程、播种后出苗及幼苗生长过程需要不定期观察实习，记录种子或幼苗的生长发育过程。

（1）基质准备，装盘。

（2）蔬菜种子浸种、催芽。

（3）蔬菜种子播种。

（4）蔬菜出苗，观察出苗现象并记录。

（5）观察并记录蔬菜幼苗生长情况，以及苗期病虫害防治方法。

（三）调查性实习

可以去不同蔬菜育苗基地（公司）调查参观蔬菜规模化、机械化育苗情况，根据学校当地附近现有的蔬菜育苗基地（公司）做具体的调查实习日程计划。

四、实习管理和考核

（一）实习管理和要求

（1）预先做好整套育苗实习计划，包括育苗方法的选择、育苗的整个过程及考虑育苗过程中可能会出现的问题。

（2）实习过程中，按照操作规程实施每一步工作。如果是嫁接育苗，根据不同嫁接方法，适时播种接穗和砧木种子。

（3）安排好出苗前管理和苗期管理工作。

（4）合理安排嫁接苗愈合期管理工作。

（5）育苗实习期间记录实习日志，记录好各阶段秧苗情况，以便完成最后的实习报告。

（二）实习考核

（1）实习考勤签到。

（2）实习日记，记录操作或观察到的过程或现象。

（3）实习交流与讨论，安排一定的时间来进行。

（4）按照实际参与的实习内容和形式，完成实习报告，详细记录每天的实习任务，并写出实习心得。

（5）实习成绩根据实习报告和实习表现进行综合评分。

（本实习由李灵芝主笔编写）

实习 2　春夏季蔬菜调查实习（1 周）计划

一、实习目的

春夏季蔬菜种类繁多，品种类型和栽培技术多样。通过对春夏季蔬菜调查实习，有利于学生掌握蔬菜的种植及栽培管理等过程，加深理解有关蔬菜作物的生长规律及形态特征；通过参观蔬菜产业基地，掌握蔬菜种植业及其产业发展动向及趋势，进一步加深对蔬菜产业的理解，训练和提高专业实践技能；通过市场调查分析，掌握春夏季蔬菜品种、价格等，了解蔬菜价格差异原因及市场对消费者的影响，从而使学生了解春夏季蔬菜在市场中的行情；通过实习，可以丰富学生的大学生活，扩大知识面，巩固专业知识，提高动手能力和知识综合运用能力，为以后从事相应工作打好基础，培养学生的吃苦耐劳精神。

二、实习内容和任务

调查实习每天安排 1 个内容，1 周调查实习安排如下，各学校根据具体情况选取和调整。

1. 春夏季蔬菜种类及品种调查　　到当地蔬菜种苗公司了解公司主要培育和销售的春夏季蔬菜品种，到蔬菜规模化种植基地及学校周边菜田调查春夏季蔬菜主要种植的种类和品种。具体调查每种蔬菜的品种名称、生育期及对环境条件的需求等，做好记录和拍照工作。

2. 春夏季蔬菜设施栽培模式调查　　到蔬菜规模化种植基地、农业示范园等调查春夏季蔬菜种植采用的设施类型、所占比例、效果及成本等，做好测量、记录和拍照工作。

3. 春夏季特产蔬菜栽培技术和经济效益调查　　重点调查当地春夏季栽培的特产蔬菜的种

类、品种、栽培技术和经济效益等，做好调查记录。

4. 春夏季蔬菜采后处理及贮藏加工情况调查　到当地蔬菜生产基地和蔬菜加工企业调查春夏季蔬菜的采后处理技术，处理的比例、处理成本、加工技术和加工成本，年产值及经济效益等，做好调查记录。

5. 春夏季蔬菜病虫害发生及防治调查　到当地蔬菜生产基地或学校周边菜田调查春夏季蔬菜的病虫害发生情况、当地主要采用的病虫害防治方法及效果等，对调查的病虫害做好拍照和采样等工作。

6. 春夏季蔬菜市场调查　到当地大型超市、农贸市场调查在售的春夏季蔬菜的种类、品种、价格等信息，做好调查记录。

三、实习组织和安排

1. 实习时间　在 3～6 月春夏季蔬菜主要生产季节，实习 1 周时间。

2. 实习地点　学校邻近的蔬菜规模化种植基地（包括农户种植的和企业经营的）、蔬菜种苗公司、蔬菜生产和加工企业、蔬菜流通市场等。

3. 实习方式　实习以班级为单位，以参观实习为主，参观与驻点实习相结合，每班可分成若干个小组，每个实习小组人数 4～6 人。

4. 实习材料和用具　以当地春夏季生产种植及加工的各种蔬菜作物等为实习材料，用具有照相机、卷尺、游标卡尺、刀片、弹簧秤等，每小组 1 套。

四、实习管理和考核

（一）实习要求

（1）根据对当地春夏季蔬菜种植、加工和市场情况，分析蔬菜市场供应、产品类型与当地蔬菜生产的关系。

（2）对所调查的主要春夏季蔬菜作物的高产栽培技术进行总结。

（3）考察结束后，全体同学进行讨论，分析当前当地春夏季蔬菜生产的现状、发展趋势及目前生产上存在的主要问题。

（二）实习考核

（1）每组提交一份实习总结报告。

（2）每人将调查的春夏季蔬菜内容填入表 IV-2-1。

表 IV-2-1　春夏季蔬菜品种及生产调查表

调查地点	蔬菜名称	属、种	品种	形状、颜色	食用部分	生育期	栽培方式	繁殖方式	病虫害类型	采后处理	贮藏加工

（本实习由周庆红主笔编写）

实习 3　秋冬季蔬菜调查实习（1 周）计划

一、实习目的

　　秋冬季蔬菜调查是园艺等相关专业的主要必修实习环节之一。通过对秋冬季蔬菜的生产和市场供应情况的调查，不仅可以巩固课堂上所学的专业知识，加深对蔬菜专业的认识和了解，同时也能与生产第一线的技术人员、管理人员和菜农直接交流，丰富生产知识，锻炼学生接触社会、独立思考、面对各种挑战、发现问题和解决问题的能力。

二、实习内容和任务

　　1. 调查秋冬季蔬菜栽培的主要种类与栽培技术　　调查秋冬季蔬菜的主要种类、生物学特性及品种要求与特点；了解秋冬季蔬菜的主要栽培条件和栽培技术。

　　2. 调查秋冬季蔬菜育苗的主要特点与技术　　了解秋冬季蔬菜育苗时间安排、适宜苗龄和主要的管理措施，掌握秋冬季主要蔬菜的浸种和催芽技术，营养土的配制与营养钵育苗技术，蔬菜嫁接育苗技术等。

　　3. 调查秋冬季蔬菜营销的主要特点　　各选择 2～3 家大型批发市场与零售集贸市场或超市，调研蔬菜的安全性检测技术与措施，主要蔬菜品种的价格差异，主要蔬菜产品的产地来源与销售去向等。

　　4. 调查秋冬季蔬菜种子市场的特点　　了解并掌握秋冬季主要蔬菜种子销售价格，种子类型与来源；观察种子外部形态和内部结构，能够识别主要蔬菜作物的种子并判断种子类型。

　　5. 调查秋冬季设施蔬菜生产的主要特点　　选择 3～5 家有代表性的设施生产企业，实地调研主要设施类型与结构，主要蔬菜种类与茬口安排，主要栽培管理措施，销售市场与渠道等。

　　6. 其他与秋冬季蔬菜生产相关的内容　　掌握秋冬季露地栽培蔬菜作物的植株调整技术、主要生产技术措施、病虫害防控技术、实时采收标准等。

三、实习组织和安排

　　本实习对象为园艺本科专业三年级学生。

（一）实习方式

实习采取集中与分散实习相结合的形式。

　　1. 集中实习　　参观校外蔬菜生产情况，选择当地有代表性的现代蔬菜园、种苗公司、规模化的蔬菜种植示范基地，安排 2d 时间。

　　2. 分散实习　　采取以小组为单位调查的形式，每个小组 3～5 人，围绕秋冬季蔬菜生产的某一方面展开调查。

（二）时间安排

实习时间参考表Ⅳ-3-1 进行安排。

表Ⅳ-3-1 实习时间安排

时间	实习内容	实习地点
0.5d	进行实习动员和分组	校内
2d	分散调查和撰写实习报告，完成小组内交流	校外分组自主调查，校内小组总结
2d	校外参观	校外集中活动
0.5d	实习交流	校内

四、实习管理和考核

（一）实习管理

1. 实习组织 实习由指导教师小组负责，实习班级多时可设组长 1 名，根据实习学生人数，每班配备指导教师不少于 2 名。

2. 实习要求 遵守实习纪律，注重当代大学生形象，注意自身安全，按实习计划完成实习任务，写好实习日记，记载实习期间各项工作内容、调研数据及实习心得等。

（二）实习考核

实习结束后，每人提交 1 份"秋冬季蔬菜调查实习报告"。可组织全班（级）进行大会交流，每个小组推选 1 名代表发言。

根据调查报告和交流情况进行综合评分，其中调查报告占 80%，小组交流占 20%。

（本实习由蔡兴奎主笔编写）

实习 4　暑期蔬菜实习（2 周）计划

一、实习目的

暑期蔬菜实习是为园艺专业学生进入专业课程学习而安排的一次综合性实践教学环节。通过对夏季蔬菜生产中种子处理和育苗进行实习操作，在当地夏季主要蔬菜生产基地（园区）、邻近的高山（高原）夏菜生产基地及当地主要超市的调查参观，深入到生产一线建立感性认识，掌握蔬菜种子处理和壮苗培育的关键技术，了解夏季蔬菜的主要种类和生产方式，主要蔬菜的流通情况，学习总结生产经验，增强学生学习专业课程的兴趣，从而逐步树立牢固的专业思想和建立进一步主动学习的自觉性，为专业课程的学习奠定牢固的实践基础。

二、实习内容和任务

（一）主要蔬菜种子浸种催芽处理技术

1. 实习材料和用具 番茄、辣椒、茄子、黄瓜、甜瓜、豇豆、生菜、芹菜、白菜、甘蓝等蔬菜种子各 3 份，每份为商品种子 1 袋；尼龙纱种子袋，与种子等份；烧杯，与种子等份；温度计；恒温水浴锅等。

2. 实习安排 本实习在实验室进行。学生共分 10 组，每组 1 种蔬菜，进行浸种催芽实习操作。按照蔬菜发芽特性，分别进行温汤浸种和一般浸种处理。

（1）温汤浸种：将番茄、辣椒、黄瓜、茄子、甜瓜、豇豆、白菜、甘蓝的种子分别装入尼龙纱种子袋，进行温汤浸种处理。先将种子放入盆内，再缓缓倒入 50～55℃（依种类确定具体温度）温水中，边倒边搅拌，使种子受热均匀，持续恒温 15～20min（依种类确定具体时间）后，继续搅拌或加凉水使水温降至 30℃，继续浸种（番茄、辣椒、黄瓜、甜瓜浸种 6～8h，茄子 8～12h，白菜、甘蓝等 1～2h）。浸种结束后取出种子，每种取 3 份种子分别放置在 18℃、25℃、35℃ 条件下保湿催芽。催芽期间，每天用 20～30℃水淘洗 1 次，并统计发芽种子数，待 2/3 种子露白即可播种。

（2）一般浸种：将豇豆、生菜、芹菜的种子分别装入尼龙纱种子袋，进行一般浸种处理。用温度 20～30℃的水浸种。浸种时间上，豇豆浸种 1～2h，芹菜 12～24h，生菜 4～6h。浸种结束后，每种取 3 份种子分别放置在 18℃、25℃、35℃条件下保湿催芽。催芽期间，每天用 20～30℃水淘洗 1 次，并统计发芽种子数，待 2/3 种子露白即可播种。

（二）主要蔬菜育苗技术

1. 实习材料和用具　不同浸种催芽处理的各蔬菜种子；育苗基质；50 孔育苗穴盘；育苗场。

2. 实习安排　本实习在教学基地进行。学生共分 10 组，每组 1 种蔬菜，进行播种育苗实习操作。

先加水拌和基质，装盘后播种。根据蔬菜种类，每穴孔播种催芽种子 1～10 粒，覆盖基质，置于育苗场。根据育苗环境，每天进行洒水等管理，统计各种类和处理的出苗时间、出苗率、子叶展平时间、子叶大小、第 1 片真叶出现时间、展平时间、叶面积大小等幼苗生长指标。

茄果类蔬菜在 2 片真叶期进行 1 次分苗，至每孔单苗。分苗后保湿、遮阴管理至缓苗，然后正常管理，最后取样测定秧苗生长指标，计算壮苗指数。

由于育苗管理的日常性，每组学生应有值日管理制度，保证每天有人负责管理，包括周末和实习时间结束后个别种类的持续管理，直至成苗。

（三）夏季主要蔬菜的种类及栽培管理

1. 实习材料和用具　教学实习基地或生产中夏季田间的各种蔬菜；蔬菜形态观测的基本工具（卷尺、游标卡尺等），每组 1 套。

2. 实习安排　本实习采用调查研究法。每组学生 4～6 人安排调查活动。

3. 调查内容　以田间生长的主要蔬菜种类为对象，进行调查实习。

（1）生产基地的自然条件（海拔、无霜期、夏季月均温、光照资源等）和社会经济条件。

（2）夏季田间生长的主要蔬菜种类及其生长状态。

（3）夏季主要蔬菜的栽培方式。

（4）夏季主要蔬菜的栽培季节的安排。

（5）夏季主要蔬菜的栽培品种及其搭配情况。

（6）夏季主要蔬菜的主要栽培技术。

（7）夏季主要蔬菜的病虫害情况及其防治技术。

（8）夏季主要蔬菜的产品质量安全及其控制体系。

（9）夏季主要蔬菜生产存在的技术问题和产业问题。

（四）高山（高原）夏菜的主要种类及栽培管理

1. 实习材料和用具　学校邻近的高山（高原）夏菜生产基地的各种蔬菜；蔬菜形态观测

的基本工具（卷尺、游标卡尺等），每组 1 套。

2. 实习安排　本实习采用调查研究法在学校邻近的高山（高原）夏菜生产基地进行。每组学生 4～6 人，按蔬菜大类分工进行调查实习活动，距离学校稍远的基地实习活动统一安排。

3. 调查内容　以高山（高原）夏菜生产基地生长的主要蔬菜种类为对象，进行调查实习。

（1）高山（高原）夏菜生产基地的自然条件（海拔、无霜期、夏季月均温、光照资源等）和社会经济条件。

（2）高山（高原）夏菜生产基地生长的主要蔬菜种类及其生长状态。

（3）高山（高原）夏菜生产基地主要蔬菜的栽培方式。

（4）高山（高原）夏菜生产基地主要蔬菜的栽培季节的安排。

（5）高山（高原）夏菜生产基地主要蔬菜的栽培品种及其搭配情况。

（6）高山（高原）夏菜生产基地主要蔬菜的主要栽培技术。

（7）高山（高原）夏菜生产基地主要蔬菜的病虫害情况及其防治技术。

（8）高山（高原）夏菜生产基地主要蔬菜的产品质量安全及其控制体系。

（9）高山（高原）夏菜生产基地主要蔬菜生产存在的技术问题和产业问题。

（五）当地夏季市场主要蔬菜种类和流通情况

1. 实习材料和用具　当地典型的蔬菜市场和超市流通的蔬菜及经营者和消费者情况；当地农业部门的有关资料；蔬菜产品质量观测的基本工具（卷尺、游标卡尺、折射仪等），每组 1 套。

2. 实习安排　采用调查研究法在当地蔬菜市场和超市进行。每组学生 4～6 人，分市场（超市）安排调查活动。

3. 调查内容　以市场和超市流通的主要蔬菜种类及经营者和消费者为对象，进行调查实习。

（1）当地蔬菜生产规模和水平及人口和社会经济条件。

（2）当地典型蔬菜市场夏季蔬菜种类、上市量、来源及价格情况。

（3）当地典型蔬菜超市夏季蔬菜种类、上市量、来源及价格情况。

（4）当地消费者对夏季蔬菜市场供应的满意度和消费需求。

（5）当地夏季蔬菜市场和流通领域存在的主要问题。

三、实习组织和安排

1. 实习方式　采取实践操作、实地观察、典型调查、听取介绍、座谈讨论等方式，获得第一手实习资料和感性知识，通过分工协作完成较多种类主要蔬菜的实习资料调查，通过总结交流，使每位学生全面了解夏季蔬菜市场和流通实际情况，并发现问题，为以后带着问题学习专业课打下基础。

2. 时间安排　暑期蔬菜实习一般安排在暑假期间（7～8 月），暑期没有教学计划的学校可以在临近暑假的时间安排 1～2 周时间。本实习一般按 2 周计划执行，如果教学计划安排 1 周的，可根据实际情况选择部分实习内容。

第 1 周第 1 天：实习总体计划安排和蔬菜种子浸种催芽处理实习。

第 1 周第 2 天：当地蔬菜生产基地集中调查实习半天，部分蔬菜播种育苗实习。

第 1 周第 3 天：当地蔬菜生产园区集中调查实习半天，部分蔬菜播种育苗及管理实习半天。

第 1 周第 4 天：邻近地区高山（高原）夏菜生产基地集中调查实习全天。

第 1 周第 5 天：当地蔬菜企业集中调查实习半天，部分蔬菜播种育苗和管理实习半天。

第 2 周第 1 天：当地蔬菜基地自由调查实习半天，蔬菜育苗管理实习半天。

第 2 周第 2 天：当地蔬菜园区和企业自由调查实习半天，蔬菜育苗管理实习半天。

第 2 周第 3 天：当地蔬菜市场和超市蔬菜流通情况自由调查实习半天，蔬菜育苗管理实习半天。

第 2 周第 4 天：当地蔬菜市场和超市蔬菜流通情况自由调查实习半天，蔬菜分苗和管理实习半天。

第 2 周第 5 天：蔬菜分苗和管理实习半天，实习总结交流半天。

四、实习管理和考核

（一）实习要求

1. 组织管理　由学院和教研室负责管理，实习指导教师具体安排，根据实习学生人数多少，可成立实习指导教师小组，并由各班的班干部参与实习的组织管理。可以利用有关教学软件或网络软件建立实习群，以便实习组织管理和随时交流。

2. 纪律要求　实习的整个活动按照实践教学活动要求进行全程考勤和考核。学生在实习期间要严格遵守实习纪律，认真实习，做好实习记录和实习日记。全体学生干部要切实负责，协助实习教师组织安排好本次实习。实习期间，要尊重基层技术人员和菜农，爱护劳动果实，虚心学习。未经许可，严禁随意采摘。

（二）考核内容和方式

1. 实习出勤情况　对实习进行全程考勤，将出勤情况作为实习成绩考核的一部分。

2. 实习日记　要求每位学生实习期间做好实习日记，将实习日记作为实习成绩考核的一部分。

3. 实习交流情况　参与实习群或总结交流与讨论会的表现，作为实习成绩考核的一部分。

4. 实习总结报告　每位学生根据实习内容和实习交流情况与收获，撰写实习总结报告，作为实习成绩考核的主要部分。实习报告必须全面总结实习活动，用具体实例、数据、表格、图或照片反映实习资料，既有一般技术的总结，又有对存在问题的分析和建议。

实习的综合成绩由实习指导教师小组集体评定。

（本实习由程智慧主笔编写）

实习 5　蔬菜毕业生产实习计划

一、实习目的

毕业生产实习是一项十分重要和必要的实践学习环节，是园艺专业蔬菜方向本科生毕业前最后一次综合性专业技能训练。其目的是进一步加深对所学专业的认识，在理论与实践的结合中，了解生产，将所学习的理论应用于生产；提高实践技能，应用、验证、巩固、充实所学理论，加强理论与实践的结合；掌握调查研究方法，提高学生发展、分析和解决问题的能力；使学生的蔬菜学专业知识和实践操作能力进一步得到训练和加强，使学生能够平稳地从学校学习过渡到投身社会工作。

二、实习内容和任务

（一）实习内容

1. 深入生产基地了解蔬菜生产情况

（1）一般情况：通过当地领导及技术员的介绍，了解本地区蔬菜生产发展的情况、所在地的自然状况、气候条件及经济情况、组织机构等，为发展该地区蔬菜生产提出合理化建议。

（2）蔬菜生产情况：主要通过调查当地蔬菜的种类、品种及栽培技术，了解生产中的经验及问题。实习生以所在地为中心，每周至少外出1次，调查附近蔬菜生产情况，尤其对典型经验及问题要进行分析总结，并提出解决办法。

（3）蔬菜供销情况：了解当地蔬菜种植制度、供应时期、供应途径、价格情况并调查市场动态、产销情况，从而在经营管理上得到一定的锻炼。

2. 参与全环节蔬菜生产管理，掌握栽培技术和原理　　蔬菜的栽培管理是实习生主要接触和进行的工作。因此，实习主要抓好以下环节。

（1）育苗技术：利用温室或遮阳网等设施设备，进行果菜类（如黄瓜、番茄、辣椒、茄子等）或其他蔬菜的育苗工作。实习生应参与工厂化育苗或传统育苗播种前、播种、播后管理等具体工作。

（2）定植技术：一是做好整地、施肥和棚内的其他准备工作。二是应分析当地气候条件，确定适宜的定植期、定植密度、定植方法，并参与定植工作。

（3）定植后管理技术：目前各地普遍采用塑料薄膜大、中棚进行春提早或秋延后栽培，要着手做好温度的升降管理、通风管理、整枝管理、花果管理，以及不同蔬菜的肥水管理和中耕除草。

（4）病虫害防治技术：做好对于各类蔬菜的病害和虫害的识别和防治工作。要随时观察、调查、发现病情，选用药剂，喷洒施用，最后要观察防治效果。

3. 参观示范园区及调研农户，了解新技术示范应用情况及存在的问题

（1）了解现代农业蔬菜示范园或大型蔬菜基地的管理模式及相关技术，指出在栽培过程中可能存在的问题，并提出解决方案。

（2）了解当地蔬菜栽培制度、主要的栽培技术和方法，指出可能存在的问题，并提出解决方案。

4. 毕业综合实习报告交流　　在各试验站，与驻站教师（在企业，与指导教师）开展毕业生产实习交流活动2~3次。

（二）实习任务

（1）参加生产实践。在毕业生产实习期间，学生要在指导教师、基地教师或企业技术员的指导下，参加生产实践环节，了解和实践蔬菜相关生产环节的管理技术和技术要领，巩固和充实专业知识，培养实际操作和解决实际问题的能力，及时发现并解决生产中的问题。

（2）鼓励开展为群众进行科技咨询、短期培训、讲课等活动。

（3）调研当地的蔬菜生产基地、示范园区及部分农户，了解目前蔬菜的栽培制度、生产方式及管理模式，指出当地蔬菜生产可能存在的问题，并提出解决方案。

三、实习组织和安排

1. 实习方式　　实习采取实践操作、实地调查、听取介绍、座谈讨论等方式进行。

2. 时间安排　　每个学校依据培养计划的安排进行为期4周或1学期的毕业生产实习。

3. 实习动员　　实习前，由实习指导小组对全体学生进行实习动员，提出总体要求，内容包括以下几个方面。

（1）对学生强调实习的重要性和必要性。

（2）对实习内容、人员安排做出明确规定。

（3）对学生强调实习纪律。

（4）对实习点的基本情况做介绍，明确实习点的具体特点和要求。

（5）要求学生每天做好实习日记。

（6）明确教师在实习工作中的职责。

（7）指导教师对实习进行全面指导。

（8）实习结束后，学生在教师的指导下完成 PPT 汇报、实习报告和调研报告。

四、实习管理和考核

1. 实习管理　　由学院和教研室负责管理，实习指导教师具体安排，根据实习学生人数多少，可成立实习指导教师小组，并由各班的班干部参与实习的组织管理。可以利用有关教学软件或网络软件建立实习群，以便实习组织管理和随时交流。

2. 实习要求　　实习期间，严格执行教学纪律，坚持病、事假制度，因故不能参加实习，必须向带队教师或指导教师请假，无故不参加实习者，实习成绩以 0 分计；严格遵守实习单位的一切规章制度，未经许可，严禁采摘；认真执行实习计划，积极参加生产实践，详细记录每天活动，实习结束时上交实习笔记和报告，并以小组为单位，进行 PPT 汇报。

3. 实习考核　　学生在实习结束后 1 周内，向实习指导教师提交"实习考核鉴定表""实习日志""实习调研报告""实习技术总结报告"等实习材料。指导教师根据实习鉴定、实习日记和总结报告等综合评定实习成绩。

实习的综合成绩由实习指导教师小组集体评定。实习考核成绩由 4 部分组成，其中，实习所在单位考核鉴定评价占 10%，实习日志占 20%，实习调研报告占 30%，实习技术总结报告占 40%。实习调研报告，要求列出调研的地点、时间、调研的蔬菜种类、栽培制度、技术管理要点、存在问题（不少于 4 个调研地点），并对调研结果进行比较分析和总结。实习技术总结报告，要求依据日志中的关键技术环节，进行全面、细致的总结，既有一般技术的总结，又有对存在问题的分析和建议。

（本实习由李玉红主笔编写）

参考图书和期刊文献

（一）参考图书文献

暴增海，杨辉德，王丽，等．2010．食用菌栽培学［M］．北京：中国农业科学技术出版社．

曹宗波，张志轩．2009．蔬菜栽培技术［M］．北京：化学工业出版社．

陈鹏，郭蔼光．2018．生物化学实验技术．2版［M］．北京：高等教育出版社．

陈润政，黄上志，等．1998．植物生理学［M］．广州：中山大学出版社．

程智慧．2010．蔬菜栽培学各论［M］．北京：科学出版社．

程智慧．2010．蔬菜栽培学总论［M］．北京：科学出版社．

程智慧．2019．蔬菜栽培学总论．2版［M］．北京：科学出版社．

程智慧．2021．蔬菜栽培学各论．2版［M］．北京：科学出版社．

崔瑾．2014．芽苗菜最新生产技术［M］．北京：中国农业出版社．

戴希尧，任喜波，王鹏，等．2015．食用菌实用栽培技术［M］．北京：化学工业出版社．

范双喜，张玉星．2011．园艺植物栽培学实验指导．2版［M］．北京：中国农业大学出版社．

范双喜．2002．园艺植物栽培学实验指导［M］．北京：中国农业大学出版社．

高俊凤．2006．植物生理学实验指导［M］．北京：高等教育出版社．

郭世荣，孙锦．2013．设施育苗技术［M］．北京：化学工业出版社．

郭世荣，孙锦．2020．设施园艺学［M］．北京：中国农业出版社．

郭世荣．2011．无土栽培学．2版［M］．北京：中国农业大学出版社．

国淑梅，牛贞福，高霞，等．2016．食用菌高效栽培［M］．北京：机械工业出版社．

韩振海，陈昆松．2006．实验园艺学［M］．北京：高等教育出版社．

胡晋．2001．种子学［M］．北京：中国农业出版社．

黄年来，林志斌，陈国良，等．2010．中国食药用菌学［M］．上海：上海科学技术文献出版社．

贾东坡，冯林剑．2015．植物与植物生理［M］．重庆：重庆大学出版社．

贾玉娟．2017．农产品质量安全［M］．重庆：重庆大学出版社．

蒋欣梅，张清友．2012．蔬菜栽培学实验指导［M］．北京：化学工业出版社．

李宝聚．2014．蔬菜病害诊断手记［M］．北京：中国农业出版社．

李本鑫，李静．2014．园艺植物病虫害防治［M］．北京：机械工业出版社．

李合生．2000．植物生理生化实验原理和技术［M］．北京：高等教育出版社．

李天来．2011．设施蔬菜栽培学［M］．北京：中国农业出版社．

李作轩．2010．园艺学实践（北方本）［M］．北京：中国农业出版社．

刘世玲，焦海涛，李克彬，等．2019．现代食用菌栽培实用技术问答［M］．武汉：湖北科学技术出版社．

刘喜才，张丽娟．2006．马铃薯种质资源描述规范和数据标准［M］．北京：中国农业出版社．

吕国强．2014．蔬菜主要病虫害识别与防治彩色图谱［M］．郑州：河南科学技术出版社．

吕家龙．2001．蔬菜栽培学各论（南方本）［M］．北京：中国农业出版社．

潘瑞炽，李玲．1999．植物生长发育的化学调控［M］．广州：广东高等教育出版社．

邱业先．2004．芽苗菜生产技术［M］．南昌：江西科学技术出版社．

石民友，任小林．2012．园艺产品采后处理与质量安全检测［M］．北京：人民教育出版社．

石雪晖．2008．园艺学实践（南方本）［M］．北京：中国农业出版社．

谭伟．2019．食用菌优质生产［M］．北京：中国科学技术出版社．

汤章城．1999．现代植物生理学实验指南［M］．北京：科学出版社．

汪李平．2022．现代蔬菜栽培学［M］．北京：化学工业出版社．

汪俏梅，苗慧莹．蔬菜营养与保健［M］．北京：化学工业出版社．

王贺祥，刘庆洪，李明，等．2015．食用菌栽培手册［M］．北京：中国农业大学出版社．

王贺祥，张国庆，郑素月，等．2014．食用菌学实验教程［M］．北京：科学出版社．

王秀峰．2011．蔬菜栽培学各论（北方本）．4 版［M］．北京：中国农业出版社．

王三根．2013．植物生理学［M］．北京：科学出版社．

王生荣，张俊华，冉隆贤，等．2013．普通植物病理学实验［M］．北京：北京大学出版社．

王学奎，黄见良．2015．植物生理生化实验原理与技术．3 版［M］．北京：高等教育出版社．

王久兴，宋士清．2012．设施蔬菜栽培学实践教学指导书［M］．北京：中国农业科学技术出版社．

吴中军．2014．花卉学实验实训教程［M］．成都：西南交通大学出版社．

许大全．2017．光合作用学［M］．北京：科学出版社．

颜启传等．2006．种子活力测定的原理和方法［M］．北京：中国农业出版社．

尹燕枰，董学会．2008．种子学实验技术［M］．北京：中国农业出版社．

杨忠仁，刘金泉．2021．蔬菜栽培［M］．北京：科学出版社．

袁书钦，周建方，徐赞吉，等．2014．平菇栽培技术图说［M］．郑州：河南科学技术出版社．

袁学军．2018．食用菌栽培加工学［M］．北京：中国农业科学技术出版社．

喻景权，王秀峰．2014．蔬菜栽培学总论．3 版［M］．北京：中国农业出版社．

喻景权．2021．蔬菜栽培学各论（南方本）．4 版［M］．北京：中国农业出版社．

张金霞，王波，王泽生，等．2011．食用菌菌种学［M］．北京：中国农业出版社．

张艳菊，戴长春，李永刚．2014．园艺植物保护学与实验［M］．北京：化学工业出版社．

张红生，王州飞．2021．种子学．3 版［M］．北京：科学出版社．

张胜友．2017．食用菌菌种生产技术［M］．北京：中国科学技术出版社．

张蜀秋，李云．2011．植物生理学实验技术教程［M］．北京：科学出版社．

张铉哲，冉隆贤，李永刚，等．2015．植物病理学研究技术［M］．北京：北京大学出版社．

张艳菊，戴长春，李永刚．2014．园艺植物保护学与实验［M］．北京：化学工业出版社．

张振贤．2003．蔬菜栽培学［M］．北京：中国农业大学出版社．

张志良，瞿伟菁．2005．植物生理学实验指导［M］．北京：高等教育出版社．

赵有为．1999．中国水生蔬菜［M］．北京：中国农业出版社．

浙江农业大学．1991．蔬菜栽培学总论［M］．北京：农业出版社．

中国农业百科全书蔬菜卷编辑委员会．1990．中国农业百科全书（蔬菜卷）［M］．北京：农业出版社．

中国农业科学院蔬菜花卉研究所．2010．中国蔬菜栽培学［M］．北京：中国农业出版社．

邹志荣．2007．农业园区规划与管理［M］．北京：中国农业出版社．

（二）参考期刊文献

白永超，卫旭芳，陈露，等．2018．笃斯越橘果实、叶片矿质元素和土壤肥力因子与果实品质的多元分析 [J]．中国农业科学，51（01）：170-181．

陈花桃．2020．临洮县水川区豇豆栽培技术 [J]．农业科技与信息，24：23-24．

陈娟娟，冯翠，钱巍．2020．不同氮肥水平对茄子生长发育与产量的影响 [J]．长江蔬菜，24：61-63．

陈露露，王秀峰，刘美，等．2016．钙与脱落酸对干旱胁迫下黄瓜幼苗光合及相关酶活性的影响 [J]．应用生态学报，27（12）：3996-4002．

陈明远，韩立红，蔡连卫，等．2021．大棚苦瓜、叶类蔬菜套种栽培模式 [J]．蔬菜，1：32-35．

陈贤，关文灵，杨磊，等．2007．番茄品系产量构成因素的通径分析 [J]．安徽农业科学，35（8）：2268-2269．

崔清志，陈宸，田云，等．2016．不同基因型黄瓜性别与乙烯释放速率的关系 [J]．中国蔬菜，37-42．

戴思慧．2014．三倍体无子西瓜种子萌发障碍机理及促萌技术研究 [D]．长沙：湖南农业大学．

邓春凌．2010．马铃薯块茎休眠及其打破的方法 [J]．中国马铃薯，24（3）：151-152．

董爱玲，李淑兰．2017．芽苗菜栽培技术要点及市场发展前景 [J]．河北农业，1：16-17．

甘小虎，何从亮，阎庆久，等．2012．矮壮素、多效唑对高温季节黄瓜育苗的影响 [J]．蔬菜，7：64-66．

高玉红，闫生辉，邓黎黎．2019．不同盐胁迫对甜瓜幼苗根系和地上部生长发育的影响 [J]．江苏农业科学，47（3）：120-123．

高珍冉．2018．稻田水分感知与智慧灌溉关键技术研究 [D]．南京：南京农业大学．

郭景艳，王成云，袁震，等．2016．棚室蔬菜病虫害生物防控技术 [J]．中国园艺文摘，10：163-165．

郭宇，高美玲，刘秀杰，等．2020．西瓜种子不同发育时期内源激素含量变化 [J]．基因组学与应用生物学，39（09）：246-253．

韩霜，崔钰杰，燕晓丹，等．2020．硼胁迫对辣椒光合特性和生长发育的影响 [J]．北方园艺，22：37-41．

韩志刚．2021．马铃薯种质主要农艺性状及淀粉含量的全基因组关联分析 [D]．呼和浩特：内蒙古农业大学．

何笙，吴晓云，李志强，等．2015．设施番茄病虫害绿色防控技术 [J]．安徽农业科学，43（24）：89-91．

何志，董文斌，覃挺，等．2014．广西大棚蔬菜高效栽培新模式探索 [J]．南方农业学报，45（02）：274-277．

胡建平．2020．食用菌菌种低温保藏与转管技术 [J]．中国食用菌，39（7）：20-21．

胡琼艳．2021．塑料大棚薄皮甜瓜套种绿叶蔬菜复种辣椒高效栽培技术 [J]．现代农业科技，18：77-79．

靳秀丽．2018．豫东地区塑料大棚茄子周年高产栽培技术 [J]．北方园艺，18：201-204．

景艳军，林荣呈．2017．我国植物光信号转导研究进展概述 [J]．植物学报，52（3）：257-270．

巨欣，张党库．2016．秋茬大白菜栽培技术 [J]．西北园艺，（9）：21-22．

孔小平．2007．大白菜春化特性及其生理生化指标的研究 [D]．杨凌：西北农林科技大学．

李纪军，王雅丽，马培芳，等．2020．韭菜大田机械化直播栽培技术与优势分析 [J]．中国蔬菜，

（12）：107-109.

李平霞．2013．白菜叶片卷曲相关基因的鉴定及初步分析［D］．南昌：江西农业大学．

李瑞洋，崔倩倩，孔江坤，等．2019．植物叶面积测定方法探讨［J］．中外企业家，（34）：200.

李雅慧，盖京苹，陈清等．2015．AM 真菌与根瘤菌接种对菜豆生长的影响［J］．中国蔬菜，5：33-37.

李玉璇，段春凤，关亚风．2019．植物样品中内源性植物激素时空分布的研究进展［J］．色谱，37（8）：806-814.

李振华，徐如宏，任明见，等．2019．光敏色素感知光温信号调控种子休眠与萌发研究进展［J］．植物生理学报，55（05）：539-546.

理向阳，代丹丹，郭红霞，等．2021．钙镁肥对结球甘蓝产量构成的影响［J］．河南农业，2：44-45.

连芸芸，李焕宇，李惠霞，等．2021．不同催芽处理对辣椒种子发芽的影响［J］．江苏农业科学，49（10）：4.

梁金梅．2013．蔬菜穴盘育苗的技术［J］．新疆农业科技，01：32-33.

梁丽伟，陈银根，吕文君，等．2020．不同砧木品种嫁接茄子比较试验［J］．长江蔬菜，14：55-57.

廖智慧．2011．浅谈蔬菜缺素症及病虫害防治技术［J］．中国果菜，（4）：17-18.

刘爱国．1994．花椰菜折叶覆盖法［J］．农村科技：25.

刘丹丹，钱伟，张合龙，等．2015．菠菜性别基因 X/Y 连锁标记的筛选及应用［J］．园艺学报，（08）：161-168.

刘桂云．2009．芹菜的假植保鲜［J］．蔬菜，（07）：27.

刘萌，郭风军，王美兰，等．2013．蓝莓呼吸速率的测定及模型表征［J］．食品研究与开发，34（14）：10-13.

刘明义，洪斌．2020．春季菜豆露地栽培品种比较试验［J］．上海农业科技，4：81-82.

刘伟，谢龙．2021．番茄树式栽培技术发展历史与展望［J］．蔬菜，增刊：28-30.

刘伟忠，刘亚柏，毛妮妮，等．2015．蔬菜新型穴盘育苗技术［J］．中国瓜菜，02：64.

刘小锐，黄成东，祝红伟．2020．叶用莴苣叶面积测定方法的研究［J］．中国蔬菜，（12）：78-81.

刘晓伟，董文阁，董莉，等．2021．U 形双干整枝方式对温室辣椒生长发育及产量的影响［J］．东北农业科学：1-5.

刘彦文，李明，姚东伟．2010．蔬菜类种子的休眠和解除方法［J］．种子，29（11）：58-61.

刘燕，云兴福，王永，等．2020．宽垄大行栽培对温室番茄生理生态及产量的影响［J］．西北农林科技大学学报（自然科学版），6：70-78.

刘阳阳，潘越，王世伟，等．2021．不同山葡萄品种光响应模型拟合及综合评价［J］．中国农业科技导报：1-11.

刘长景，王春雷，李凤．2008．平衡施肥防治蔬菜缺素症研究综述［J］．中国果菜，（5）：33.

刘政国，龙明华．2008．瓜类蔬菜种子休眠与萌发研究进展［J］．长江蔬菜，（5）：31-33.

罗广华，王爱国，邵从本，等．1987．高浓度氧对种子萌发和幼苗生长的伤害［J］．植物生理学报，（02）：51-57.

罗凯，吕金丽，吴迪，等．2020．贵州密苗型生姜农艺性状与产量的相关性分析［J］．贵州农业科学，48（05）：41-46.

马君岭，杨斌，徐洪梅．2012．大白菜包心不实的原因与预防［J］．种子科技，（12）：42-43.

马树彬，聂玉霞，孟惠琴，等．2003．韭菜叶片生长动态和分蘖、抽薹特性［J］．中国蔬菜，（2）：

13-15.

孟清波，田佳，李青云，等．2020．施用沼渣沼液肥对 PEG 渗透胁迫下辣椒幼苗生理特性的影响 [J]．中国瓜菜，33（9）：28-33.

孟庆英，张立波，张春峰，等．2015．根瘤菌对大豆生理及农艺性状的影响 [J]．黑龙江农业科学，1：27-29.

莫天利，蔡小林，蒋强，等．2018．我国蔬菜育苗研究发展态势及其影响因素分析 [J]．江西农业学报，30（4）：48-53.

聂恒威，卢立新，潘嘹，等．2019．基于温湿度影响的香菇呼吸速率测定与模型表征 [J]．食品工业科技，40（16）：223-228.

裴河欢，万凌云，潘丽梅，等．2021．植物激素调控腋生分生组织发育的研究进展 [J]．广西科学，28（05）：482-490.

齐小芳．2015．玉米 9417 雄穗形态学、生理学以及差异蛋白质研究 [D]．杨凌：西北农林科技大学．

祁漫宇，朱维斌．2012．叶面积指数主要测定方法和设备[J]．安徽农业科学，40（31）：15097-15099.

钱伟，张合龙，刘伟，等．2012．淡黄花百合珠芽发育过程的形态学与解剖学研究 [J]．西北植物学报，32（1）：0085-0089.

钱伟，张合龙，刘伟，等．2014．菠菜遗传育种研究进展 [J]．中国蔬菜，（3）：5-13.

乔登艳，李兆丽，王玉琬．2017．盐碱地日光温室辣椒丰产栽培技术 [J]．中国蔬菜，1：89-91.

秦立刚，李雪，李韦瑶，等．2021．PEG 干旱胁迫对 3 种葱属植物种子萌发期渗透调节物质及酶活性的影响 [J]．草地学报，29（1）：72-79.

秦瑞云，王少净，刘新鑫，等．2017．赤霉素（GA_3）对菠菜性别分化的影响及分子机制 [J]．江苏农业科学，45（5）：133-135.

邱志远．2017．黄花菜种植气象条件分析及灾害防御对策 [J]．种子科技，（07）：106-107.

曲扬，章炉军，于海龙，等．2020．不同栽培方式和菌株对香菇 CO_2 释放量的影响 [J]．食用菌学报，27（3）：37-44.

任海龙，魏臻武，陈祥，等．2017．金花菜主要农艺性状和产量关系的研究 [J]．中国蔬菜，（1）：50-54.

任吉君，王艳，刘洪家，等．1994．菠菜的性别表现与化学控制 [J]．生物学杂志，（3）：28-29.

邵立君．2013．大白菜秋冬栽培技术 [J]．吉林蔬菜，（01）：30-31.

沈东青．2018．大棚茄子优质高产栽培技术 [J]．农业科技通讯，2：205-207.

舒骏，黄文斌，娄建英，等．2021．不同春化天数对浙南地区普通白菜秋季加代繁种的影响[J]．中国蔬菜，1：73-78.

孙龙飞．2016．蔬菜根外追肥的原理与施肥技术 [J]．吉林蔬菜，（5）：37-38.

覃柳兰，滕献有，庄映红，等．2021．春季高山辣椒高效基质育苗技术 [J]．长江蔬菜，（08）：14-15.

唐海红．2021．北方地区薄皮甜瓜种植技术 [J]．农业科技与装备，06：1-2.

田琳，袁灵恩，李光武．2013．设施黄瓜病虫害农业及物理防控技术 [J]．中国园艺文摘，10：182-185.

万正林，周艳霞，武鹏，等．2019．同源四倍体及其原二倍体黑皮冬瓜光合光响应模型筛选[J]．热带作物学报，40（10）：2083-2090.

王爱菊．2016．萝卜肉质根膨大过程中主要农艺学性状的变化 [J]．山西农经，（18）：1.

王芳，杨笑笑，李振轮，等．2017．矿质元素硼钙镁铁对番茄青枯菌生长及致病力的影响 [J]．江苏农业科学，45（12）：77-80．

王改清．2013．根外施肥在农业生产中的应用 [J]．现代农业科技，（08）：222-231．

王洪娴．2015．不同处理对黄瓜种子萌发的影响 [J]．中国农学通报，31（10）：87-91．

王建科，绍伟强，陈永峰，等．2019．水果黄瓜雌性系诱雄效果及其应用 [J]．中国瓜菜，32（11）：19-21．

王同翠．2018．保护地蔬菜二氧化碳施肥适用技术 [J]．新农业，（05）：23-24．

王团团，缑晨星，夏磊，等．2021．黄瓜 10 个基因型材料外植体内源激素水平及比例对其离体再生的影响 [J]．园艺学报，48（9）：1731-1742．

王小恒．2017．气温与 CO_2 浓度升高对作物矿质胁迫及富集动态的联合效应试验研究 [D]．兰州：兰州大学．

王彦刚，孙德祥，严文倩，等．2020．不同砧木嫁接对西瓜生长及其品质产量的影响 [J]．宁夏农林科技，61（2）：4-6．

王玉萍，周晓洁，卢潇，等．2016．土壤紧实度对马铃薯根系、葡匐茎、产量和品质的影响 [J]．中国沙漠，36（6）：1590-1596．

王云香，李文生，孟燕华，等．2021．密闭系统下鲜切猕猴桃呼吸代谢特性研究 [J]．包装工程，42（17）：69-75．

王真真．2011．不结球白菜春化特性及抽薹前后生理生化的研究 [D]．南京：南京农业大学．

王志科．2020．马铃薯块茎休眠解除过程中 H_2O_2 与 NO 作用机理的解析 [D]．兰州：甘肃农业大学．

魏启舜，郭东森，王琳，等．2021．不同施肥条件下接种根瘤菌对鲜食大豆结瘤和产量的影响 [J]．江苏农业科学，49（23）：77-82．

吴莉．2015．瓜类蔬菜整枝技术要点 [J]．农村科学实验：23．

肖盛明．2015．蔬菜穴盘育苗技术 [J]．农技服务，32（2）：2．

肖英银，吴有恒，何国平，等．2020．茄子树基质栽培技术 [J]．长江蔬菜，17：45-46．

谢朝敏，叶雪英，王淋靓，等．2020．南方地区黑木耳代料仿野生栽培关键技术 [J]．食用菌，42（5）：45-47．

谢辉，邓正春，王敏，等．2021．大棚甜瓜—豇豆—白菜薹—莴笋一年四熟高效栽培模式 [J]．农业科技通讯，07：315-317．

邢光耀．2014．不同植物生长调节剂在黄瓜上的应用 [J]．长江蔬菜，（09）：55-57．

徐义康，高飞，施柳，等．2018．利用隶属函数法综合评价 8 个大白菜品种性状 [J]．浙江农林大学学报，35（05）：845-852．

许小娣，许钰颖，林志滔，等．2021．不同催芽方法对茼蒿种子发芽的影响 [J]．现代农业科技，（1）：68-69+72．

许钰颖，许小娣，方勇，等．2021．不同温度对油麦菜种子发芽的影响 [J]．现代农业科技，（06）：58-60．

闫世福，臧黎，蔡晨蕾．2015．浅谈蔬菜栽培施肥技术 [J]．现代化农业，（4）：24-25．

颜启传．1989．蔬菜种子发芽特性和发芽技术（一）[J]．中国蔬菜，（03）：48-51．

杨慧菊，胡靖锋，和江明．2019．甘蓝春化作用研究进展 [J]．湖南农业科学，11：116-119．

杨敬贤，杨贝贝．2010．蔬菜缺素症及防治方法 [J]．上海蔬菜，（2）：72-73．

杨静．2017．植物生长调节剂在蔬菜生产中的应用 [J]．西北园艺，（03）：50-51．

杨路路，徐晔春. 2018. 保健花卉—金针菜 [J]. 花卉，17：44-45.

杨再强，邱译萱，刘朝霞，等. 2016. 土壤水分胁迫对设施番茄根系及地上部生长的影响 [J]. 生态学报，36（3）：748-757.

杨志峰，王小宇，崔金霞，等. 2020. 低温胁迫下外源 NO 与 GSH 协同作用提高黄瓜幼苗耐冷性 [J]. 植物生理学报，56（7）：1573-1582.

叶珺琳，徐斌，徐辉. 2017. 观赏蔬菜的应用形式研究 [J]. 中国园艺文摘，12：83-84.

叶茂富. 1993. 植物幼苗形态的观察研究 [J]. 浙江林业科技，（06）：6-15.

尤春，陈大军，吴文丽. 2020. 不同授粉方式对设施番茄产量、品质及效益的影响 [J]. 中国瓜菜，（24）：56-58.

于美荣，焦定量. 2021. 保护地西瓜嫁接砧木筛选试验研究 [J]. 天津农业科学，27（6）：20-23.

于志江. 2018. 浅谈蔬菜栽培施肥技术 [J]. 农民致富之友，（4）：173.

袁升凯，李琦，吉淼，等. 2020. 保护地番茄优质抗病高效栽培技术 [J]. 中国瓜菜，33（10）：113-114.

袁星星，陈新，陈华涛，等. 2014. 豆类芽苗菜生产技术研究现状及发展方向 [J]. 江苏农业科学，42（5）：136-139.

翟雨佳. 2017. 大白菜春化种子的蛋白质组分析 [D]. 沈阳：沈阳农业大学.

张宝海，韩向阳，何伟明，等. 2019. 日光温室韭菜轻简化高效栽培技术 [J]. 中国蔬菜，（11）：101-103.

张朝明，赵坤，唐胜，等. 2021. 6 个豇豆品种农艺性状的相关性、主成分及聚类分析 [J]. 西南农业学报，34（4）：501-507.

张方博，侯玉雪，敖园园，等. 2021. 土壤紧实胁迫下根系–土壤的相互作用 [J]. 植物营养与肥料学报，27（3）：531-543.

张化生，杨永岗，苏永全，等. 2017. 干旱胁迫下不同生态型西瓜叶片抗氧化酶活性及产量分析 [J]. 干旱地区农业研究，35（3）：138-143.

张欢，徐志刚，崔瑾，等. 2009. 不同光质对萝卜芽苗菜生长和营养品质的影响 [J]. 中国蔬菜，（10）：28-32.

张介弛，马庆芳，马银鹏，等. 2020. 栽培黑木耳的木屑和麸皮基质配方精准化研究 [J]. 中国食用菌，39（3）：17-20.

张黎凤，马天文，曹海艳. 2016. ELISA 法在植物检测中的应用研究及改进措施 [J]. 现代农业科技，（24）.

张伟. 2020. 天山郁金香种子休眠解除机制研究 [D]. 沈阳：沈阳农业大学.

张旭辉，马绍英，马蕾，等. 2021. 接种根瘤菌对重茬豌豆植株生长及光合特性的影响 [J]. 草地科学，6：1234-1241.

张永清，苗果园. 2006. 切断深层根对黍子根系及地上部营养生长的影响 [J]. 干旱地区农业研究，24（1）：134-137.

赵娟，俞艳，陈红辉，等. 2021. 长江流域秋季番茄生长结果特性观察 [J]. 中国瓜菜，34（7）：62-66.

赵荣幸. 2012. 蔬菜穴盘育苗技术 [J]. 现代农业科技，024：106.

周海洋. 2018. 植物水分生理信息传感机理与原位检测方法研究 [D]. 北京：中国农业大学.

周晓雅. 2020. 多效唑抑制桃新梢生长的效应及相关分子机理研究 [D]. 保定：河北农业大学.

周星明. 2009. 叶面施肥技术 [J]. 现代农业科技，（7）：182.

周颖，张泽文，温烁，等. 2021. 塞罕坝华北落叶松针叶光响应指标变化规律及其影响因素 [J]. 应用生态学报，32（5）：1690-1698.

周长吉. 2020. 周博士考察拾零（一百零九）引进荷兰大规模连栋玻璃温室长季节栽培番茄的工艺与设备配置——CO_2 施肥系统 [J]. 农业工程技术，40（28）：10-15.

朱旭. 2019. 植物激素对黄瓜苗的诱导研究 [J]. 现代农业科技，7：105-106.

祝军岐，张樱棣. 2004. 宝鸡地区八种胡萝卜品种比较试验 [J]. 西北园艺，（1）：9-10.

Ahmed AKA, Shi X, Hua L, et al. 2018. Influences of air, oxygen, nitrogen, and carbon dioxide nanobubbles on seed germination and plant growth[J]. Journal of Agricultural and Food Chemistry, 66(20): 5117-5124.

Atnafu D. 2020. Overview of different rate of nitrogen application on growth and yield components of head cabbage (*Brassica oleracea. capitata* L.) in Ethiopia[J]. American Journal of Life Sciences, 8(6): 196-200.

Borisjuk L, Rolletschek H. 2009. The oxygen status of the developing seed[J]. New Phytologist, 182(1): 17-30.

Catherine AK, Maija CP. 2010. Signaling sides: adaxial-abaxial patterning in leaves[J]. Current Topics in Developmental Biology, 91:141-168.

Fankhauser C. 2001. The phytochromes, a family of red/far-red absorbing photoreceptors[J]. J Biol Chem, 276(15): 11453-11456.

Gorim L, Asch F. 2017. Seed coating increases seed moisture uptake and restricts embryonic oxygen availability in germinating cereal seeds[J]. Biology, 6(2): 31.

Han X, Tohge T, Lalor P, et al. 2017. Phytochrome A and B regulate primary metabolism in *Arabidopsis* leaves in response to light[J]. Front Plant Sci, 8.

Hata FT, Ventura MU, Béga VL, et al. 2017. Intercropping *Allium tuberosum* Rottler ex Sprengel (Amaryllidaceae) reduces *Tetranychus urticae* Koch (Acari: Tetranychidae) populations in strawberry[J]. Entomo Brasilis,10 (3):178-182.

He YK, Xue WX, Sun YD, et al. 2000. Leafy head formation of the progenies of transgenic plants of Chinese cabbage with exogenous auxin genes[J]. Cell Research, 10(2):151-160.

Huntenburg K，Dodd IC，Stalham M. 2021. Agronomic and physiological responses of potato subjected to soil compaction and/or drying[J]. Annals of Applied Biology, DOI：10.1111/aab.12675.

Jahanbakhsh M，Reza MT. 2021. Relationships between field management, soil compaction, and crop productivity[J]. Archives of Agronomy and Soil Science, 67(5): 675-686.

Naz RMM, Li MT, Ramzan S,et al. 2018. QTL mapping for microtuber dormancy and GA_3 content in a diploid potato population[J]. Biology Open, doi: 10.1242/bio.027375.

Quail PH, Boylan MT, Parks BM, et al. 1995. Phytochromes: photosensory perception and signal transduction[J]. Science, 268(5211): 675-680.

Suravi KN, Attenborough K, Taherzadeh S, et al. 2021.The effect of organic carbon content on soil compression characteristics[J]. Soil & Tillage Research, 209. DOI:10.1016/J.STILL.2021.104975.

Wang XJ, Kang MZ, Fan XR, et al. 2020. What are the differences in yield formation among two cucumber (*Cucumis sativus* L.) cultivars and their F_1 hybrid?[J]. Journal of Integrative Agriculture, 19(7): 1789-1801.

Wei BM，Li ZH，Wang YQ. 2021. Study on soil compaction and its causative factors at apple orchards in the Weibei Dry Highland of China[J]. Soil Use and Management, DOI:10.1111/sum.12714.

Wolfe DW，Topoleski DT，Gundersheim NA，et al. 1995. Growth and yield sensitivity of four vegetable crops to soil compaction[J]. Journal of the American Society for Horticulture,200(6):956-963.

Yang YJ, Lee EB, Kim JE, et al. 2019. Monitoring plant moisture content using an induction coil sensor[J]. Bulletin of the Korean Chemical Society, 40(11):1138-1141.

Yasin M, Andreasen C. 2016. Effect of reduced oxygen concentration on the germination behavior of vegetable seeds[J]. Horticulture, Environment, and Biotechnology, 57(5): 453-461.

Yasin M, Andreasen C. 2019. The effect of oxygen concentration on the germination of some weed species under control conditions[J]. Weed Science, 67(5): 580-588.

附　录

附录 1　实验成绩及评分标准

一、实验成绩组成

实验成绩由预习情况、操作规范、实验态度、实验报告等部分组成。

（一）预习情况（10%）

于实验课前 3～7d 公布实验题目，要求学生查阅相关资料，实验课前提问。根据学生的回答情况评定：完全答对，能够拓展的得 9～10 分；基本答对 7～8 分；部分答对 3～6 分；完全答错不得分。

（二）操作规范（30%）

根据学生在实验中的参与程度、操作规范严谨程度评定。全程参与，操作严谨的得 27～30 分；全程参与，操作不规范的得 23～26 分；部分参与，操作规范的得 14～22 分；部分参与，操作不规范的得 5～13 分；不动手参与的不得分。

（三）实验态度（15%）

实验态度主要由迟到早退和参与过程中的积极性、主动性决定。不迟到、不早退，能积极参与和提问思考的得 13～15 分；不迟到、不早退，有参与但没有提问思考的得 9～12 分；不迟到、不早退，部分环节参与的得 5～8 分；不迟到、不早退，但未参与、未提问的得 1～4 分。

（四）实验报告（45%）

根据实验报告的撰写情况评定，具体如下：实验报告格式（5 分）、实验内容完整（5 分）、书写规范（5 分）、实验结果（15 分）、实验结果分析讨论（15 分）。

二、特殊情况

1. 如果学生没有来上课，但提交了实验报告，则应补做实验。
2. 学生因特殊情况迟到，教师可以酌情减少实验态度的扣分，但须注明原因。

（本附录由吉雪花主笔编写）

附录 2　常见蔬菜作物种子千粒重和播种量

蔬菜种类	千粒重/g	播种量（g/667m^2）	
		直播	育苗
普通番茄	3.2～4.0	50～100	25～30
樱桃番茄	2.5～3.3	–	6～8
茄子	4～5	–	50
辣椒	5～6	100～150	–
甜椒	4.5～7.5	–	35～50
尖椒	7	200	
黄瓜	22～42	200～250	100～150
小型黄瓜	20～35	–	60～150
冬瓜	42～59	–	100～150
南瓜	140～350	200～400	200～300
印度南瓜（笋瓜、栗南瓜）	200	200～300	150
西葫芦	100～150	200～400	200～250
丝瓜	100～120	–	100～120
西瓜	30～140	100～150	50～100
厚皮甜瓜	30～80	100～200	60～100
薄皮甜瓜	5～20	50～100	20～70
苦瓜	150～180	600～900	300
节瓜	30.8		150
冬瓜	42～59	–	100～150
瓠瓜	125	250	
菜豆	180～700	1500～2000（蔓生）2000～6000（矮生）	–
豇豆	120～122	1000～1500	–
菜用豌豆	150～400	4000～6000	–
软荚豌豆	150～160	4000～5000（蔓生）	–
毛豆	100～200	3000～6000	–
蚕豆（小粒种）	500～900	7500～8000	–
大白菜	2.8～3.2	125～150	50～60
小白菜	2.8～3.2	250～500	100～150
结球甘蓝	3.0～3.4	–	50
娃娃菜	2.5～4	150～200	50～60
生菜	0.5～1.2	30～50	20～25

续表

蔬菜种类	千粒重/g	播种量（g/667m²）	
		直播	育苗
夜菜	8～11	91～125	100～150
花椰菜	2.5～3.3	－	25～50
青花菜	2.5～4.2	－	25～50
菜薹	1.5～1.8	250	
球茎甘蓝	2.5～3.3	－	50
大萝卜	10～15	200～250	－
小萝卜	8～10	1500～2000	－
胡萝卜	1.2～1.5	300～500	－
牛蒡	12～15	200	
大葱	3～3.5	－	250～300
洋葱	2.8～3.7	－	250～350
韭菜	2.8～3.9	－	400～500
芹菜	0.5～0.6	500～800	50～100
芫荽	6～7	2500～3000	－
小茴香	5.2	2000～2500	－
茴香	5.2	2000～2500	－
菠菜	8～9.2	2500～5000	－
茼蒿	1.6～2.0	1500～2000	－
莴苣	0.8～1.2	50～75	40～50
结球莴苣	0.8～1.0	50～75	40～50
苋菜	0.73	4000～5000	－
芥蓝	2.5～3.2	50	
大蒜	－	10万～15万	－
大姜	－	30万	－

（本附录由刘汉强主笔编写）

附录3　常见蔬菜作物常规栽培种植密度

蔬菜名称	种植密度(株/667m²)	蔬菜名称	种植密度(株/667m²)
黄瓜	3500～4500	蚕豆	5000～9000(穴)（每穴2粒）
西瓜(爬地)	400～1000	蒜苗(囤青蒜)	25万～30万
西瓜(搭架)	1000～1800	大蒜	2.5万～3万
冬瓜（爬地）	300～500	洋葱	2.2万～3万
冬瓜（搭架）	400～800	鸭蛋头萝卜	10 cm×10cm（定苗密度）

续表

蔬菜名称	种植密度(株/667m²)	蔬菜名称	种植密度(株/667m²)
丝瓜	800～2500	白玉春萝卜	5000～8000
瓠瓜	600～2500	胡萝卜	3 万～5 万
甜瓜(爬地)	450～1000	莴苣	4000～6000
甜瓜(搭架)	1500～1800	芹菜	1 万～4.5 万
南瓜(爬地)	450～1000	西芹	7500～15000
南瓜(搭架)	1500～1800	茭白	1200～1400(墩)
西葫芦	1500～2500	乌塌菜	1 万～1.5 万
番茄	3000～4500	大白菜	3000～5000
辣椒	2500～7500	紫菜薹	4000～4500
茄子	1500～2500	甘蓝	2000～5000
豇豆	3000～4000(穴)(2～3 株/穴)	花椰菜(青花菜)	1500～4000
蔓生菜豆	2500～3000(穴)(2～3 株/穴)	山芋	2000～5000
矮生菜豆	4000～5000(穴)(2～3 株/穴)	甜玉米	3000～4500
毛豆	5500～6000(穴)(3 株/穴)	韭菜	0.75 万～1.5 万(穴)(15～30 株/穴)

注：蔬菜栽培的密度高度灵活，一般小型或早熟品种栽植密度大于大型或晚熟品种；不合适生长季节的种植密度大于适合生长季节；温室栽培、注重早期产量应密植，而种苗数量有限或价格昂贵则可考虑稀植、多留侧枝；具体株行距安排还应考虑具体的田块形状和设施长度、宽度等因素。

（本附录由缪旻珉主笔编写）

附录 4　蔬菜作物主要栽培方式的生育期（d）和产量（kg/667m²）

蔬菜种类	露地栽培		大棚栽培		温室栽培	
	生育期	产量	生育期	产量	生育期	产量
番茄	100～120	5000～6500	180～220	0.8 万～1.2 万	270～320	1.2 万～1.5 万
茄子	120～180	2500～3500	180～270	3000～4000	360～420	4500～5500
辣椒	120～180	3000～4000	210～270	4500～5500	250～370	6000～7000
黄瓜	90～120	6000～7500	160～220	1 万～2 万	220～250	1.8 万～2.5 万
西瓜（大）	80～85	2000～3000	90～120	3500～5000	130～150	5000～6000
西葫芦	90～120	5000～6000	100～130	6000～7000	120～150	0.8 万～1 万
丝瓜	85～105	3000～5000	90～120	0.6 万～1 万	110～145	1 万～2 万
冬瓜	110～160	3000～6000	130～170	6000～8000	150～180	0.8 万～1 万
甜瓜	80～110	1500～2000	95～150	2500～3000	180～270	4000～5000
南瓜	90～130	2500～3000	120～150	3000～4000	120～180	5000～5500
苦瓜	90～115	4000～5000	90～120	0.6 万～1 万	150～240	1.2 万～1.8 万
瓠瓜	80～100	3500～4000	100～130	4500～5000	180～240	5000～7500
菜豆	55～75	2000～3000	80～90	3000～4000	90～120	4000～5000

续表

蔬菜种类	露地栽培		大棚栽培		温室栽培	
	生育期	产量	生育期	产量	生育期	产量
豇豆	90～120	1700～3000	90～120	3000～4000	90～120	4000～5000
豌豆	70～120	300～400	120～180	450～600	180～210	1000～1500
毛豆	85～130	500～600	120～150	800～1000	120～150	800～1000
大白菜	55～60	3500～4000	45～55	5000～7500	45～55	0.8 万～1 万
结球甘蓝	70～100	2000～3500	70～100	4000～4500	120～140	4000～5000
花椰菜	80～120	1500～2000	150～180	2250～3000	210～240	3000～4000
胡萝卜	90～110	3500～5000	115～130	4500～6500	120～140	4500～6500
萝卜	50～70	2500～4000	60～100	3500～5000	70～120	3500～5000
大蒜	140～175	2000～4000	–	–	–	–
洋葱	125～165	4500～5500	–	–	–	–
大葱	190～220	3000～5000	–	–	–	–
韭菜（年）	90～330	0.9 万～1 万	90～365	1 万～2 万	90～365	1.5 万～2.5 万
芹菜	115～150	2000～3000	150～180	5000～6500	200～240	0.5 万～1 万
莴苣	70～100	2500～4000	70～100	3000～4000	90～210	4000～5000
菠菜	30～50	500～1500	50～80	1500～2000	90～110	3000～4000
茼蒿	40～50	800～1500	30～40	1000～2000	55～60	1500～2500
芫荽	30～60	750～1000	30～50	1000～1500	180～210	1300～2000
马铃薯	60～120	1000～3500	–	–	–	–
生姜	175～200	2000～4000	–	–	–	–
山药	150～180	500～2500	–	–	–	–
莲藕	200～300	1500～3000	–	–	–	–
茭白	210～280	1000～2000	–	–	–	–
荸荠	210～240	1000～2000	–	–	–	–

注：生育期指作物从播种到收获产品的总天数；产量指单季产量。温室栽培以越冬茬为主。不同品种、不同茬次的生育期和产量有所差别。

（本附录由王梦怡主笔编写）